国家出版基金项目
NATIONAL PUBLICATION FOUNDATION

CHINESE ACADEMY OF ENGINEERING
中国工程院

国家自然科学基金委员会
NATIONAL NATURAL SCIENCE FOUNDATION OF CHINA
1986

中国工程科技2040发展战略丛书

中国工程科技2040发展战略

化工、冶金与材料领域报告

"中国工程科技2040发展战略研究"项目组

科学出版社
龍門書局
北　京

内 容 简 介

《中国工程科技 2040 发展战略·化工、冶金与材料领域报告》，锚定全球科技创新发展的关键阶段，在系统分析世界科技发展大势的基础上，面向国家重大需求和基础科技创新需要，提出面向 2040 年中国化工、冶金与材料领域工程科技的发展思路、战略目标与总体架构，各子领域的重点任务、重大工程与重大工程科技项目，以及工程科技需求牵引的基础研究方向建议。

本书涵盖钢铁、有色金属、化工、建材和新材料等多个子领域，系统性、综合性、前瞻性强，可为相关政府部门系统谋划和前瞻部署提供参考，为科研工作者把握学科前沿动态、明确研究方向提供指引，为科技企业洞察行业发展趋势、优化企业技术创新布局提供助力，同时智库研究人员、社会公众也可通过本书了解化工、冶金与材料领域工程科技发展状况和未来图景。

图书在版编目（CIP）数据

中国工程科技 2040 发展战略. 化工、冶金与材料领域报告 /“中国工程科技 2040 发展战略研究”项目组编. -- 北京：龙门书局, 2025. 6. -- ISBN 978-7-5088-6748-9

Ⅰ. G322；TQ-12；TF-12

中国国家版本馆 CIP 数据核字第 2025AA7323 号

责任编辑：杨婵娟　姚培培 / 责任校对：韩　杨
责任印制：师艳茹 / 封面设计：有道文化

科学出版社
龍門書局　出版
北京东黄城根北街 16 号
邮政编码：100717
http://www.sciencep.com

北京中科印刷有限公司印刷
科学出版社发行　各地新华书店经销

*

2025 年 6 月第　一　版　开本：720×1000　1/16
2025 年 6 月第一次印刷　印张：24
字数：384 000

定价：198.00 元

（如有印装质量问题，我社负责调换）

“中国工程科技未来20年发展战略研究”

联合领导小组

组　长：李晓红　窦贤康

副组长：邓秀新　王希勤

成　员（以姓氏笔画为序）：

王　岩　王振海　王璞玥　卢春房　付雪峰
刘　克　刘作仪　杨俊林　张守攻　张　军
张伯礼　周守为　洪　微　费爱国　姚玉鹏
贺克斌　聂建国　倪培根　赖一楠　谭天伟

联合工作组

组　长：樊新岩　姚玉鹏

成　员（以姓氏笔画为序）：

丁养兵　于　璇　马守磊　孙　粒　陈冰玉
焦　栋

“中国工程科技 2040 发展战略丛书”

编 委 会

秘 书 组

组 长： 黎青山　王崑声

副组长： 马守磊　孙　粒　周晓纪

成 员（以姓氏笔画为序）：

王宏伟　付　强　刘宇飞　刘晓刚　刘盛志
许彦卿　孙　磊　孙胜凯　李欣欣　杨　毅
杨晓迎　杨富裕　沈　顺　张永伟　张国生
张铁煊　张增志　陈　涛　陈　磊　陈欣意
周　源　郑文江　胡承志　贾　怡　徐熙阳
高　丹　黄廷锋　隋秀峰　黎成权　薛晓娟
魏　畅

《中国工程科技2040发展战略·化工、冶金与材料领域报告》

编　委　会

化工专题组

主　任： 刘炯天　谢建新　李元元

副主任： 钱　锋　赵　玲　钟伟民

编　委（以姓氏笔画为序）：

马新宾　王　丹　王　亮　王玉忠　王基铭　王辅臣
王靖岱　王静康　毛炳权　方向晨　田　禾　田　亮
付贤智　邢卫红　巩金龙　任其龙　庄英萍　刘中民
刘平伟　关兴亚　江莉龙　安全福　孙丽丽　孙林兵
牟善军　杜文莉　杜吉洲　李大东　李明丰　李承喜
李洪钟　李静海　杨　轩　杨　超　杨　遥　杨为民
杨启业　肖成梁　吴　青　何鸣元　邹　竞　邹吉军
应汉杰　汪　勇　汪燮卿　沈寅初　初广文　张　方
张　涛　张　淳　张少峰　张生勇　张利军　张金利
张治国　张香平　张锁江　陈日志　陈丙珍　陈芬儿
陈建峰　欧阳平凯　金　涌　周　华　周　震
周少东　周光耀　郑裕国　赵　玲　赵劲松　赵俊杰
胡　英　胡永康　钟伟民　段　雪　费维扬　骆广生
袁　珮　袁晴棠　袁渭康　聂　勇　莫一鸣　钱　锋
钱旭红　徐春明　徐南平　凌　敏　高从堦　高正明
高金森　唐盛伟　涂善东　陶胜洋　桑凤亭　梁爱民
黄朝晖　曹湘洪　彭孝军　葛　蔚　舒兴田　谢在库
雷志刚　褚良银　廖增太　谭天伟　戴厚良　蹇锡高

工作组（以姓氏笔画为序）：

郑伟中　堵　威　梁　辰

冶金专题组

主　任：刘炯天　谢建新　李元元

副主任：柴立元　王庆伟

编　委（以姓氏笔画为序）：

干　勇　王　辉　王一德　王云燕　王长红　王成彦
王庆伟　王国栋　王海北　王海舟　王海鹰　毛新平
古黄玲　叶恒棣　史美清　司梦莹　成琼文　刘　诚
刘　恢　刘正东　刘炯天　刘朗明　孙传尧　李　云
李　劼　李元元　李会泉　杨洪英　肖永力　邱定蕃
邱冠周　何发钰　何季麟　闵小波　张一敏　张文海
张廷安　张洪国　林　璋　贺颖捷　聂祚仁　贾明星
柴立元　高焕芝　唐崇俭　黄小卫　黄伯云　谢建新
颜　旭

工作组（以姓氏笔画为序）：

王长红　王海鹰　古黄玲　李　云　贺颖捷

先进材料专题组

主　任：李元元　魏炳波　谢建新

副主任：张增志

编　委（以姓氏笔画为序）：

王玉忠　王迎军　王海舟　王海鹏　王崇臣　冯　强
吕　智　朱美芳　刘　潇　汤朝晖　李　宁　李元元
李兆丰　李树索　李贺军　吴　玲　吴　锋　邹志刚
宋立昕　宋志棠　张平祥　张兴旺　张志勇　张国庆
张联盟　张增志　陈　坚　陈人杰　陈弘达　陈亚楠
武　英　周少雄　周科朝　周益春　胡伯平　茹　毅
侯　恺　姚　燕　聂祚仁　夏和生　顾忠伟　唐　清
黄小卫　黄庆礼　黄学杰　黄政仁　崔素萍　宿彦京
彭　寿　韩恩厚　韩高荣　谢建新　廖伍平　谭　丹
熊柏青　潘复生　魏炳波

工作组（以姓氏笔画为序）：

于相龙　王　琦　闫　佩　杜红梅　张　颖　高　芳

总　序

习近平总书记指出，“工程科技的每一次重大突破，都会催发社会生产力的深刻变革，都会推动人类文明迈向新的更高的台阶”。“中国工程科技未来20年发展战略研究”（以下简称“未来20年战略研究”）是中国工程院与国家自然科学基金委员会联合组织开展的工程科技中长期发展战略研究，是践行国家高端智库和思想库使命，围绕科技创新发展的全局和长远问题，强化科技战略咨询，引导全社会推进工程科技系统创新、引导我国科学家面向需求开展基础研究的重要抓手，自2009年迄今已开展三轮。当前，在中国迈入全面建成社会主义现代化强国的伟大征程这一历史节点，面向2040年开展未来20年战略研究，以人本视点、长远视角、全球视野谋划工程科技体系创新，对于发挥工程科技创新在中国式现代化伟大实践中的强大驱动和支撑作用，显得尤为重要。

一、明确战略导向，系统谋划工程科技体系创新，抢抓新一轮科技与产业革命的战略主动权

当前我们所处的时代，是一个正在孕育和推进巨大变革的时代。一是，新一轮科技革命和产业变革深入发展，新的“技术—经济”周期正在酝酿，科学研究不断突破人类认知边界，

技术创新进入前所未有的密集活跃期，自然科学与工程技术正在经历一场空前的大整合，前沿科技领域即将发生一系列重大群体性突破，数字化、网络化、智能化加快与各领域融合，科技和产业形态正在发生体系性变革，一系列颠覆性技术和前沿技术将催生新产业、新模式、新动能，加速形成新质生产力。二是，科技革命与大国博弈相互交织，世界各国竞相布局新领域新赛道，高技术领域成为国际竞争最前沿和主战场，全球科技创新版图将持续进行深度重构，正在并将更加深刻地重塑全球秩序和发展格局，我国建设科技强国的环境更加复杂、任务更加艰巨、挑战更加严峻。三是，中国经济社会进入现代化发展新阶段，质量变革、效率变革、动力变革成为现代化发展的核心主题，本质要求以科技创新引领产业创新，以科技现代化支撑高质量发展，以科技强促进产业强、经济强、国家强，全面推进中华民族伟大复兴。

由此可见，面对百年未有之大变局，科技创新的战略导向十分紧要，工程科技的战略选择至关重要。站在新的历史方位，我们必须把握历史主动和战略主动，作为工程科技思想库，我们更加有责任对工程科技在中国式现代化发展中的作用做出回答，并且要做出系统、科学的回答。通过集聚群智，超前谋划、系统研究，深刻认识、准确把握、主动适应当代科技创新大势，统筹研究与解决工程科技领域战略性、方向性、全局性重大问题，策源重大战略、推动重大攻关，力争在新一轮科技革命的浪潮之巅掌握主动权，为中国乃至全球创新发展贡献方案和智慧，以工程科技赋能传统产业转型升级、培育壮大新兴产业、前瞻布局未来产业，引领现代化产业体系建设，充分发挥工程科技战略对我国工程科技进步和经济社会发展的引领作用。

二、擘画发展愿景，面向全球性挑战和人类共同未来，科学描绘工程科技发展路线图

科技进步在以空前的力量和速度改变人类生产和生活方式，但科技发展的不确定风险也为本就充满变数的世界带来诸多挑战。世界进入大科学时代，工程与科学技术的综合集成加速了科技转化和工程运行节奏，数字智能、绿色低碳和以人为本，成为未来 20 年全球工程科技创新的最突出主题，人工智能技术成为新一轮科技革命的核心驱动力，可望推动人类迈向普惠型智能社会，绿色、低碳发展成为人类应对气候变化生存危机的最根本路径，工程科技对经济社会及环境等方面的影响不断加深，工程实践日益成为一个社会建构的过程，不仅将引发产业变革，且将在更大程度上引起社会整体性变革，推进人类社会进入崭新的未来世界。与此同时，科技发展本身的风险不容忽视，物理世界、虚拟世界以及人类社会的脆弱性日益凸显，人类发展面临前所未有的挑战，战略失策的风险增加。面向未来，技术方向、技术路线选择是否正确，将决定能否抓住颠覆性创新的窗口期、把控产业体系重构的正确方向、把握技术路径与产业发展主导权，能否有效提高国家科技资源配置效率、满足安全发展和应对全球性挑战的需求，以及是否符合科技伦理的要求和全球科技治理格局重塑的需要。

因此，在不确定不稳定大变局下，我们将怎样看待2040年的中国？怎样看待2040年的世界？怎样看待2040年的人类社会？面对这些前景、挑战和不确定性，我们更加强调以科学的方法开展前瞻战略研究，更加强调立足人与社会的长远发展愿景，以更好地增进人类福祉为目标开展科技发展路径选择，更加强调考量社会经济发展需求与工程科技发展的双向作用。为此，在中国工程科技2040发展战略研究（以下简称“2040战略研究”）中，我们创新提出了“愿景驱动的工程科技2040发展战略研究”方法体系，进一步突出需求和愿景驱动，充分发挥工程科技的实践性、创造性、带动性和选择性作用，以更好、更有效地创造和满足人类发展需求为出发点，将技术预见、工程科技发展可能性与经济社会发展需求紧密结合，强调对未来经济社会与科技融合发展的愿景的预见和预判，深度描绘未来发展蓝图，以期选择正确的发展方向，谋划科学高效的发展路径，提出合理可行的发展策略，追求新兴技术与社会发展的和谐统一，通过工程科技的系统性创新与工程实践，主动塑造更加理想的未来，推动人类社会可持续、安全和健康发展。

三、突出联合优势，推动基础研究与工程科技的互融共促，全链条筑牢高水平自立自强根基

基础研究是科技创新的源头和先导，是实现高水平科技自立自强的根基和前提。当前，科学研究范式发生深刻变革，基础研究、应用研究、试验发展呈现非线性链接、互融共促的新特征，基础研究转化周期明显缩短，基础研究与工程科技的关

系将更加密切。从科技革命发展的态势看，国际科技竞争不断向基础前沿前移，要抢抓科技革命发展机遇，必须从底层做起，推动原创性、颠覆性科技创新，实现基础研究与产业研发的底层耦合与深度联动、理论与技术的闭环反馈与快速迭代，为发展新质生产力开辟新领域新赛道，塑造新动能新优势。与此同时，我国当前产业体系和重大工程关键环节仍存在一些短板弱项，其中很大一部分是对基础理论和基础问题认识不清造成的，聚焦现代化经济体系建设要求、产业链和产业生态体系安全发展要求，迫切需要加强需求牵引、问题导向的基础研究部署。

因此，在 2040 战略研究中，我们把从工程科技发展需求中特别是从重大工程建设需求中提出基础研究问题作为研究重点之一，以充分发挥中国工程院汇聚一大批工程科技界大师的优势，加强工程科技界和基础研究界院士专家的交流互动，围绕工程科技需求共同凝练基础研究问题，提高工程创新中的系统工程思维在基础研究领域整体谋划布局中的作用，强化基于国家战略需求的重大科学问题前瞻布局，促进基础研究与应用研究、成果转化融通发展，进而牵引和拓宽基础科学发展空间。同时，充分发挥国家自然科学基金委员会覆盖自然科学全领域的专家资源优势，加强重大任务和重大科技项目的凝练。这样，既能选择、引导、带动基础研究，又能推动工程科技创新与产业变革，为实现高水平科技自立自强、推动经济社会发展、建设现代化强国做出更大贡献。

总之，2040 战略研究具有工程科技与经济社会发展结合紧、从基础研究到重大工程链条全、工程科技覆盖体系强、路线图研究积累深等特点，研究过程中，坚持以院士为核心、以专家为骨干，强调发挥战略科学家的作用，注重吸纳优秀中青年专家参加，动员了各领域近300位院士以及近900位专家，并通过技术预见调查等方式，吸收5000多位专家的意见，强化研究的开放性，充分凝聚各界智慧。在本套丛书即将付梓之际，我们谨对参与和指导项目研究的领导、院士、专家表示诚挚的感谢。

“中国工程科技2040发展战略丛书”包含1部综合报告，1部技术预见报告，11部领域战略研究报告，以及1部《中国工程科技2040发展战略·需求导向的基础研究导论》，力图通过较为系统、全面的战略研究和成果传播，在支撑国家战略规划和决策的同时，为社会各界了解工程科技发展态势、开展技术方向选择等提供指引，为各有关方面规划研究编制提供参考，推动社会各界共同推进工程科技创新，共同迎接和创造新的未来。

展望未来，中国工程院和国家自然科学基金委员会将继续鼎力合作，将未来20年战略研究作为长期任务加以推进，以期通过持续研究，不断提高研究的战略性、科学性与实践性，更好地引领工程科技创新，聚力推动社会主义现代化强国建设。

“中国工程科技未来20年发展战略研究”

工作联合领导小组

2025年2月

前　言

当今世界正经历百年未有之大变局，新一轮科技革命和产业变革蓬勃兴起。过去十多年间，科技发展呈现出前所未有的系统化、突破性和颠覆性态势，世界已经进入创新主导的发展新时代，新的格局加速形成，抢占科技和经济发展制高点的竞争愈发激烈。我国正加速从制造大国向制造强国挺进，向先进材料这一世界新兴产业制高点进发，全面提升国家经济发展动力。

在历史发展的进程中，材料是推动社会进步的物质基础。依据经济社会及工业发展的历史经验，材料可分为基础材料和先进材料。基础材料一般指化工、冶金、建材等领域的传统材料；先进材料是新近发展的、性能显著优于传统材料或具有特殊功能的新型材料。基础材料工业（又称流程工业）和先进材料产业一起构成了材料工业体系，推动钢铁、有色、化工、建材等传统产业优化升级，引领信息、能源、生物等战略新兴产业蓬勃发展，支撑经济社会迈入由大到强的新发展阶段。

基础材料工业处于产业链上游，为几乎所有制造业提供必需的原材料（如钢铁、有色金属、基础化学品、水泥、玻璃），具有基础性、资本与资源密集、规模化生产、技术关联性强等特征，是国民经济和现代工业体系的支柱和基石。绿色冶金、低碳化工等工艺革新推动整体工业技术升级和资源效率提升，为下游装备制造、建筑、汽车、电子等行业发展注入新动能，已经成为基础材料工业发展的主题。

先进材料产业正在重构未来产业竞争力，关乎国民经济发展、工农业生产及国防科技进步。在经济运行体系中，物质、能量、信息所对应的先进基础材料、能源材料、信息材料是支撑经济发展、保障国家安全和提升产业竞争力的战略性基础，是加快推进制造强国和科技强国建设，实现高质量发展的重大任务；在社会运行体系中，人与环境和谐发展所对应的生物医用材料、衣食住行材料、环境工程材料和安全工程材料是人类追求健康、舒适和美好生活所赋予可持续发展的重要保障。

《中国工程科技2040发展战略·化工、冶金与材料领域报告》是在中国工程院和国家自然科学基金委员会的支持下，由中国材料研究学会组织全国近百位院士和近200名领域专家开展研究，组织调研及访谈活动百余次，集行业各方之智，历经5年时间完成的材料领域战略研究成果，设有基础材料工业和先进材料两个专题。项目总负责人为刘炯天院士、李元元院士，项目分为四个课题组，综合组（含建材组）由刘炯天院士担任组长，先进材料专题组由谢建新院士担任组长，冶金专题组由柴立元院士担任组长，化工专题组由钱锋院士担任组长。

本书在研究编纂过程中，立足基本国情，面向国家战略实施、未来产业布局、自主标准体系建设及支撑保障体系建设等重大需求，在充分调研我国材料自我保障能力、进口依赖情况、体系化创新能力、发展势头等基础上，系统论述了面向2040年化工、冶金与材料领域的发展战略。其中，对基础材料工业领域的基本定位是加快推进转型升级，实现高端化、绿色化、智能化发展；对先进材料领域的基本定位是强化原始创新和基础研究，解决“卡脖子”重大问题，实现科技自立自强。

研究工作中重点解决以下问题,一是系统梳理面向2040年材料领域的发展要求，强调加强自主创新，为我国的国民经济和社会可持续发展提供坚实的物质保障；二是全面统筹原材料的制备提升、检验检测评价能力的提升、操作软件的系统优化及其他辅助配套工业的建设等产业体系建设需求，进一步完善材料领域技术体系布局；三是推动实现从原材料到产品的全链条自主化，实现全面原始创新，解决“首重尾轻”等问题，提升产业创新能力与产品市场竞争力；四是注重推动我国材料领域的绿色化转型，最终实现绿色发展，支撑美丽中国建设；五是充分发挥人工智能等先进技术的赋能作用，加快推进材料自身的智能化、高性能化及低成本化发展，提升材料领域科研、生产、应用产业等高端化、数智化发展水平。

最后，诚挚感谢中国工程院和国家自然科学基金委员会对本书的大力支持，感谢总体组、工作组、编写人员和统稿人对本书的贡献，还要感谢科学出版社在编辑出版工作中的辛勤付出。限于时间与精力，本书难免存在疏漏，敬请读者批评指正！

《中国工程科技2040发展战略·
化工、冶金与材料领域报告》编委会

2025年2月

目　　录

第二篇　中国先进材料领域工程科技2040发展战略研究

第一篇

中国基础材料工业领域工程科技2040发展战略研究

第一章　面向 2040 年基础材料工业领域世界工程科技发展态势

当今世界正处在大变革大调整之中，新一轮科技革命和产业变革正在孕育兴起。世界科技发展呈现出前所未有的系统化突破性发展态势，世界已经进入以创新为主题和主导的发展新时代，全球创新的新格局加速形成，抢占科技和经济发展制高点的竞争愈发激烈。基础材料工业是国民经济的支柱产业，是我国从制造大国向制造强国迈进的主战场之一，其发展状况直接影响国家的经济基础。基础材料工业主要通过对原材料进行混合、分离、粉碎、加热等物理或化学工艺处理，将原材料转化为人们所需要的目标产品，同时产生各种副产物。化工、冶金、建材等基础材料工业是我国的支柱产业，但与发达国家相比，技术水平与产品质量不高、物耗与能耗较高、环境污染严重，制约了行业乃至国民经济的快速发展，在技术创新的催化下，我国需要不断探索生产力与生产效率的提升。

第一节　世界基础材料工业领域工程科技发展状况与国际先进水平

一、本领域世界各国正在开展的重大科技计划及其预期成果

基础材料工业是一种以过程自动化和优化为核心的工业生产模式，涵盖了工艺流程的设计、控制和管理，旨在提高产品质量、降低生产成本以及提高生产效率。基础材料工业旨在通过自动化控制和优化技术，

实现生产过程的高效、稳定和可持续，以达到提高产品质量和生产效率的目标。

传统基础材料工业正面临着挑战与机遇并存的时代考验。进入 21 世纪以来，随着新一轮工业革命的迅速发展，传统基础材料工业生产制造方式的问题日益凸显，包括生产效率低、人工成本高、安全隐患大等。

为突破基础材料工业技术与产业创新瓶颈，重大科技计划部署成为世界各发达国家的重要手段。近年来，世界各主要国家和组织相继发布了与基础材料工业领域相关的各类重大科技计划和科技战略研究报告，其主要聚焦的领域和技术方向见表 1-1。

表 1-1　世界各主要国家/组织于近年发布的工程科技领域的重大科技计划

国家/组织	重大科技计划	聚焦的领域和技术方向
美国	《美国国家创新战略》[白宫科技政策办公室（Office of Science and Technology Policy，OSTP）于 2015 年发布]	①先进制造；②精密医疗；③大脑计划；④先进汽车；⑤智慧城市；⑥清洁能源和节能技术；⑦教育技术；⑧太空探索；⑨计算机新领域
	《21 世纪国家安全、科技与创新战略》[美国国家科学技术委员会（National Science and Technology Council，NSTC）于 2016 年发布]	①军事领域；②国土安全领域；③情报领域；④制造领域；⑤先进计算与通信领域；⑥清洁及经济可承受能源领域
	《国防 2045：为国防政策制定者评估未来的安全环境及影响》[美国战略与国际研究中心（Center for Strategic and International Studies，CSIS）于 2015 年发布]	①先进计算技术/人工智能技术；②增材制造；③合成生物技术；④机器人技术；⑤纳米技术和材料科学
	《2016—2045 年新兴科技趋势报告》（美国陆军部于 2016 年发布）	①机器人与自动化系统；②增材制造；③数据分析；④人类增强；⑤医学；⑥智能手机与云计算；⑦网络安全；⑧物联网；⑨能源；⑩智能城市；⑪食物与淡水科技；⑫量子计算；⑬社交网络；⑭先进数码设备；⑮混合现实；⑯先进材料产业；⑰对抗全球气候变化；⑱新型武器；⑲太空科技；⑳合成生物科技
	《先进制造业：联邦政府优先技术领域概要》（2016 年）	先进材料产业制造、再生医学生物制造、先进生物制品制造、药品连续生产

续表

国家/组织	重大计划	聚焦的领域和技术方向
欧盟	“地平线2020”	对信息通信、纳米、新材料、生物、先进制造及加工以及空间技术等方面提供专项支持，确立在工业技术领域的领先地位，并支持跨领域合作
	《欧洲新工业战略》	“清洁钢”突破性技术、关键原材料行动计划
	“冶金欧洲”计划（2014—2020年）	用于空间和核系统的新型耐热合金、基于超导合金的高效电源线、可将废热转化为电的热电材料、生产塑料和药物的新型催化剂、用于医疗移植的生物相容性金属、高强度的磁系统等，旨在发展21世纪新型金属及其制造技术
	《把握德国制造业的未来——关于实施“工业4.0”战略的建议》	支持工业领域新一代革命性技术的研发和创新，通过充分利用信息通信技术和网络物理系统等手段，推进制造业向智能化转型
英国	《技术与创新未来：英国2030年的增长机会》	材料和纳米技术：①3D打印和个性化制造；②建筑及建筑材料；③碳纳米管和石墨烯；④超材料；⑤纳米材料；⑥纳米技术；⑦智能聚合物；⑧活性包装；⑨多功能材料和仿生材料；⑩智能交互式纺织品 能源和低碳技术：①先进的电池技术；②生物质能；③碳捕集与封存；④核裂变；⑤燃料电池；⑥核聚变；⑦氢能；⑧微型发电技术；⑨循环利用；⑩智能电网；⑪太阳能；⑫智能低碳车辆；⑬海洋和潮汐发电；⑭风能
	《英国工业2050战略》	建立了包括能源效率、制造过程、材料嵌入、制造系统和商业模式等在内的22项制造业能力评估标准，以提振工业生产，并刺激科技和研发投资，促进工业产品附加值提升及产业技术整体创新
日本	第五期“科学技术基本计划”（2016—2020年）	超智能社会、共性技术研发、积极应对经济和社会发展面临的挑战
	2030年研究战略	发展新一代制造系统、推进环保资源开发和循环利用、加强再生能源的普及、开发新能源、开发节能储能技术、实现氢能源社会、生产高附加值材料
俄罗斯	《2030年前材料与技术发展战略》	智能材料、金属间化合物、高温金属材料、聚合物材料、纳米结构复合材料和涂层等
中国	《化工新材料创新发展与绿色转型行动方案》（2025年重点推进）	高端化工新材料研发与绿色生产技术：重点发展高端聚烯烃、特种合成橡胶、功能性膜材料等；循环经济与资源化利用：开发废旧高分子材料绿色回收技术

2011年，美国启动“先进制造业伙伴关系”（Advanced Manufacturing Partnership，AMP）计划，聚合工业界、高等院校和联邦政府力量，投资强化美国全球竞争力的新兴技术。该计划涉及以下关键领域：关键国家安全工业的国内制造能力，先进材料产业研制效率，下一代机器人技术

及生产过程能源效率等。2018 年，美国发布《美国先进制造业领导力战略》（Strategy for American Leadership in Advanced Manufacturing，SALAM），确定了保障未来美国占据先进制造业领导地位的战略规划，以确保强大的国防工业基础与可控的弹性供应链，鼓励创新的生态制造系统、加强国防制造业基础等。

2013 年，德国政府采纳《把握德国制造业的未来——关于实施“工业 4.0”战略的建议》，建立资源、信息系统、组织结构和文化等工业层次评估方法，强调利用信息技术和制造技术的融合，改变当前的工业生产与服务模式，实现“智慧工厂”和“智能生产”；并陆续出台了一系列指导性规划框架，如《数字化行动议程（2014—2017）》（Digitale Agenda 2014—2017）、《数字化战略 2025》（Digital Strategy 2025）、《高技术战略 2025》（High-Tech Strategy 2025，HTS2025）等，明确了德国未来工程技术关键技术发展方向。2017 年，德国政府又发布了“数字平台”白皮书，制定了“数字化的秩序政策”。

2015 年，法国出台了《绿色增长能源转型法案》（Energy Transition for Green Growth Act），提出限定核能发电量、降低化石能源消耗、提升可再生能源在能源总消耗中的比例，并且到 2050 年能源消耗量降低一半。

2016 年，日本在第五期“科学技术基本计划”中提出“社会 5.0”（Society 5.0）概念，指出要最大限度地应用现代通信技术，通过虚拟与现实空间的高度融合，解决经济社会问题，拥有一个“超智能社会”。此后，围绕“社会 5.0”愿景，日本先后发布《未来投资战略 2017：为实现“社会 5.0”的改革》《新产业结构蓝图》《未来投资战略 2018——迈向社会 5.0 和数据驱动型社会的变革》《集成创新战略》《统合创新战略 2020》《科学技术白皮书》等一系列战略规划及政策（国家信息中心，2024），内容涉及生命健康、人工智能（artificial intelligence，AI）、生物技术、量子技术、尖端材料制造、能源与环境等未来产业的系统布局。在“社会 5.0”愿景的牵引下，日本通过推动前沿技术创新与未来产业发展来满足社会需求。

2013 年，欧盟制定“未来工厂 2020”路线图，展现了欧盟未来总体科研方向及优先科研主题。2020 年 2 月 19 日，欧盟委员会发布了《欧洲数据战略》（A European Strategy for Data）和《欧洲人工智能白皮书：追求卓越和信任的欧洲方案》（White Paper on Artificial Intelligence：A European Approach to Excellence and Trust）两份报告，以提高欧盟工业的全球竞争力和可持续性，具体研发目标包括：为先进制造系统集成并示范创新技术，形成 40—50 个新的最佳实践；研发环境友好型制造技术，减少能耗高达 30%，减少废物高达 20%，减少材料消耗高达 20%。欧洲清洁氢联盟制定了 2030 年完成清洁氢产业链的技术布局，以实现可再生和低碳氢的制造、运输和配送及应用整个产业链的整合，完成氢冶金技术，支撑欧盟实现 2050 年碳中和的目标。

2013 年，英国提出《英国工业战略》，并于 2019 年发布《英国工业 2050 战略》。《英国工业 2050 战略》建立了包括能源效率、制造过程、材料嵌入、制造系统和商业模式等在内的 22 项制造业能力评估标准，涵盖经济、地区、教育、交通和数字经济等多方面，以提振工业生产，并刺激科技和研发投资，促进工业产品附加值提升及产业技术整体创新。

2019 年，国际可再生能源机构（International Renewable Energy Agency，IRENA）发布的《全球能源转型：2050 年路线图》指出，可再生能源、提升能效和电气化是实现 2050 年全球能源相关碳排放减少 70%目标的基本保障。

中国改革开放后，工业化进程快速推进，以化工、冶金、建材为代表的流程行业经历了“工业 1.0”的机械化阶段与“工业 2.0”的电气化和自动化阶段，并走在了自动化的前列。近年来，各级工业和信息化部门积极推动工业化和信息化的深度融合，推动“工业 4.0”加速发展，智能化、绿色化作为“工业 4.0”的关键词，其整体是在工业化和信息化深度融合的基础上应用先进分析的智能计划、智能执行和智能控制，实现绿色高效生产。

当前，基于化工、冶金、建材等基础材料工业的工程科技创新日益展现向资源能源替代、过程强化、高端产品制造及智能化等前沿变革性方向发展推进的趋势，并将进一步带动社会产业链上下游等相关产业的整合提升。产业整体变革迫在眉睫，成为世界各国保障资源安全及应对国际资源能源竞争、生态环境威胁及社会经济发展的重要手段。

二、本领域工程科技发展状况与国际先进水平

基础材料工业发展受资源与环境的直接制约。基础材料工业是资源消耗密集型产业和典型的高碳排放行业。据 2021 年首届《区域全面经济伙伴关系协定》(Regional Comprehensive Economic Partnership，RCEP)（北部湾）钢铁发展论坛报告，2021 年全球钢铁行业的能源消耗占全球终端能源消费量的 8%，碳排放（2019 年约 26 亿 t）占全球能源系统排放量的 7%。而且随着国际技术革命的集群爆发以及国际竞争格局的复杂化，实现以绿色低碳为核心的工程技术发展，已经成为基础材料工业可持续发展的焦点。

基础材料工业的规模效应日益突出。依据《2019 年中国石油和化学工业经济运行报告》，2019 年我国石油行业的总产值达到了 12.3 万亿元，占国内生产总值（gross domestic product，GDP）的比重达到了 7.3%，这一比重在全球石油行业中排名第三，仅次于美国和俄罗斯（中国石油和化学工业联合会，2020)。2023 年，我国石油行业的总产值达到 15.95 万亿元（栗翘楚和韩鑫，2024)，未来我国石油行业也将继续保持强劲的发展态势。发达国家和资源型国家的冶金企业都在向规模化、大型化、集约化发展，中国宝武钢铁集团有限公司通过整合改造，以 1.15 亿 t 产量（2020 年）成为全球第一大钢铁公司。

基础材料工业技术工艺发展迅速，变革性转型趋势逐步明显。石油化工方面，我国完成原油蒸汽裂解制乙烯工业试验，突破了传统裂解原

料的限制，直接将原油转化为乙烯、丙烯等化工产品，革命性地缩短了生产流程，能耗、碳排放大幅降低，该技术成为“油转化”结构调整的关键性技术。钢铁冶金方面，非高炉炼铁技术迅速发展，自20世纪90年代以来，世界直接还原铁产量持续增长。为利用丰富的废钢资源，发达国家一直着力研究应用超高功率电炉—精炼炉—连铸—连轧的高效率短流程电炉钢生产线，效果显著。有色冶金方面，冶炼工艺采用基夫采特熔炼法、氧气底吹转炉炼钢等直接冶炼新工艺，研发了大型预焙槽电解铝等，提高了原料适用性，提升了金属回收率，节约了能源，降低了消耗，极大地改善了生产环境。

基础材料工业过程资源高效利用及负荷控制得到高度重视。全球资源及产品需求的提升和世界范围内自然资源逐步匮乏之间的矛盾日益尖锐，人类生存和自然环境和谐共存的需求得到关注。近年来，冶金渣的资源化利用、高炉煤气回收利用发电、焦炉干法熄焦、二次资源原生冶炼及氢冶金等技术的研发及推广，进一步提升了冶金行业的绿色转型发展空间及可行性。日本COURSE 50（CO_2 ultimate reduction in steelmaking process by innovative technology for cool earth 50）计划、瑞典SSAB（Swedish Steel AB）公司突破性氢能炼铁技术（HYdrogen BReakthrough Ironmaking Technology，HYBRIT）项目、欧洲超低CO_2排放炼钢工艺（Ultra-low CO_2 Steelmaking，ULCOS）项目、德国钢厂尾气资源化利用Carbon2Chem项目等，皆以低碳炼铁为核心，探索低碳炼铁工业化的路径，实现节能减排、高效绿色发展。建材行业方面，固体废弃物（简称固废）建材化循环利用逐步受到重视，丹麦、美国、加拿大等发达国家已规划建设固废循环利用生态示范区。目前，国际上最成功的固废循环利用生态园区是丹麦的卡伦堡（Kalunborg）生态工业园区。通过企业间的工业共生和代谢生态群落关系，建立“纸浆-造纸”“肥料-水泥”“炼钢-肥料水泥”等工业联合体。我国建材行业每年可消纳和利用11亿t左右的大宗固废，其中水泥年产量已经达到23亿t，以平均掺入废渣20%计，年可消纳工业固废5亿t左右[①]。

高端产品发展势头强劲，呈现全球地域性产业技术集聚特征。发达国家的高端聚烯烃、高纯金属等高端产品研发品种多、规格全，应用范围也逐渐扩大，极大地支撑了其生物医药、国防、信息等战略领域的迅猛发展。从全球市场看，高端聚烯烃的生产主要集中在西欧、东北亚以及北美地区，相关领先企业包括北欧化工（Borealis AG）、埃克森美孚公司（Exxon Mobil Corporation）、陶氏化学公司（Dow Chemical Company）、利安德巴塞尔工业（LyondellBasell Industries）公司、道达尔（Total）公司、三井化学（Mitsui Chemicals）株式会社以及住友化学工业（Sumitomo Chemical）株式会社等。据《石油化工周报》报道，2022年我国聚烯烃市场需求规模已超千亿吨，高端聚烯烃表观消费量达1200多万吨[②]。在高端金属材料方面，超高纯钛（Ti）是配制生产高端钛合金材料的重要基础材料，而钛合金是飞机制造的关键材料之一，目前世界范围内主要由美国霍尼韦尔国际公司、日本东邦化学工业株式会社和大阪钛业科技有限公司3家公司制造。金属磁性材料具有转换、传递、处理、存储信息和能量等功能，是重要的基础功能材料，在能源、汽车、信息等领域应用范围广泛且往往不可替代。据国家材料腐蚀与防护科学数据中心总结，截至2023年美国磁性材料公司占据60%的全球军工市场，韩国企业则占据70%的全球工业市场[③]。整体上，冶金工业领域中，高端金属产品仍然牢牢掌握在发达国家手中，中国冶金工业尽管金属产量大，但大都是初级金属产品，国际“卡脖子”风险日益凸显，极大制约国家战略发展。中国高端材料研发及制造迫切需要全面展开。

基础材料工业过程智能化发展初步成形。当前，世界发达国家的工业生产皆经历了机械化、电气化、数字化三个历史发展阶段，具备了向智能制造阶段转型的条件。未来必然是以高度的集成化、智能化及信息

① 如何推进固废建材化利用，http://www.cbminfo.com/BMI/zx/1459550/7137279/[2022-02-10].

② 石油化工周报：高端聚烯烃加快国产化替代，https://stock.finance.sina.com.cn/stock/go.php/vReport_Show/kind/industry/rptid/714134442104[2022-08-18].

③ 中国腐蚀与防护学会. 2023. 深度！4项发达国家限制出口高端金属材料解析！打破技术封锁，我国仍需闯过3大关. http://www.ecorr.org.cn/news/industry/2023-05-15/187524.html[2023-05-15].

化为特征的智能化制造系统，取代传统制造中高消耗低效率的人力干预，实现制造过程的最优化、自动化、智能化。美国、欧洲、日本等发达国家和地区都将智能制造视为 21 世纪最重要的制造技术。美国在智能技术的理论和应用研究方面，长期处于全球主导地位，人工智能、控制论、物联网这些智能技术的基础大多起源于美国，尤其是计算机界最高奖项图灵奖的获得者绝大多数是美国科学家。德国提出了“工业 4.0”计划，引领制造业新潮流，展现了强大的机械工业制造基础，具备嵌入式以及控制设备的先进技术和能力。在冶金工业生产领域，国际上物联网、大数据、云计算、智能机器人、在线监测分析仪器等过程模拟及在线优化技术也都逐步广泛应用于钢铁和有色金属生产过程，冶金智能化工业生产框架已经逐步成形。

综上所述，世界基础材料工业工程科技的发展已经呈现冶金过程资源能源高效利用、降负减排、高端智能等变革性发展趋势。然而整体上看，在基础材料工业方面，中国距离“工业强国”差距仍然显著。虽然近年来，中国已经建成了世界最完整、最齐全的基础材料工业体系，产量及产业规模全球第一，产业链相对完整，市场化程度相对较高，技术自主性较强，但是中国基础材料工业仍然存在资源匮乏、消耗大、污染负荷重、智能化层次低、高端产品严重不足等问题。这不仅制约了中国基础材料工业的可持续发展，而且直接影响中国工业资源安全保障以及未来国家发展的战略实施。

第二节　面向 2040 年基础材料工业领域工程科技发展趋势及影响

一、低碳化、绿色化、生态化

全球进入应对气候变化的新阶段，世界各国政府相继出台或更新低碳发展的国家战略，已经深刻影响世界经济发展格局、全球治理格局等。

基础材料工业作为最大的碳排放来源之一，也是各国关注与亟待升级的行业。随着全球对环保和可持续发展的日益重视，基础材料工业正在采取积极措施，减少对环境的影响，亟须发展可再生能源和低碳技术，实现绿色制造和可持续发展。以钢铁行业为例，其碳排放主要集中在碳还原炼铁环节，为降低这一关键环节的碳排放，发展更加先进、绿色的“氢冶金”将是钢铁行业绿色低碳发展的重要方向。通过全生命周期安全环境足迹监控与风险控制，突破基础材料工业安全环境足迹监控、溯源分析和风险控制的关键技术，以满足基础材料工业绿色化的紧迫需求。同时，各国工业产业发展正在积极探索和推广生态工业链接，通过建立广泛的生态工业链接，减少化石燃料消耗和污染物排放，实现资源的最大化利用和循环利用。

二、数字化与智能化

基础材料工业需要实现从设计、建设、运行到维护的全生命周期数字化，将许多复杂多变的信息转变为可以度量的数字、数据，最终建立起数字化模型，以提高生产效率、降低成本、优化资源利用。随着数字化技术的成熟，工业互联网、物联网技术赋能基础材料工业的环节与信息点万物互联，海量数据的收集、分析与输出则需要智能化工具与技术的支撑，包括工业机器人、机器学习、人工智能、智能物流技术等，实现基础材料工业的实时监控、预测性维护和自动化控制，进一步提高生产效率和产品质量。基于大数据、云计算和机器学习算法，通过人工智能技术完成自动化工艺控制、自适应调整和预测性维护等，实现生产效率的提高、能耗的降低、产品质量的优化，全面推进智能制造。中国的基础材料工业规模全球第一，信息技术、芯片技术等高新科技是基础材料工业发展的重要支撑，直接影响基础材料工业的数字化、智能化。鉴于中美关系的不确定性仍然存在，从科技到产业、从技术到贸易，尤其是在产业链供应链方面，包括半导体等在内的先进制造业产业集群已经成为博弈焦点。以芯片技术为代表的高新科技资源的短缺、技术产业链的不完整、投资贸易的中断，势必阻碍中国基础材料工业的智能化升级。

三、能源替代及新型能源体系

基础材料工业是能源消耗大户，其消耗的能源种类繁多，包括煤炭、石油、天然气等化石能源，以及水能、核能、风能、太阳能等可再生能源。现有能源消耗结构导致工业环保问题突出及能源利用效率偏低。一方面，要促进化石能源和非化石能源的跨系统、系统间跨类型的融合，加强多介质能源优化与能源梯级利用，研究不同能源之间高效协同的技术，优化能源的供需平衡；构建互补能源体系，建立能源信息化管控系统，实现能源利用优化及集成控制。另一方面，要大力发展零碳能源技术，以代替化石燃料以及提升能源安全与效率，加快风能、太阳能等可再生能源的建设，加强对氢能等新能源的基础研究和工业化技术研究，推动非化石能源发电装机占比提高到 60%左右等（国家能源局，2025）。

四、工业生态链循环

近年来，受到资源、环境的制约，各国开始高度重视绿色低碳、循环经济，世界基础材料工业正逐渐从“末端治理”向“生产全过程控制”转变。预计 2040 年，世界基础材料工业将更加重视循环经济理念，绿色低碳生产技术和装备将普遍应用并引领未来发展；信息化、智能化生产技术将被广泛采用，基础材料工业生产方式发生变革，需要加快构建覆盖全产业链的工业生态体系，借助智能化技术改造，推动传统材料工业提质增效，实现化石能源消费与污染排放总量削减。未来，基础材料工业将进一步调整企业结构、流程结构、资源结构、耗能结构，提高能源效率，实现节约化和高效化生产；加快实施产业优化布局、链接及清洁生产/利用技术应用，促进国家及社会层面上的化工、金属等资源循环经济全面发展，实现源头减量、节能提效、工艺改造及资源能源的回收利用。

第二章 2040 年中国基础材料工业领域科技与社会发展愿景及需求

第一节 2040 年中国基础材料工业领域经济社会发展预测及需求

全球制造业格局正在发生重大调整，主要工业国均将制造业作为经济振兴的重中之重，并提升至国家安全高度予以重视。我国制造业竞争力持续增强，《全球制造业创新指数白皮书》显示，2019 年中国首次跻身全球制造业创新指数 15 强。根据国家发展和改革委员会于 2021 年的统计，作为世界上工业体系最为健全的国家，在 500 种主要工业产品中，我国有 40%以上产品的产量居世界第一①。2024 年，我国拥有 41 个工业大类、207 个工业中类、666 个工业小类②，形成了独立完整的现代工业体系，是全世界唯一拥有联合国产业分类中全部工业门类的国家。

基础材料工业是我国制造业的重要组成部分，与离散行业相比，其流程存在明显差异。基础材料工业流程突出地表现为测量难、建模难、控制难和优化决策难。基础材料工业可为国民经济建设提供大宗原材料和能源，也可为战略性新兴产业提供高端电子化学品、高分子和合金钢等材料。

我国基础材料工业经过数十年发展，历经引进、消化吸收、自主创

---

① 我国制造业国际竞争力显著增强 创新能力明显提升，https://www.gov.cn/xinwen/2021-09/14/content_5637114.htm[2021-09-27].

② 工业和信息化部系统谋划新型工业化 巩固十大重点行业稳增长，https://www.miit.gov.cn/xbymdz/xwfb/mtbd/twbd/art/2024/art_8aee89c097da4d819b0f21747f15c27f.html[2024-07-07].

新几个阶段，基本实现了与国际先进水平“并跑”并且在部分领域“领跑”。我国主要基础材料工业的生产工艺、装备和生产过程自动化水平都得到了大幅度提升，产业规模和整体实力迅速增长，国际影响力明显提高。我国已成为世界上门类最齐全、规模最庞大的基础材料工业大国，石油加工能力、乙烯产量居世界第二，石化总产值居世界第一；钢铁、有色金属、建材等行业的产能均居世界第一；甲醇、化肥、农药、烧碱、纯碱、电石、合成树脂、合成橡胶、生铁、粗钢、钢材、氧化铝、水泥等主要产品产量及十种有色金属总产量均居世界第一，粗钢、氧化铝和水泥等产品已占全球产量“半壁江山”。基础材料工业提供了与国计民生息息相关的“衣、食、住、行”大宗基础材料，强劲地带动了国民经济建设。基础材料工业提供了合金钢、铝锂合金、碳纤维复合材料、树脂基复合材料、绿色工程塑料、储能材料、生物试剂、电子化学品、高纯气体等材料，有力地推动了航空航天、海洋工业、集成电路、5G、汽车、新能源、生物医药、高端装备等战略性新兴产业的发展。

近年来，我国制造业持续快速发展，总体规模大幅提升，综合实力不断增强，对国民经济和社会发展做出了重要贡献，甚至成为支撑世界经济的关键力量。我国基础材料工业处在制造业转型升级和供给侧结构性改革的关键时期，必须抓住机遇、迎接挑战。

一、2040 年基础材料工业经济社会情景预测分析

1. 中国经济发展预测

制造业转型与升级是促进 GDP 增长的重要动力。在增长较快情景下，中国稳步推进城镇化，促进制造业转型与升级，增强产品国际竞争力，并且进一步加大财政性教育经费在 GDP 中的比重，提高劳动者素质，加强研发投入，提高产品附加值，全面深化市场化改革。

产业结构不断趋于合理，服务业占 GDP 比例将达到 60%以上。从产业结构上看，预计到 2040 年，中国三次产业在经济总额中的比重将

呈现平稳变化的发展趋势，其中，第一产业和第二产业比重逐年下降，而第三产业比重则逐年上升。

2. 中国基础材料工业规模发展预测

预计到 2040 年，随着中国制造业创新能力、产业链和供应链现代化水平的提升，基础材料工业规模将不断扩张。基础材料工业是制造业的重要组成部分，它涉及石油化工、钢铁、冶金、能源、环保等多个领域。在冶金行业，钢及其压延产品，以及有色金属及其合金、压延产品等部门预测其产值年均增长率未来将呈明显下降趋势。这显然是由国家节能减排目标与相关产业调控政策实施对产能结构优化所致。

3. 中国基础材料工业能源结构发展预测

能源结构优化助力基础材料工业持续发展。根据《中国天然气发展报告（2021）》，2025 年，国内天然气消费规模预计达到 4300 亿—4500 亿 m^3；2030 年达到 5500 亿—6000 亿 m^3，天然气消费稳步可持续增长；2040 年前后进入发展平台期（国家能源局石油天然气司等，2021）。这意味着，预计到 2040 年，天然气将成为石油化工行业的重要原料之一，产业规模可能会继续扩大。

新能源技术为工业能源使用带来颠覆性变化。太阳能、风能、潮汐能、核聚变发电、废液发电以及新一代移动和固定能源存储技术的广泛应用将带来能源使用的颠覆性变化。能源技术的发展将主要依靠不含碳的一次能源，同时，节能技术的发展也会改进使用油及天然气的机器以提高燃料的使用效率，或通过改进结构促进电力的有效利用。碳捕获和碳封存技术将深刻改变传统能源使用方式。

4. 中国基础材料工业未来科技发展预测

先进材料产业和制造技术带来基础材料工业行业的变革与发展。这些技术的应用，不仅提高了产品的质量和性能，还改变了传统的生产模式和流程，使基础材料工业行业经历着变革与发展。先进材料产业包括高性能聚合物、复合材料、纳米材料等，它们具有轻、强、耐磨、耐腐蚀等特点，可以广泛应用于化工、钢铁、冶金等基础材料工业领域。这些材料的应用，不仅提高了产品的质量和性能，同时也推动了生产流程的优化和升级，提高了生产效率并降低了成本。材料领域的科技创新呈现出与物理学、化学、信息科学、生物学等多学科交叉融合的趋势；材料制备与应用向低维化、微纳化、人工结构发展，材料研发向结构功能一体化、功能材料智能化、材料与器件集成化、制备及应用过程低碳、绿色化发展。

5. 中国基础材料工业信息发展预测

信息技术渗透更加广泛。信息技术将在中国基础材料工业中发挥越来越广泛的作用。在2040年的数字社会中，数据分析工具和模型将重塑基础材料工业的产业结构和形态，催生众多的新产业、新业态和新模式。预计至2050年，所有智能传感器都将接入互联网。基础材料工业中所有参数并入云计算，为数据的大规模生产、分享和应用提供基础。信息网络技术将加速驱动数字经济和数字社会的到来。

7G网络大规模商用而8G网络起步。新一代网络技术的演进趋势不可改变，2030年左右6G网络将大规模商用，2040年的通信网络将是7G大规模商用而8G网络起步的状态，无时无处不在的高速网络环境成为常态，推动人类生产方式、生活方式、学习方式、思维方式和商业模式等发生深刻变革。7G网络的大规模商用将进一步扩大基础材料工业的数字化范围和深度。高速、低延迟、高可靠性的7G网络将为基础材料工业提供更加稳定和快速的数据传输通道，从而加速数字化转型和智能化升级。企业可以利用7G网络实现更加高效的协同和协作，提高生产效率和产品质量。而8G网络的起步将为基础材料工业的未来发展奠定基础。8G网络拥有更高的带宽、更低的延迟和更高的可靠性，将为基础材料工业带来更加广阔的发展空间。

人工智能广泛应用于制造、生产、管理等各个环节。首先，人工智能技术将被应用于基础材料工业生产制造领域。通过智能化的机器人、自动化的生产流程、高效的物流系统等手段，可以实现生产制造的全过程智能化和自动化。例如，可以通过人工智能技术来诊断冶金过程设备的健康状况，及时预测和避免设备故障，提高生产效率和降低生产成本。其次，人工智能技术将被应用于基础材料工业生产质量控制领域。比如，通过人工智能技术对石油化工产品生产过程中的温度、湿度、压力等参数进行监测和控制，进行实时数据分析，可以大大提高生产质量和产品的一致性。

6. 美丽中国、现代化强国需求下的基础材料工业发展预测

排放的主要污染物呈现持续但缓慢的下降态势。随着经济实力的不断增强，人民对生态环境质量的要求会越来越高，相应的节能、节水，以及脱硫、脱硝、除尘、污水处理等环保技术的普及率和水平将不断上升，能源结构的清洁化速度也将逐年攀升，由此产生的技术效应将成为污染减排的重要因素。与此同时，第二产业比重将不断下降，而第二产业又是污染物排放的主要来源，因而这样的结构效应有助于污染物排放的下降。

实现美丽中国、现代化强国目标的总体技术需求，包括经济适用的节能先进技术，经济、稳定、安全的清洁能源先进技术，以及源头性技术等，即资源节约水平显著改善的技术需求，资源循环利用率大幅提升的技术需求。

7. 中国基础材料工业的能源转型预测

中国能源消费模式转型逐步规模化。随着人口总量达峰和工业化、城镇化的逐渐完成，中国能源消费结构将出现较大变化，煤炭比例进一步降低，石油比例基本稳定，天然气比例将有较大幅度上升，核电、水电比例基本稳定，可再生能源比例也将有所上升。同时，综合能源系统大规模发展，能源综合利用体系建设将成为新趋势。集成发电厂、各种电压的电网系统、微电网系统、分布式能源系统、风光互补发电系统、

新型太阳能发电系统、终端用户的综合电力系统、甲醇储运利用系统将成为新的发展方向。利用大数据和信息化技术，在不同能源消费用户、不同能源生产之间发展能源调节体系，将实现大规模的能源节约和效率提高。

二、本领域需要解决的重大问题及其对工程科技的需求

在当前国际形势变化及国内战略政策的影响下，中国基础材料工业发展面临以下重大问题及需求。

1. 社会主义现代化强国战略建设迫切需要加快基础材料工业高质量发展转型

加快推进科技自立自强，提高产业链、供应链自主可控能力是社会主义现代化强国战略建设的核心内容，应把握国家发展的战略主动权。

基础材料工业主要包括石油、化工、钢铁、有色金属、建材等基础原材料行业，是国民经济的支柱和基础，也是我国经济持续增长的重要支撑力量。经过数十年发展，我国基础材料工业结构逐步优化，关键技术不断取得突破，然而在基础材料工业生产制造总体效能上仍与国际先进水平存在差距，体现在资源和能源的利用效率亟须提升、安全和环保问题日益突出等方面。当前基础材料工业制造模式存在一些亟待解决乃至“卡脖子”的难题，生产系统效率、资源能源利用、产品质量等发展空间仍然巨大，不仅对国家安全、工业生产及社会生活的供给产生直接影响，而且制约了制造强国等战略的实施。因此，迫切需要加快发展基础材料工业领域的现代化工业化生产体系。

工程科技需求：以产业转型升级为契机，提高工业企业技术装备水平，提升产业集中度，并依托优势资源和清洁能源聚集地，重构基础材料工业一体化产业技术链。突破制造工艺智能化信息化变革及高端产业发展瓶颈，构建适应未来需求变化、可持续发展、具有国际竞争力的新基础材料工业化体系，占据国际资源产业链发展的关键位置，掌握具有

自主产权的核心金属、化工等大宗产品，实现资源端完全自主可控。

2. 资源能源及环境压力长期存在，须强化绿色基础材料工业生态链发展

尽管中国基础材料工业整体上清洁生产、过程控制以及产业生态已经得到显著进步，但仍然面临资源/能源/环境束缚问题。我国基础材料工业的碳排放量居工业部门之首。如何进一步降碳、减污、增长，推进节约集约、绿色低碳发展，仍然是当前摆在中国基础材料工业发展进程中的重要问题。然而当前我国基础材料工业企业大多集中于产业链中下游，以生产高能耗、低价值产品为主，产能过剩，企业盈利能力较差，行业议价能力较弱。企业生产重“量”不重“质”，以高污染、高能耗为代价来换取短暂经济利益，环保意识相对淡薄，低碳转型驱动力不足。推动以基础材料工业为代表的资源能源利用最大化、污染物排放最小化为核心的绿色产业发展，是当前中国社会经济发展领域及节能减排实施过程中需要重点解决的问题之一。

工程科技需求：推动基础材料工业过程元素物质流动转化等精细控制，研发基础材料工业全过程金属资源高效提取及产污节点精准控制技术，削减行业生产污染及碳排放负荷；构建绿色低碳资源利用体系，实现工业过程资源能源替代，加快形成清洁能源新体系，大力发展氢能等绿色能源替代及利用技术，强化工业过程余热余压高效回收利用，创建智能碳排放监测管控系统，开发区域能源规划综合利用体系。建立多产业生态循环链，实现产业间资源/能源利用最大化以及环境污染负荷最小化；布局绿色低碳流程智造科技创新集群，突破产品、装备、工艺、回收、碳捕集与封存等多维度核心技术难题，构建适合中国“无废社会”产业模式，确保支撑“双碳”目标及美丽中国建设等的全面实现。

3. 高端产品制造不足，存在国家资源及产业安全保障风险

化工产品、关键金属等安全供应和高效利用，不仅是资源安全、产业安全问题，更是关乎国家安全的重大需求。目前国内石油化工行业多

数产品供应能力已能满足需求，但受资源禀赋、产业竞争力等因素影响，目前资源竞争型的乙烯系列产品和性能差异型的合成材料产品的进口处于高位，自给率依然较低。关键金属一直是国家社会经济、战略领域发展的资源基础。西方发达国家积极制定和完善关键金属和关键技术战略。中国将铁、铬、铜、铝、镍、钴、锂、稀土等 14 种金属资源列入战略性矿产资源目录，并明确提出要提高战略性资源的安全供应能力和开发利用水平。同时，在全球工业产业链上，中国基础材料工业企业主要参与中低端环节，高端产品供给不足，进口依赖度较高。当前，中国基础材料工业在工艺装备水平方面处于世界前列，但在原创技术与核心重大装备方面，与欧美发达国家相比仍有较大差距，存在高端技术及原料、能源供给等“卡脖子”风险，直接影响中国工业生产及产业链供应链安全。

工程科技需求：聚焦化工、冶金与材料等领域前沿技术的交叉融合，加快工业生产过程强化的变革性理论及颠覆性技术研发，突破系列低烯烃、芳烃及金属等产品生产及供应瓶颈，形成系列具有自主产权的前沿化工、金属产品等基础材料工业工程技术，并建立具有原始创新的极端环境冶金、非常规资源冶金等变革性技术，从而彻底改变传统冶金高能耗高排放的现状，突破基础材料工业产品高端制造等系列“卡脖子”问题；实施产业跨界融合，实现高端化工及金属资源供给及利用，破解国际工业产品资源“卡脖子”风险，保障支撑国家安全发展。

4. 工业智能化生产迫在眉睫，需要加快产业信息化与工业化深度融合

基础材料工业的智能化转型是中国制造强国战略发展的重要支撑。中国传统化工、冶金等基础材料工业展现了大规模物料、能源输入，大规模产品输出，以及大规模污染物排放的生产特征，且大多停留在机械生产阶段，甚至间断生产阶段，信息化技术应用率低，极大地制约了中国传统基础材料工业的发展，使得中国基础材料工业往往处于国际产业

链的中低端，受国外高端产业发展的严重制约。中国基础材料工业智能化水平仍落后于发达国家，在工程设计、数字孪生、生产控制、管理运营、服务保障等环节使用的高端工业软件 90%以上依赖进口，“卡脖子”和安全风险巨大。此情况的出现，一方面是由于中国工业智能化技术发展起步晚，失去了布局和发展高端工业智能的先机，另一方面是因为我国工业智能基础薄弱，在核心工艺机理、计算算法及智能控制等核心技术方面存在较大差距。因此，推进并引领基础材料工业全过程、全产业链的智能化发展意义重大。

工程科技需求：转变传统基础材料工业机械化生产模式，开发一批信息化融合基础材料工业平台，包括基础材料工业信息化平台（包括远程诊断与维护）、大数据分析平台等；研发全数字化与智能化大型化工、冶金反应器；形成高性能制造专用工业控制系统，实现冶金工厂的智能运行及优化调控，建造基础材料工业智能化工厂，提升效率；攻克“卡脖子”流程制造工业软件系统及基础材料工业专用工业软件，并持续实现应用验证和迭代升级；制定符合“工业 4.0”技术发展要求的设计、制造、服务标准；形成基于基础材料工业的智能化制造体系，实现系列工业产品的高端智能化制造，强化生产效率，提高产业高端产品附加值。

第二节　2040 年中国基础材料工业领域经济社会与科技发展愿景

展望未来，基础材料工业呈现绿色低碳转型发展的趋势，以碳中和作为远景目标，既是行业应对时代挑战的必然选择，也是调整产业结构、提高产业竞争力、实现生态文明可持续发展的机遇。基础材料工业应化挑战为机遇，积极拥抱产业变革、顺应低碳发展趋势。对企业而言，一方面，要通过能源资源高效利用、流程优化、清洁能源替代等方式促进现有装置能效提升；另一方面，要关注并探索先进降碳技术的发展及商业化应用，积极开展试点，为低碳转型升级做好准备。

一、基础材料工业总体愿景

与基础材料工业相关的中国经济社会发展愿景主要如下。

1. 愿景一：基础材料工业资源化发展

基础材料工业是制造业的重要组成部分，主要包括化工、冶金、建材等行业，其安全高效的生产对国家而言具有重要的战略意义。在“双碳”目标下，新能源逐步取代传统能源，在这个过程中传统能源要发挥保底作用。制定低碳资源化发展路线是实现我国煤化工、石油化工等能源化工产业高质量发展的关键核心，调整我国化石能源结构，开展煤基化石能源高效清洁转化，以及多种资源系统耦合优化转化来生产大宗化学品，具有诸多优势。这既可以大幅提高资源利用率，还可以通过能量耦合降低能耗，促进石油化学工业低碳化流程改造和结构升级。发展高效清洁耦合转化催化剂和相关成套工艺技术，实现跨工业过程的碳氢资源高值化利用，围绕“双碳”目标，为我国基础材料工业再造提供新技术。

2. 愿景二：基础材料工业智能化发展

基础材料工业中的关键装备具有大型化、复杂化以及生产连续化的特点，普遍存在能耗高、可靠性差、故障率高等问题，是制约全流程低碳减排的瓶颈。因此，亟须在设备故障、供给需求波动等多重不确定因素叠加的开放环境下，构建复杂工业过程低碳运行控制、决策及调度一体化的最优设计方法，这对实现流程制造产业升级至关重要。

3. 愿景三：基础材料工业绿色低碳发展

我国基础材料工业重型化的产业结构、以化石能源为主的能源结构尚未发生根本性转变，经济发展和碳排放高度耦合，严重制约“双碳”目标的达成。目前，人们对以石化、钢铁、有色金属、建材为代表的基础材料工业中涉及的碳排放机制和碳流动轨迹知之甚少。因此，亟须探究石化、钢铁、有色金属、建材行业中碳时空分布以及产生、转化、流动机制，研发碳足迹全流程溯源方法和技术，为典型基础材料工业的绿色低碳发展奠定理论与技术基础。

4. 愿景四：基础材料工业产业链协同优化

基础材料工业产业链条长、时空跨度大、生产要素多，实现全产业链的资源、能源优化配置及综合效益的最大化，对基础材料工业具有重大意义。因此，亟须研究基础材料工业全产业链协同决策和全流程多目标优化等关键技术，为传统高耗能、高排放行业的低碳化和智能化发展奠定科学和技术基础。

二、化工、冶金与建材行业具体愿景

化工、冶金与建材行业经济社会与科技发展愿景如下。

1. 化工行业

当前，世界科技创新仍是一种追赶模式，很多创新活动以跟踪模仿为主，无法引领新科技革命和产业变革。未来，我们要把科技自立自强作为国家发展的战略支撑，如此才能有效保障国家科技安全、把握科技革命与产业变革机遇、为高质量发展提供强有力的引领。2020 年 7 月 30 日，石油和化学工业规划院编制的《石化和化工行业“十四五”规划指南》发布，其分析了我国石化和化工行业取得的成绩和问题、行业关注重点及热点、市场环境和发展趋势以及未来发展重点和实施路径，提出：以推进石化高质量发展为目标，以“去产能、补短板”为核心，以“调结构、促升级”为主线，推进供给侧结构性改革进入新阶段；大力实施创新驱动和绿色可持续发展战略，培育战略性新兴产业，推动产业结构、产品结构、组织结构、布局结构不断优化；加强技术成果产业化支持，着力提升产业的国际竞争力和可持续发展能力，推动我国向石化化工产业强国迈进。当前，我国石化产业正在向“绿色化、高端化、智能化”

发展。

（1）愿景一：实现炼油产业优化转型，产业高质量发展水平显著提升。

到2040年，炼油产业绿色化、高端化、数字化基本完成。国内主要石化产品在供应能力上基本能满足市场需求，通过适度的进出口贸易以平衡和调节市场，供应不足的矛盾将得到扭转。国内产品质量和创新水平的提升和产业发展加速，改善产品结构性短缺。深化降油增化、一体化发展，解决成品油供应过剩问题；优化传统路线原料，实现下游产业向高端化转变，提升综合竞争力。产品供需矛盾、结构性短缺现象、高端专用料依赖进口等问题得到充分缓解或解决。同时，遏制高能耗、高排放炼油技术和路线的盲目发展，推动传统炼油产业优化升级，发展新一代信息技术、高端装备、新材料、绿色低碳等战略性新兴产业，构建高效、清洁、低碳、循环绿色炼油体系。

（2）愿景二：智能绿色数字化煤化工技术充分发展，关键装备全面实现国产化。

到2040年，全面加快新旧动能转换，不断加强生产智能化建设，提高工厂设备自动化、智能化水平，更好地实现绿色生产，保证质量、提升效率。针对清洁煤化工技术，建设形成煤炭智能化开发模式和清洁高效的煤炭消费模式，各类煤矿基本实现智能化、低碳化，形成多产业链、多系统集成的智能绿色开发系统；针对煤化工开发利用关键装备，全面实现国产化。全面掌握基础网络、数据中心、感知系统、智能装备、机器人等建设核心技术及装备，实现以大数据分析、云计算、数字孪生为基础的智能煤矿开采。

（3）愿景三：突破化工新材料关键技术与设备，打破国外技术封锁。

到2040年，预计新材料的自给率将达到75%。实现聚碳酸酯、聚甲醛等工程塑料，特种树脂及可降解材料，碳纤维、对位芳纶等高性能纤维，全氟离子交换膜、高通量纳滤膜、锂电池隔膜等膜材料产品性能的优化提升。实现高端聚烯烃、工程塑料、高性能氟硅材料、高性能膜材料、电子化学品、生物基及可降解材料以及己二腈、高碳α-烯烃共聚单体、茂金属催化剂等关键原料的技术与装备突破，实现高端化工新材料的国产化。具体而言，突破20个左右上游关键配套原料的供应瓶颈，实现50个左右填补国内空白的高端应用领域化工新材料产业化，优化提升80个左右高端化工新材料产品质量。

（4）愿景四：打造一流竞争力的智能绿色化园区，支撑石化产业高质量发展。

到2040年，创建“绿色化工园区”“智能化工园区”，全面承诺践行责任关怀的重点化工园区超过百家，重点石化基地和化工园区成为“天蓝、水清、草绿”生态优美的产业集聚区，实现重大安全风险可控以及重大危险源和风险点可监测、可预警、可防控。

2. 冶金行业

冶金工业是典型的基础材料工业之一，其主要功能在于可提供直接或相关的大宗金属基础及高端产品，以满足社会经济生活发展及工业部门生产需求。冶金行业相关的经济社会与科技发展愿景主要如下。

（1）愿景一：初步建成冶金新工业化体系，提升行业生产效率及生产能力，满足国家资源安全、工业生产和社会生活的关键金属安全保障需求。

到2040年，初步建成冶金领域新工业化生产体系，实现生产智能化、管理网络化、过程绿色化，智能化工厂建设覆盖全行业，钢铁以及铜、铅、锌等金属和合金等及其高端产品得到规模化高效生产，解决高端金属产品“卡脖子”问题，满足国家国防、信息等战略领域以及相关工业部门、社会领域的金属供给及高端需求，满足人们大部分的个性化、多样化的消费需求，形成产业高端生产力。国家资源安全能力得到持续保障，实现冶金金属领域的制造强国建设，全面支撑载人航天、探月探火等前沿战略方向的发展，并在国际制造业领域掌握主动权及话语权。

（2）愿景二：建立面向冶金工业的能源综合利用体系，国家及社会领域金属资源/能源效率显著增强，促进国家资源/能源结构的持续绿色转型。

作为典型的基础材料工业，冶金工业生产过程展现出金属资源密集和能源消耗巨大的特征。我国冶金金属产量连续20余年位居全球第一，能源消耗占全国工业总能源消耗的28%（柴立元等，2024）。关键金属资源是国家社会经济发展过程中不可或缺的基础原材料，亦是未来全球竞争体系中发达国家的核心关注点。随着全球社会经济的快速发展，我国对能源的消费需求也将不断提升。冶金工业的发展对我国金属资源利用及能源消耗格局调控的作用将愈发显著。到2040年，冶金过程关键/颠覆性技术及装备发展，将推动冶金工业绿色低碳变革性发展，形成大宗金属资源/能源综合利用及替代技术，建立金属资源/能源的工业综合利用体系，增强国家及社会领域资源/能源效率，促进国家资源/能源结构的持续绿色转型，并逐步消除资源/能源的“卡脖子”风险。

（3）愿景三：形成以冶金工业为核心的区域金属资源循环体系，构建金属资源生产—应用—循环的“无废社会”工业生态链。

绿色、低碳、循环发展是促进国家生态文明建设、构建现代化经济体系和实现高质量发展的必由之路。随着工业、社会经济的快速发展，我国现有自然资源逐步减少，尤其是金属矿产原生资源自给率已经严重不足，存在资源“卡脖子”的风险。城市矿产、二次资源等废弃物堆存不仅导致资源流失，而且会带来严重的生态环境污染问题。传统工业发展模式已经无法适应当代经济社会发展的需求。到2040年，我国将建立工业-社会领域有序稳定的物质循环利用体系，构建基于资源闭环式流动的工业生态链循环模式，实现非常规二次资源逐步替代自然资源，减少自然资源消耗及废弃物排放，支撑国家“无废社会”体系的建立，保障“双碳”目标实现、美丽中国建设，促进人与自然和谐共生。

3. 建材行业

建筑材料工业是支撑工农业生产、基础设施建设等国民经济发展的重要基础原材料产业，是改善民生、满足人民日益增长的美好生活需要所不可或缺的基础材料制品和消费品产业，是发展循环经济的重要节点产业，也是支撑国防军工、航空航天以及绿色低碳、新能源、新材料、信息产业等战略性领域发展的重要产业，肩负着“大国基石”的重要职责。2022 年 9 月，《建材工业“十四五”发展实施意见》提出建材工业 2035 年的发展目标，即建材工业碳中和目标取得初步进展，绿色低碳发展整体达到国际先进水平；建材产业链供应链安全自主可控，关键技术、装备、产品的技术水平和劳动生产率达到国际先进水平；新一代人工智能与建材制造工艺技术深度融合，我国成为世界建材工业强国。建材行业具体发展愿景如下。

（1）愿景一：实现绿色低碳重大科技攻关，建成绿色低碳循环发展生产体系。

到 2040 年，建材行业绿色低碳关键技术与装备产业化实现重大突破，绿色建材产品实现全面推广，以零外购电、零化石能源、零一次资源、零碳排放、零废弃物排放、零员工为代表的“六零”示范工厂持续落地，行业碳中和目标取得初步进展，绿色低碳循环发展的建材产业体系基本建成。攻克碳捕集、利用与封存（carbon capture，utilization and storage，CCUS）技术与建材工业的全流程深度耦合技术，突破大宗固废高效综合利用制备建材产品的瓶颈问题；完成高贝利特水泥、硫（铁）铝酸盐水泥等低碳水泥新品种的全面推广应用；实现水泥、玻璃等行业用能结构转换，氢能、风能、生物质燃料等可再生绿色能源应用更加普及便捷，实现燃料替代率达 30%以上。

（2）愿景二：突破一批关键核心技术，实现产业基础高级化。

到 2040 年，无机非金属新材料、高端应用等领域的原创性技术和世界领先的新技术新产品大幅增加，质量稳定性、可靠性、适用性明显提升，国产化替代水平不断提高，行业创新投入力度全面增强。突破水泥熟料新型循环悬浮煅烧技术、玻璃新材料基因组体系应用、先进陶瓷规模化制备、增材制造等颠覆性技术；拓展高性能纤维复合材料在电子通信、风电叶片、大型客机、深海耐压舱等领域的大规模应用；实现重金属污染土壤修复用海泡石基稳定剂、硬石膏高温活化复配生产降镉土壤调理剂、黏土矿物靶向药物载体等矿物功能材料产品的研发与工业化生产；完成深紫外级氟化钙晶体、高居里温度弛豫铁电单晶等人工晶体的工程化应用与自主可控。

（3）愿景三：数字化转型赋能高质量发展，增强产业结构升级新动能。

到2040年，分层分类系统推进智能制造、数字化转型、工业互联网，全面实现先进建材制造工艺技术与新一代信息技术的深度融合，数字化、网络化制造普遍实现，智能化转型基本实现。智能制造支撑体系基本健全，标准、信息基础设施、安全保障等先进适用；复合材料智能化生产技术与装备、玻璃纤维池窑智能化低碳化生产技术与装备、玻璃纤维制品智能化生产技术与装备等智能制造技术与装备全部实现国产化，技术达到国际先进水平；建成一批融合工艺知识、支持自优化与自决策的工业软件，培养一批专门服务于建材行业的系统解决方案供应商，形成独立可控的工业软件生态体系。

（4）愿景四：形成安全稳固、先进高端的建材产业链供应链，支撑国家关键领域重大工程建设和制造强国建设。

到2040年，建材作为基础原材料的战略资源保障能力大幅提升，形成基本稳定的资源保障体系，产业链断点堵点显著减少，产业体系实现安全自主可控。瞄准国防军工、航空航天、电子信息、生物医药、能源等战略性产业，以及深海、深空、极地等极端环境领域，推动关键材料研发制备与产业化，实现建材产业链上下游衔接联动、耦合发展。

第三章　中国基础材料工业领域工程科技技术预见与发展能力分析

第一节　基础材料工业领域工程科技 2040 技术预见

技术预见方法以需求导向和愿景引领，融合了专家研判与定量分析。根据近年来基础材料工业（化工、冶金、建材）的发展趋势，经过论证后，项目组选择了“低碳化工”和“绿色冶金”两大子领域进行技术预见分析。经两轮遴选后，在专家研判和调查结果的基础上，项目组确定了面向 2040 年低碳化工和绿色冶金领域的核心技术、关键共性技术及颠覆性技术共计 53 项，科学评估了领域的技术突破路径与社会化应用场景，明确界定关键技术发展路径与实施条件。

一、本领域工程科技 2040 技术预见基本情况

1. 低碳化工子领域

低碳化工子领域核心性指数前 10 的技术方向如表 3-1 所示。可见，核心性指数前 10 的技术方向核心性指数均较高，其中重要医药中间体和制剂先进制备技术、超净高纯电子化学品技术及高效制备的核心性指数甚至达到 100.00。

表 3-1　核心性指数排名前 10 的技术方向

技术方向	核心性指数
重要医药中间体和制剂先进制备技术	100.00
超净高纯电子化学品技术及高效制备	100.00

续表

技术方向	核心性指数
低碳烃和芳烃的高值化利用技术	96.34
化石资源绿色转化与高效利用技术	95.92
能源化工过程智能制造技术	95.00
聚合物绿色可控制备及全生命周期循环利用技术	93.55
生物高效制造技术	92.86
绿色催化技术	92.31
废弃资源清洁循环利用技术	91.51
微纳流动和全流程微化工技术	91.03

低碳化工子领域通用性指数排名前 10 的技术方向如表 3-2 所示。可见，通用性指数整体上低于核心性指数，且均在 90.00 以下。重要医药中间体和制剂先进制备技术不仅在核心性指数排序上位列第一，而且在通用性指数上位列第一。

表 3-2　通用性指数排名前 10 的技术方向

技术方向	通用性指数
重要医药中间体和制剂先进制备技术	89.13
聚合物绿色可控制备及全生命周期循环利用技术	87.10
绿色催化技术	86.54
能源化工过程智能制造技术	86.00
废弃资源清洁循环利用技术	85.85
新型功能膜技术及制备	81.82
低碳烃和芳烃的高值化利用技术	81.71
化石资源绿色转化与高效利用技术	80.61
CO_2 大规模资源化利用技术	80.08
可再生能源大规模电解水制氢技术	78.66

2. 绿色冶金子领域

绿色冶金子领域核心性指数在 80.00 及以上的技术方向有 9 个（表 3-3），分别为复杂共伴生资源选冶强化分离、无碳智慧铝冶金技术、钢铁氢冶金技术、城市矿产清洁冶金技术、半导体冶金新技术、冶金智能化工厂、能源金属强化冶金与循环技术、低碳清洁高炉炼铁技术、钒铬钛强化冶金技术。

表 3-3　核心性指数排名前 10 的技术方向

技术方向	核心性指数
复杂共伴生资源选冶强化分离	88.68
无碳智慧铝冶金技术	88.46
钢铁氢冶金技术	87.14
城市矿产清洁冶金技术	86.67
半导体冶金新技术	85.71
冶金智能化工厂	85.00
能源金属强化冶金与循环技术	84.78
低碳清洁高炉炼铁技术	81.97
钒铬钛强化冶金技术	80.00
冶金智能化专用工业软件	79.86

绿色冶金子领域通用性指数排名前 10 的技术方向如表 3-4 所示。其中，有 3 个技术方向（冶金智能化专用工业软件、冶金智能化工厂、复杂共伴生资源选冶强化分离）的通用性指数大于 80.00。冶金智能化专用工业软件技术方向涉及冶金过程工业软件的研发，是当前冶金工业过程理论及技术研发领域迫切需要解决的共性难点问题；冶金智能化工厂技术方向应用范围相对较广泛、技术交叉性较强，是未来冶金行业企业发展的必然趋势；中国金属资源丰富，多数难熔金属的储量居世界前列，且在尖端产品应用领域有着不可或缺的重要地位。复杂共伴生资源选冶强化分离是高端工业产业链的核心技术，但当前我国仍然存在极大的技术瓶颈。

表 3-4　通用性指数排名前 10 的技术方向

技术方向	通用性指数
冶金智能化专用工业软件	89.58
冶金智能化工厂	89.17
复杂共伴生资源选冶强化分离	82.08

续表

技术方向	通用性指数
能源金属强化冶金与循环技术	79.71
低碳清洁高炉炼铁技术	79.51
半导体冶金新技术	77.68
钢铁氢冶金技术	76.07
城市矿产清洁冶金技术	69.33
钒铬钛强化冶金技术	67.69
废钢电炉直接冶炼技术	66.10

二、本领域技术预见结果分析与关键技术选择

1. 低碳化工子领域

1）预期实现时间分布与比较

低碳化工子领域世界的技术实现时间集中在 2027 年和 2028 年，这两年约实现全部技术的 70.59%。中国技术实现时间集中在 2029 年和 2030 年。中国社会实现时间[①]集中在 2031—2033 年，每年预计实现技术方向各 4 项，如图 3-1 所示。

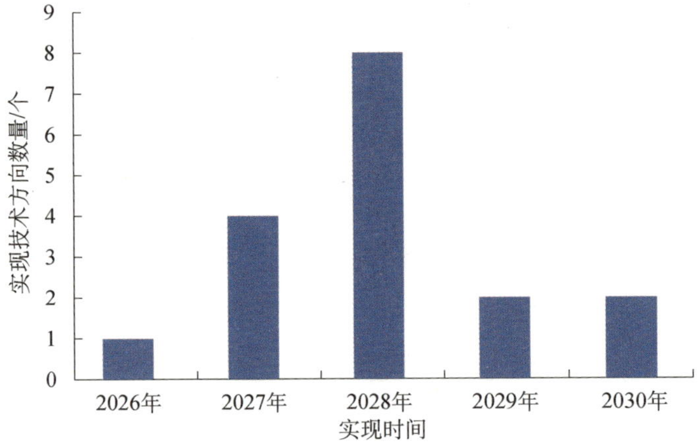

(a) 技术实现时间（世界）

① 社会实现时间指某领域各技术方向的社会应用实现时间。

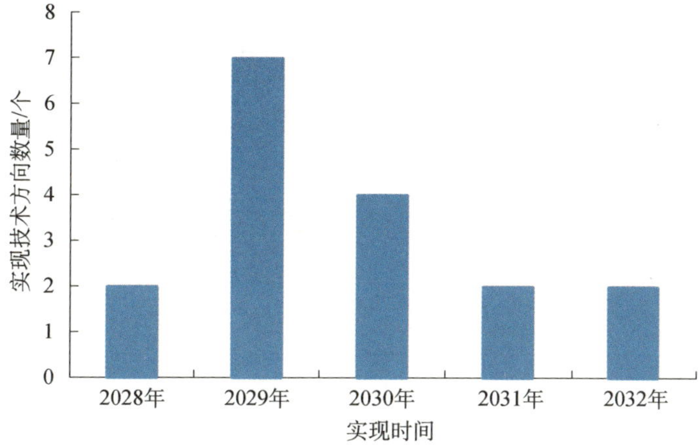

(b) 技术实现时间（中国）

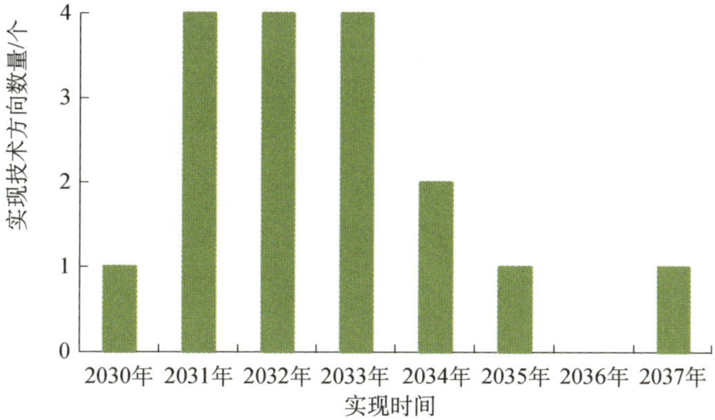

(c) 社会实现时间（中国）

图 3-1　三类预期实现时间的比较分析

2）技术实现到社会实现的时间跨度分析

低碳化工子领域技术清单如表 3-5 所示。比较其从技术实现到社会实现的时间跨度，可以发现平均约 3 年，最长 5 年（图 3-2）。

表 3-5　低碳化工子领域技术清单

技术项代码	技术方向	技术项代码	技术方向
509001	能源化工过程智能制造技术	509004	低碳烃和芳烃的高值化利用技术
509002	煤炭清洁高效利用技术	509005	化石资源绿色转化与高效利用技术
509003	微纳流动和全流程微化工技术	509006	废弃资源清洁循环利用技术

续表

技术项代码	技术方向	技术项代码	技术方向
509007	CO_2 大规模资源化利用技术	509013	绿色催化技术
509008	生物质高效制氢关键技术研发与应用	509014	重要医药中间体和制剂先进制备技术
509009	可再生能源大规模电解水制氢技术	509015	聚合物绿色可控制备及全生命周期循环利用技术
509010	适用于大规模氢气输送的管道输氢技术	509016	新型功能膜技术及制备
509011	液态氢气储运技术	509017	超净高纯电子化学品技术及高效制备
509012	生物高效制造技术		

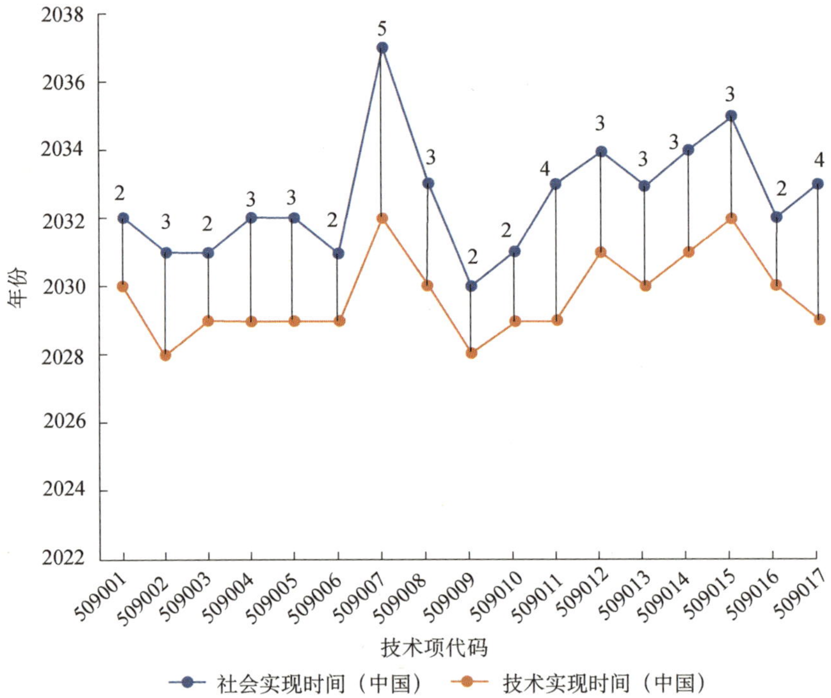

图 3-2　中国技术实现到社会实现的时间跨度

2. 绿色冶金子领域

1）预期实现时间分布与比较

绿色冶金子领域预期世界技术实现时间在 2026—2029 年，其中

73.33%的技术在 2027—2028 年实现。相比之下，预期中国技术实现时间在 2027—2030 年，其中在 2028—2029 年将实现 73.33%的技术方向。绿色冶金子领域预期中国社会实现时间在 2029—2032 年，其中 60.00%的技术方向在 2030—2031 年实现。具体如图 3-3 至图 3-5 所示。

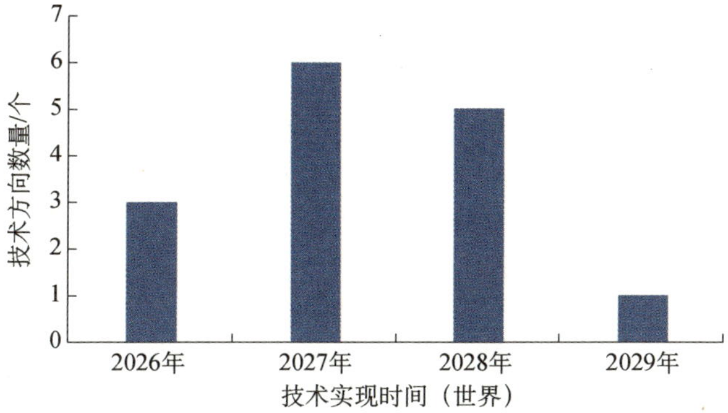

图 3-3 世界技术实现时间的比较分析

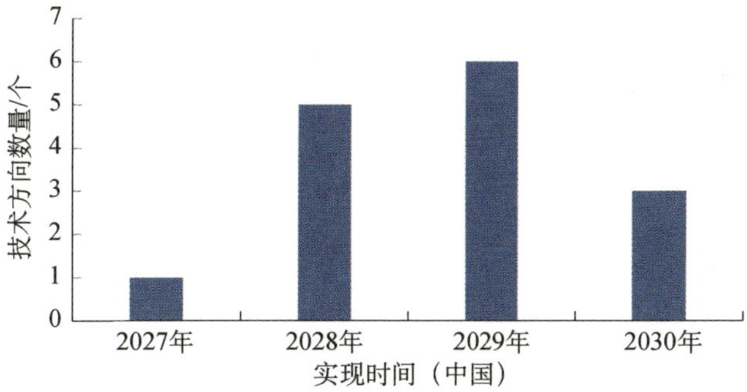

图 3-4 中国技术实现时间分布

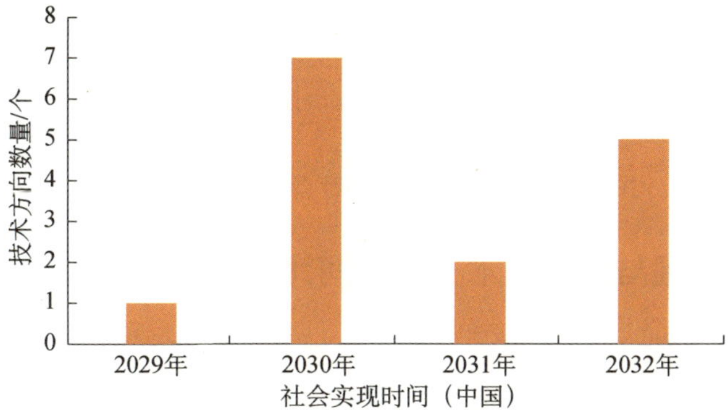

图 3-5 中国社会实现时间的比较分析

2）技术实现到社会实现的时间跨度分析

围绕绿色冶金子领域 15 个技术方向，比较从技术实现到社会实现的时间跨度，可以发现平均时间跨度约为 2 年，最长为 3 年，最短为 1 年（图 3-6）。其中，钒铬钛强化冶金技术、复杂共伴生资源选冶强化分离、废钢电炉直接冶炼技术几乎可以同步实现；钢铁氢冶金技术、低碳清洁高炉炼铁技术、镁清洁连续冶炼技术等，由于技术要求高，从技术实现到社会实现的时间跨度最长，为 3 年。

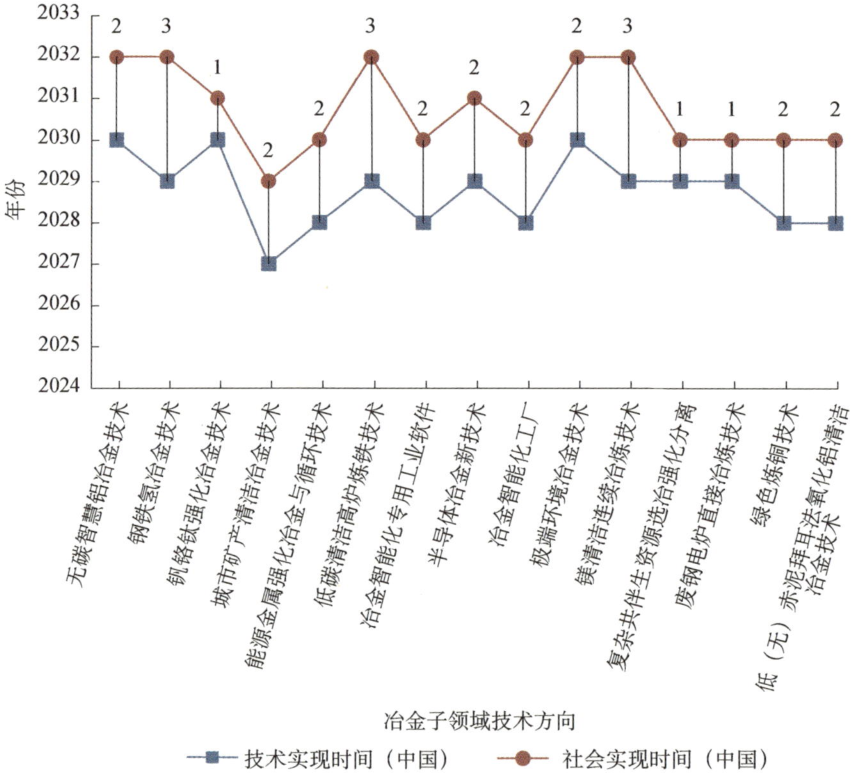

图 3-6　中国技术实现到社会实现的时间跨度

三、中国与世界技术实现时间比较

1. 低碳化工子领域

基于本领域综合重要性指数排名前 10 的技术方向，比较分析中国与世界的技术实现时间差距。中国技术实现时间晚于世界技术实现时间1—2年。其中低碳烃和芳烃的高值化利用技术、废弃资源清洁循环利用技术、微纳流动和全流程微化工技术接近国际先进水平（图3-7）。

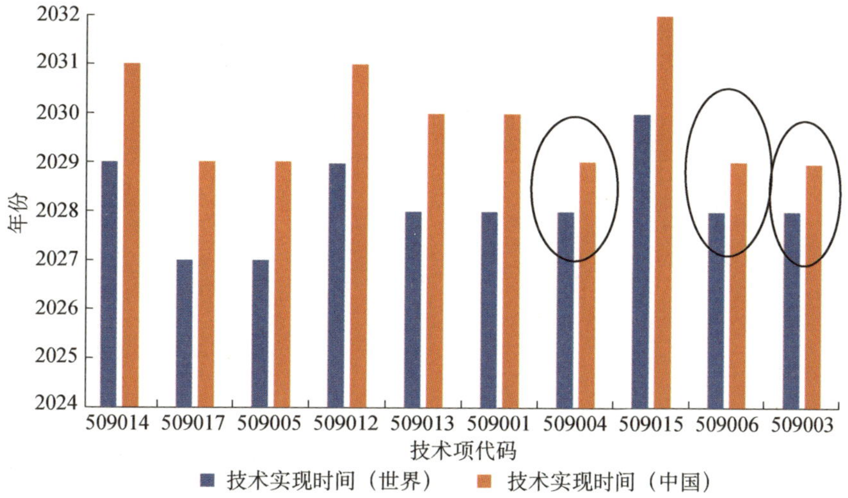

图3-7　低碳化工子领域中国与世界技术实现时间差距

2. 绿色冶金子领域

围绕绿色冶金子领域15个技术方向，比较分析中国与世界的技术实现时间差距。绝大多数技术方向的中国技术实现时间晚于世界技术实现时间1—2年。其中，钢铁氢冶金技术、钒铬钛强化冶金技术、冶金智能化专用工业软件、半导体冶金新技术、冶金智能化工厂、极端环境冶金技术、复杂共伴生资源选冶强化分离、废钢电炉直接冶炼技术等8个技术方向的中国技术实现时间晚于世界技术实现时间2年。中国低（无）赤泥拜耳法氧化铝清洁冶金技术实现与世界同步，说明中国该项技术已趋向于进入世界先进行列（图3-8）。

四、技术水平与约束条件分析

（一）低碳化工子领域

1. 技术领先国家/组织

低碳化工子领域技术领先国家/组织的判断如图3-9所示，近年来，美国一直占据主导地位，欧盟和日本有所攀升。

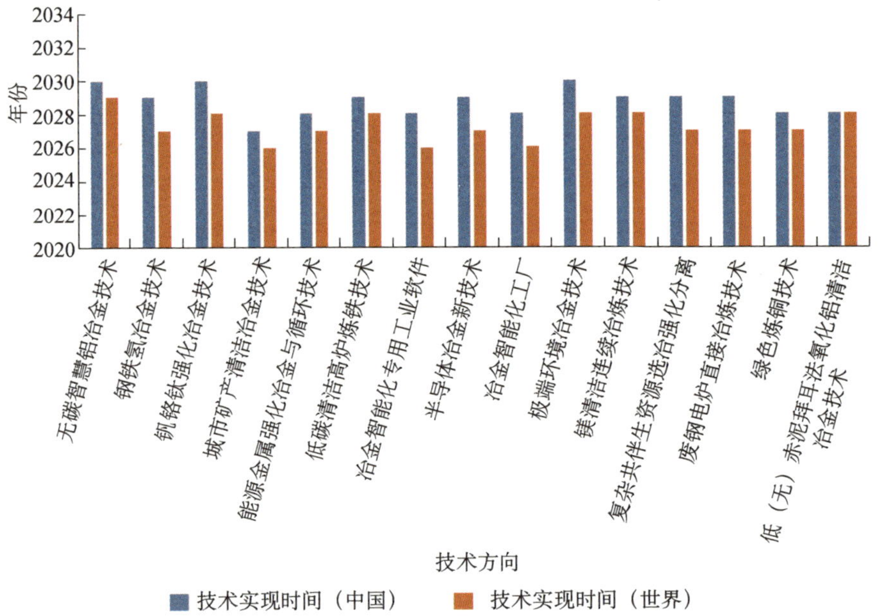

图 3-8　绿色冶金子领域中国与世界技术实现时间差距

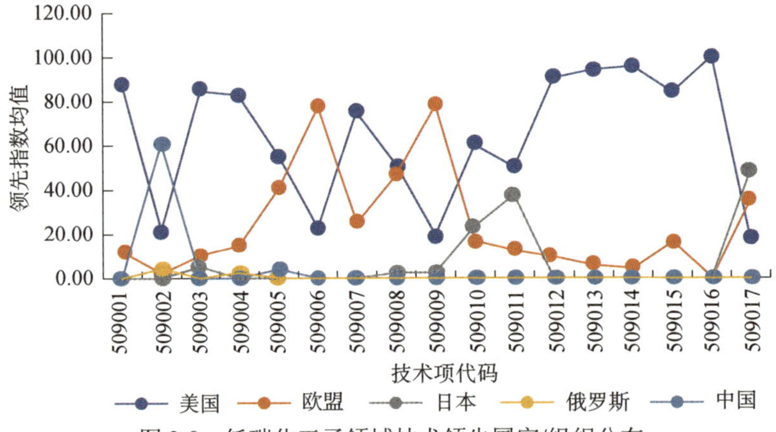

图 3-9　低碳化工子领域技术领先国家/组织分布

2. 研发水平指数

低碳化工子领域 17 个技术方向的研发水平如图 3-10 所示，可以发现：15 个技术方向的研发水平指数介于 20 和 60 之间，而研发水平指数大于 80 和低于 20 的技术方向仅各 1 个，无技术方向介于 60 和 80 之间。其中，煤炭清洁高效利用技术研发水平指数最高，超净高纯电子化学品技术及高效制备研发水平指数最低（图 3-10）。

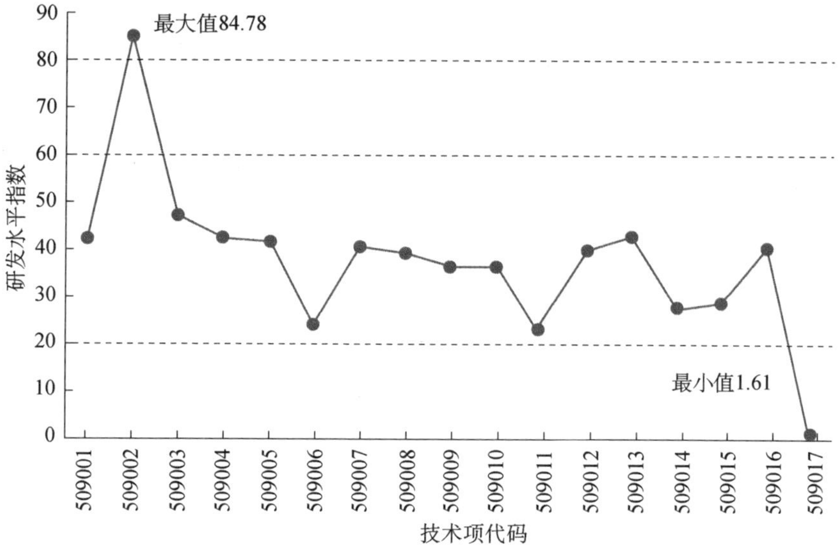

图 3-10　低碳化工子领域 17 个技术方向的研发水平指数

3. 技术重要性分析与关键技术选择

1）本领域综合重要技术方向

项目组综合核心性指数和应用重要性等两项指数，得到核心性与应用重要性综合指数，即综合重要性指数。以此为基础，经过专家研讨分析，项目组提出低碳化工子领域的重要技术方向，如表 3-6 所示。

表 3-6　低碳化工子领域综合重要性指数排名前 10 的技术方向

技术方向	综合重要性指数	实现年份			研发水平	目前领先国家/组织	制约因素
		技术		社会（中国）			
		世界	中国				
重要医药中间体和制剂先进制备技术	100.00	2029	2031	2034	28.26	美国	人才队伍
超净高纯电子化学品技术及高效制备	98.80	2027	2029	2033	1.61	日本	研发投入
化石资源绿色转化与高效利用技术	96.69	2027	2029	2032	41.84	美国	人才队伍
生物高效制造技术	94.67	2029	2031	2034	40.48	美国	人才队伍；工业基础能力及科技资源

续表

技术方向	综合重要性指数	实现年份			研发水平	目前领先国家/组织	制约因素
		技术		社会（中国）			
		世界	中国				
绿色催化技术	94.25	2028	2030	2033	43.27	美国	人才队伍
能源化工过程智能制造技术	94.13	2028	2030	2032	43.00	美国	工业基础能力及科技资源
低碳烃和芳烃的高值化利用技术	93.69	2028	2029	2032	42.68	美国	人才队伍
聚合物绿色可控制备及全生命周期循环利用技术	93.55	2030	2032	2035	29.03	美国	研发投入
废弃资源清洁循环利用技术	90.22	2028	2029	2031	24.53	欧盟	人才队伍
微纳流动和全流程微化工技术	90.08	2028	2029	2031	47.44	美国	研发投入

2）本领域关键共性技术方向

综合通用性指数和应用重要性等两项指数，可以得到共性技术重要性指数。以此为基础，经过专家研讨分析，项目组提出低碳化工子领域的重要共性技术方向，如表3-7所示。

表3-7 低碳化工子领域共性技术重要性指数排名前10的技术方向

技术方向	共性技术重要性指数
重要医药中间体和制剂先进制备技术	94.72
绿色催化技术	91.48
聚合物绿色可控制备及全生命周期循环利用技术	90.38
能源化工过程智能制造技术	89.70
化石资源绿色转化与高效利用技术	89.43
废弃资源清洁循环利用技术	87.40
新型功能膜技术及制备	86.73
低碳烃和芳烃的高值化利用技术	86.46
超净高纯电子化学品技术及高效制备	86.00
生物高效制造技术	85.87

3）本领域的颠覆性技术方向

重要医药中间体和制剂先进制备技术、聚合物绿色可控制备及全生命周期循环利用技术、新型功能膜技术及制备、绿色催化技术、微纳流动和全流程微化工技术、超净高纯电子化学品技术及高效制备、生物高效制造技术、CO_2 大规模资源化利用技术等将有望替代现有主流技术，具有市场颠覆性（表 3-8）。

表 3-8　低碳化工子领域颠覆性指数排名前 10 的技术方向

技术方向	颠覆性指数
重要医药中间体和制剂先进制备技术	91.30
聚合物绿色可控制备及全生命周期循环利用技术	88.71
新型功能膜技术及制备	87.88
绿色催化技术	86.54
微纳流动和全流程微化工技术	85.90
超净高纯电子化学品技术及高效制备	83.87
生物高效制造技术	83.33
CO_2 大规模资源化利用技术	80.08
能源化工过程智能制造技术	79.50
液态氢气储运技术	78.91

（二）绿色冶金子领域

1. 技术领先国家

在绿色冶金子领域 15 个技术方向中，领先的大多为美国、欧盟等发达国家/组织。相比之下，俄罗斯相对落后。欧盟、美国和日本在不同技术方向领先，欧盟总体技术水平相对领先，美国在个别技术方向领先优势较明显。但从整体上看，绿色冶金子领域 15 个技术方向皆未展现显著的世界领先优势（图 3-11）。

2. 研发水平指数

图 3-12 为绿色冶金子领域 15 个技术方向的研发水平情况。由于研发经费投入、工业基础能力及科技资源限制，绿色冶金子领域技术方向的研发水平整体较低，仍有较大的研发拓展空间。在专家所赋分值中，绿色冶金子领域技术方向的研发水平指数主要介于 41 和 60 之间，最小

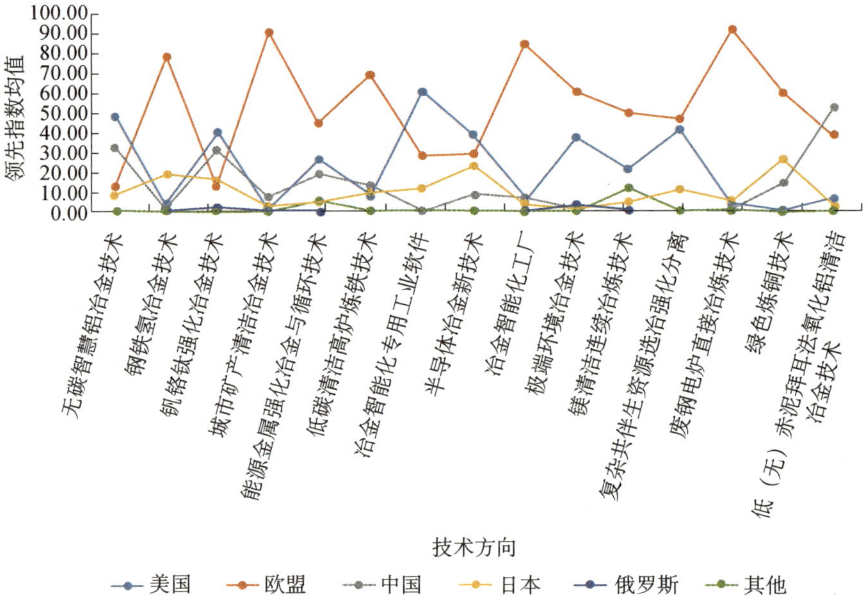

图 3-11　绿色冶金子领域技术领先国家/组织分布

为 41.43，最大为 79.79，其中仅有 1 个技术方向的研发水平指数接近 80，3 个技术方向介于 60 和 80 之间，13 个技术方向介于 20 和 60 之间，无技术方向低于 20。其中，低（无）赤泥拜耳法氧化铝清洁冶金技术研发水平指数最高，极端环境冶金技术研发水平指数最低。因此，加强关于极端环境冶金等方面的基础理论及技术研究势在必行。

3. 制约因素分析

整体来看，研发投入、人才队伍、工业基础能力及科技资源是绿色冶金子领域技术发展的主要制约因素（图 3-13）。当前中国冶金产业正逐步走向持续发展、高端发展，然而中国冶金行业领域的基础研究明显不够，原始创新能力不足，尤其是重大关键技术的基础研究投入欠缺。数据显示，2020 年中国钢铁行业研发投入率为 1.09%，远低于制造业 1.54% 的平均水平（张军，2022）。冶金行业走向碳达峰碳中和，根本的解决途径在于冶金技术的变革性发展及低碳技术进步，其核心是实现工程技术创新、关键突破和产业推广。只有这样，才能切实保障国家金属安全，并推动社会体系金属资源的高效循环。

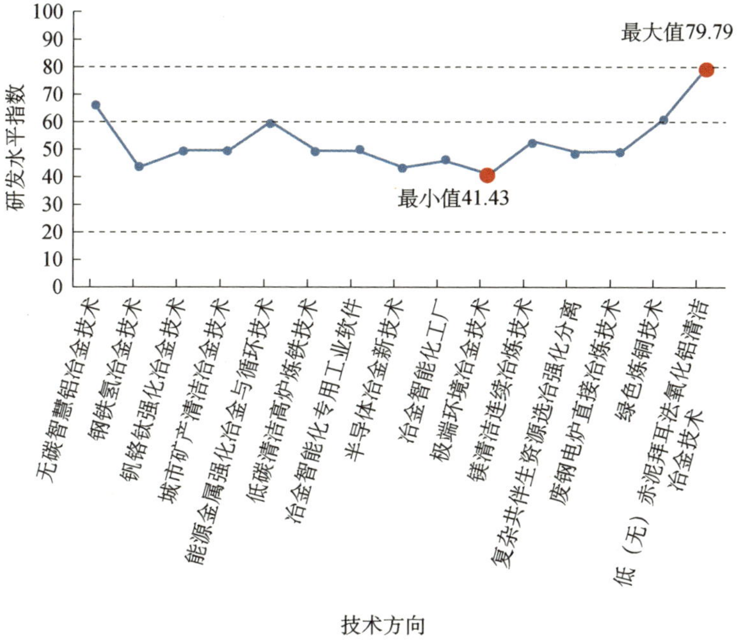

图 3-12　绿色冶金子领域 15 个技术方向的研发水平指数

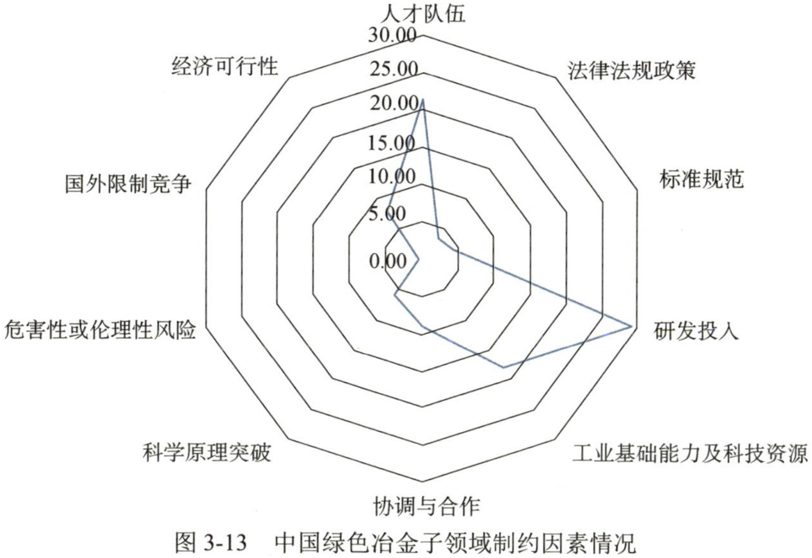

图 3-13　中国绿色冶金子领域制约因素情况

发达国家创新和发展经验已经表明，基础研究经费的投入是提升原始创新能力及培养世界级科学领先人才的关键。中国已深入实施创新驱动发展战略，全社会科技投入不断增长。但仍然存在显著不足：一是科技投入的总量与强度不足，与美国等科技强国相比仍有较大差距；二是投入方向与结构仍需进一步调整，中国基础研究占比仍偏低，企业科技投入普遍不足；三是成果研发转化明显脱节。中国科技成果的产业转化水平不高，联盟、工程中心等产学研结合平台/模式运行乏力，成效严重不足。

因此，当前中国须加快加强基础研究投入，全力推动冶金工程领域的关键技术乃至颠覆性技术的创新攻关，完善鼓励创新的政策体系，培养富有创新能力的各类人才，解决一直困扰中国冶金工业产业发展的瓶颈问题、“卡脖子”问题，这才是实现冶金等产业高质量发展的关键，从而保障制造强国建设。

冶金领域中，无碳智慧铝冶金技术、绿色炼铜技术、镁清洁连续冶炼技术、钒铬钛强化冶金技术、钢铁氢冶金技术等主要受研发投入和人才队伍的制约。其中，钢铁氢冶金技术还受工业基础能力及科技资源的制约。主要原因在于，目前氢能高效制备、安全储存、运输等技术及工业基础能力仍不足，难以与中国高度发达的钢铁冶金相匹配。此外，金属冶金过程科学原理突破的因素影响也较大，这主要是由于选冶联合等强化分离技术应用理论基础仍处于探索阶段。

同样，能源金属强化冶金与循环技术、半导体冶金新技术、废钢电炉直接冶炼技术、复杂共伴生资源选冶强化分离及城市矿产清洁冶金技术等受研发投入和人才队伍制约最明显，但也不同程度地受到工业基础能力及科技资源、科学原理突破、协调与合作和国外限制竞争等因素制约。例如，城市矿产清洁冶金技术在一定程度上受到协调与合作制约，主要因为废家电、废电路板等城市矿产资源的流动、回收受生产者、消费者、回收渠道等多种因素影响，冶炼企业需与掌握回收渠道的企业协调合作，保证拥有稳定的货源。能源金属强化冶金与循环技术受国外限制竞争制约，原因如下：一方面，能源金属材料所需金属多为战略金属，如镍（Ni）、钴（Co）等，各国均有严格限制；另一方面，受国际环境影响，各国均收紧了对中国能源金属材料的出口，限制技术输出，也在一定程度上影响了中国能源金属强化冶金与循环技术的发展。

极端环境冶金技术、低（无）赤泥拜耳法氧化铝清洁冶金技术除受研发投入及人才队伍影响较大外，还主要受制于危害性或伦理性风险和国外限制竞争的影响；而冶金智能化专用工业软件须考虑研发投入、协调与合作和人才队伍的制约效应；冶金智能化工厂及低碳清洁高炉炼铁技术则主要考虑人才队伍、研发投入，以及工业基础能力及科技资源等条件的限制。

4. 技术重要性分析与关键技术选择

1）本领域综合重要技术方向

以综合重要性指数为基础，经专家研讨分析，提出了绿色冶金子领域的重要技术方向，如表 3-9 所示。

表 3-9　绿色冶金子领域综合重要性指数排名前 10 的技术方向

技术方向	综合重要性指数	实现年份			研发水平	目前领先国家/组织	制约因素
		技术		社会（中国）			
		世界	中国				
无碳智慧铝冶金技术	87.71	2029	2030	2032	66.35	美国	研发投入
城市矿产清洁冶金技术	87.00	2026	2027	2029	50.00	欧盟	研发投入
能源金属强化冶金与循环技术	85.34	2027	2028	2030	60.14	欧盟	研发投入
钢铁氢冶金技术	84.68	2027	2029	2032	44.29	欧盟	工业基础能力及科技资源
钒铬钛强化冶金技术	84.55	2028	2030	2031	50.00	美国	研发投入
冶金智能化工厂	84.22	2026	2028	2030	46.67	欧盟	研发投入
半导体冶金新技术	83.52	2027	2029	2031	43.75	美国	研发投入

续表

技术方向	综合重要性指数	实现年份			研发水平	目前领先国家/组织	制约因素
		技术		社会（中国）			
		世界	中国				
低碳清洁高炉炼铁技术	81.38	2028	2029	2032	50.00	欧盟	研发投入
冶金智能化专用工业软件	81.28	2026	2028	2030	50.00	美国	研发投入
复杂共伴生资源选冶强化分离	80.57	2027	2029	2030	49.06	欧盟	研发投入

2）本领域关键共性技术方向

以共性技术重要性指数为基础，经专家研讨分析，提出了本领域的重要共性技术方向，如表3-10所示。

表3-10　绿色冶金子领域共性技术重要性指数排名前10的技术方向

技术方向	共性技术重要性指数
冶金智能化工厂	86.35
冶金智能化专用工业软件	86.19
能源金属强化冶金与循环技术	82.86
低碳清洁高炉炼铁技术	80.15
半导体冶金新技术	79.50
钢铁氢冶金技术	79.16
钒铬钛强化冶金技术	78.99
城市矿产清洁冶金技术	78.85
复杂共伴生资源选冶强化分离	76.99
无碳智慧铝冶金技术	76.72

3）本领域的颠覆性技术方向

绿色冶金领域颠覆性指数排名前10的技术方向如表3-11所示。其中无碳智慧铝冶金技术、钢铁氢冶金技术的颠覆性指数大于80.00，说明该两项技术在2040年冶金工程技术领域具有引领性的战略研究价值。

表 3-11　绿色冶金子领域颠覆性指数排名前 10 的技术方向

技术方向	颠覆性指数
无碳智慧铝冶金技术	82.69
钢铁氢冶金技术	81.79
极端环境冶金技术	71.43
低碳清洁高炉炼铁技术	70.08
镁清洁连续冶炼技术	69.79
半导体冶金新技术	66.07
冶金智能化专用工业软件	65.28
能源金属强化冶金与循环技术	65.22
钒铬钛强化冶金技术	63.85
城市矿产清洁冶金技术	63.33

第二节　中国基础材料工业领域工程科技体系发展能力分析

一、低碳化工子领域

化工行业是关系到国家经济命脉和战略安全的重要行业。与此同时，我国化工行业也逐渐从“高污染、高风险”向“绿色化、高端化”的方向发展。

1. 我国化工子领域的优势条件

第一，我国石化和化工行业的技术创新水平稳步提升。“十三五”期间，我国石化和化工行业的创新体系已经从以社会第三方创新为主的体系逐渐变成了以企业为主体、以市场为导向、产学研相结合的产业技术创新体系，实现了基础研究和市场需求的有机结合。一批自主技术实现了工业化，多项自主技术开发取得突破。

第二，我国石化和化工行业的绿色发展取得明显成效。炼油企业加氢裂化和加氢精制装置生产能力提高，丙烷脱氢产量占比提高，直接氧化法制环氧丙烷和环氧氯丙烷清洁工艺已经或正在进入工业化；现代煤化工能耗持续下降；纯碱行业通过鼓励使用“精料”从源头减少污染的产生；氯碱行业的膜法盐水精制、膜法脱硝、高电流密度自然循环零极距离子膜电解槽、干法乙炔、低汞触媒、100 m^3 以上大型聚合釜、余热回收、盐酸深度脱吸、聚氯乙烯（polyvinylchloride，PVC）聚合母液处理和电石渣综合利用等一批节能减排的新技术开始逐步在行业内得到推广，国产化离子膜制造、氧阴极［又称耗氧阴极或去极化氧阴极（oxygen consuming or oxygen depolarized cathode，ODC）］电解槽、等离子体裂解煤制乙炔等国际尖端技术的研发稳步推进。

第三，我国石化和化工行业的基础产业聚集发展水平提升。经过多年努力，我国化工园区的规划、布局、建设和管理水平有了明显提高，城市人口密集区的危化品生产企业搬迁工作正在积极推进，大江大河流域的化工企业治理工作正在予以实施，全国化工园区的标准化认定工作已经全面开展。

第四，我国石化行业的化工新材料创新步伐加快。工程塑料和特种聚烯烃树脂产能规模迅速提升，聚碳酸酯、聚酰胺工程塑料、茂金属聚烯烃和高端乙烯-乙酸乙烯酯共聚物（ethylene-vinyl acetate copolymer，EVA）树脂规模化发展。特种合成胶和弹性体发展活跃。可降解材料发展得到关注。化学分析（ChemAnalyst）数据显示，中国电子化学品需求量预计到2030年将达到230.1万t，以6.45%的年复合增长率增长，在工业经济中的领先作用进一步凸显（童锡来，2021）；我国在无机膜、水处理膜、特种分离膜、离子交换膜、锂电池隔膜、光学基膜、光伏用膜等领域均实现了一定的技术进步，国产产品市场占有率逐步扩大。

第五，我国石化和化工行业的国际合作稳步推进，多元化资本活跃。我国对外合作活跃，“十三五”期间建设了中东、东南亚、中亚、俄罗斯和中东欧产能合作基地，促成了专利技术引进与合作、并购、投资、工程总承包等多个项目的实施落地。专用化学品、合成材料、有机化学原料等出口增长较快，合计占化工行业出口交货值的49.1%（北京智博睿项目管理有限公司，2020）。民营企业涉足领域从基础化工产品、有机化工原料到石油化工，已遍布石化化工各个领域，已形成经济规模不等、专业特色鲜明的产业集群，一些民营企业已跻身国家石化化工行业乃至世界石化化工行业领域前列。

2. 我国化工子领域的机遇与挑战

我国石油化工产业经济总量位居世界前列，但从整体来看仍然大而不强。其中炼油行业主要面临产能结构性过剩、成品油需求走势进一步分化、成品油质量升级和替代燃料发展迅速等挑战。先进产能仍不足，存在大量规模小、技术水平低的落后产能，难以适应炼油产业集约化、规模化发展的要求。炼化一体化水平有待进一步提高。成品油需求分化，产品结构调整压力较大。未来炼油产能过剩形势依然严峻，成品油质量升级仍面临较大压力。国内外竞争加剧，市场化前景更加复杂。

第一，国际市场环境较复杂，我国部分石化产品出口受阻，国内消费市场需求升级，解决供给结构性短缺难度加大。石化产品价格下滑，影响行业经济效益。然而，成本持续高位运行，据中国石油和化学工业联合会（简称石化联合会）统计，截至 2022 年，全行业营收利润率为 6.8%，同比下降 1.2 个百分点，比全国规模工业高出 0.7 个百分点，并且石化产业链发展不均衡的矛盾显现，新一轮产能释放，同质化竞争苗头凸显，竞争加剧。现代煤化工升级示范项目推进缓慢。传统行业产能绩效水平偏低，结构优化任务重（山西化学工业，2023）。

第二，节能、环保和安全生产水平有待提高，相关法律法规与国家标准体系尚不完善。部分产业技术相对落后，能耗较严重。化工及化学品行业普遍具有生产环节危险性高、流通环节公共安全隐患大、使用环节安全卫生防护要求高等特点。我国危化品安全管控能力仍显不足，安全管控机制不健全、技术较落后等问题凸显，集中表现在近年来不断发生的涉及化学品的事故。国内石化行业产业布局不尽合理。由于城市的快速发展和城市规划管理的薄弱，很多化工企业建在市区，或十年前处于城市郊区但现在已被城市包围，居民区、生产区混杂，并有相当数量的化工企业建在人口密集区，潜在危险增大。“化工围城”“围城化工”问题日益凸显，部分危险化学品生产企业邻近城镇人口密集区，严重影响周边人民群众生命和财产安全，亟待开展搬迁改造，消除安全隐患。

第三，企业数量过多，集中度偏低，同质化现象较严重，领军企业少，与国际水平相比企业效益差距大。中国化工园区数量过多，配套水平差异大。中小企业产业转移活跃，布局优化任重道远。我国园区建设存在的主要问题有化工园区发展呈现过热态势；与园区规划缺乏统一协调；产业雷同现象比较严重；部分园区缺乏持续发展能力；部分园区应急能力不足。

第四，技术创新体系不完善，基础研究推动产业化进程慢，高端专用化工产品创新能力有待提高。在投资、生产经营和技术研发方面重产品、轻应用。定制化生产及服务、基础研发应用有待继续增强。产品定制化生产和服务、应用性研究偏弱，影响产品的市场拓展价值。目前市场供需仍然存在结构性问题，供应侧生产能力强、产量高，但下游高端及定制化需求得不到满足。目前进入市场的终端产品与国际先进水平相比仍有差距。我国产品以大宗和中低端产品为主，解决了有无和多少的问题，但优劣的问题尚未解决。产品及牌号的原创性、引领性相对缺乏。投资、生产经营和技术研发策略以生产工艺为主导，关注规模、成本、产品指标等，但应用开发投入不足、用户体验重视不够。材料生产、加工装备、材料应用各领域相对脱钩，合成材料企业为终端用户提供整体解决方案的能力偏弱。

二、绿色冶金子领域

目前，冶金行业工程科技短板及薄弱环节主要如下。

1. 金属资源安全保障能力迫切需要强化

资源有限是全球共同面临的挑战。美国于2017年发布《确保关键矿产安全可靠供应的联邦战略》行政令，日本于 2009 年发布《稀有金属保障战略》，充分表明关键金属是世界各国的重大核心关切。在资源综合利用方面，整体与国外水平存在差距，中国有色金属利用的平均值一般为 60%，而发达国家的利用率能够达到 70%以上（左更，2021）。2014 年，习近平总书记提出“总体国家安全观”，将金属资源安全提升到国家安全的战略高度；在共建“一带一路”背景下，中国企业在全球金属矿产资源、能源等领域多点布局①。但在当前受西方国家遏制的形势下，中国迫切需要提升冶金产业链核心竞争力，突破现有资源及工程技术束缚，拓展非常规资源适用度及应用性，大幅提高金属资源循环利用效率，以增强国家金属资源安全能力。

2. 高端产品制造技术发展空间仍然极大

2023 年中国冶金工业产值超过 17 万亿元，涌现了一批具有全球竞争力的领航企业，冶金产业总体技术水平提升，抗风险能力增强（国家统计局，2024）。但制约冶金产业高质量发展的瓶颈问题依然存在。与国外先进水平相比，中国钢铁轧制和热处理等工艺技术仍有一定的差距；高铁和航空轴承钢以及大飞机起落架用钢等高端钢完全依赖进口；大飞机用铝合金预拉伸厚板和铝合金蒙皮、电子级硅（Si）单晶抛光片、宽禁带半导体单晶抛光片等存在明显短板；超高纯大尺寸的稀土靶材制造尚未实现规模稳定制备，无法支撑高端器件关键原料国产化的需求；等等。因此冶金科技原始创新能力亟待加强，冶金战略科技力量有待优化布局，产业高质量发展动力急需增强。

3. 破解资源、能源和环境约束问题的能力有待提升

冶金是高能耗高碳排放行业。2020 年，钢铁、有色金属行业能源消费占全社会总量超过 18%；冶金也是世界公认的“难脱碳”重点行业，中国钢铁行业碳排放量占全球钢铁碳排放总量的 60%以上，占全国碳排

① 牢固树立和践行总体国家安全观 谱写新时代国家安全新篇章，https://baijiahao.baidu.com/s?id=1730161217785778450[2024-08-13].

放总量的15%左右。中国有色金属行业二氧化碳总排放量约6.5亿t，占全国总排放量的6.5%（柴立元等，2022；经济观察报，2021）。尽管近年来我国冶金工程科技水平已得到显著提升，但与日本、德国、韩国等发达国家相比，整体上仍有较大差距。而且，传统冶金工艺流程长、复杂，同时随着近年来金属资源品位的日益降低，能源结构高碳化特征明显，导致资源能源利用率低，环境污染负荷高。急需发展变革性、颠覆性冶金技术体系，以破解传统工艺难题，进一步推进智能化绿色冶金发展。

4. 智能化核心技术发展命脉尚未实现自主掌控

中国冶金智能化工业建设仍然存在巨大挑战。目前对冶金流程中的智能化研究主要集中在主体单元工序、高炉专家系统、转炉“一键式”炼钢、锌电解系统等方面。但由于行业发展不均匀，中国冶金工业生产智能化运行及装备水平仍然较低，采选和冶金过程大都只能实现较高程度的装备自动化，全流程的智能控制还需要进一步攻关。特别地，由于冶金过程复杂环境中物理化学效应解析不足，各主体单元工序间的衔接-匹配的“界面技术”智能化及工序界面动态耦合作用研究很少，中国冶金过程软件体系匮乏，几乎没有自主版权，主动权基本掌握在发达国家手中。例如，美国安斯科技（ANSYS）公司大型通用有限元分析（Finite Element Analysis，FEA）软件是世界范围内最通用的计算机辅助工程软件，美国的甲骨文（Oracle）公司的数据库管理软件、德国西门子公司的可公开认证密钥共享（Publicly Verifiable Secret Sharing，PVSS）等都是国外版权，存在安全风险，而且现有软件不能全面覆盖冶金复杂过程单元现象，相互之间协同性弱。中国冶金发展迫切需要进一步强化信息化软件体系构建、智能化管控系统及相应的技术装备。

第四章　中国基础材料工业领域工程科技发展的战略构想

第一节　发展思路

围绕高质量发展及促进人与自然和谐共生等中国式现代化的本质要求，坚持“四个面向”，紧扣国家“十四五”发展规划和2035年远景目标，以增强国家资源安全能力、建设现代化产业体系为目的，重点瞄准中国未来资源能源安全保障、新型工业化、绿色产业及工业生态链等关键方向，持续投入多领域交叉基础研究，发展资源能源替代及循环利用工程技术，突破颠覆性及“卡脖子”关键工程技术瓶颈，重构基础材料工业工程核心技术链、高端产品框架及装备体系，实现行业资源能源利用最大化、污染最小化以及信息化与工业化深度融合，建立基础材料工业企业变革性智能制造工厂，掌握全球基础材料工业发展的话语权；推动国家工业及社会生活领域非常规资源的高效利用，打通化工、冶金、建材等多产业资源链接，构建国家工业生态链资源循环链接的核心工业枢纽；实现中国基础材料工业“绿色、低碳、循环、智能、高端”的发展，建立国家绿色低碳化的新型基础材料工业体系，保障国家资源能源安全，支撑制造强国、美丽中国建设等战略的实施及“双碳”目标的实现。

一、绿色低碳

助力国家实现节能减排目标，须以能源供给、流程制造及城市用能管控等数字化转型为抓手，将能源/资源供给及利用与工业互联网、大数据、人工智能、5G等现代信息技术深度融合，以绿色化低碳化、高值化高端化为目标，充分挖掘减碳可能性边界。推进全生命周期碳排放管理，实现基础材料工业绿色低碳智能制造，包括基础材料工业碳排机制与碳足迹溯源、基础材料工业生产过程的智能化低碳运行、基础材料工业低碳制造的产业链协同优化。研究基础材料工业产业链的碳排放数据的采集与感知、全产业链碳排放机制与碳足迹监控、碳排放约束下的全产业链协同决策和全流程多目标优化，为传统高耗能、高排放行业的低碳化和智能化发展奠定科学和技术基础，推动以基础材料工业为支撑的“无废社会”循环体系建立。

二、两化深度融合

信息化、工业化（简称两化）深度融合对我国基础材料工业的发展具有深刻影响。按行业选择有示范作用的重点企业，以企业为主体，联合相关国家重点实验室、国家工程技术中心，形成固定的研发与工程实施队伍，进行机制创新，建立对研发队伍持续支持的机制，联合创新将示范企业打造成世界领先的企业；开展面向行业的两化深度融合示范工程。利用大数据、云计算、工业互联网、移动计算等新的信息技术，搭建面向不同行业的两化融合技术创新服务平台和企业生产管理信息服务平台，如云企业资源规划（enterprise resource planning，ERP）、云制造执行系统（manufacturing execution system，MES）等；开展面向流程企业，以实现智能优化运行为目标的信息化系统智能化水平提升示范工程。特别是开展针对关键生产工序的重大生产装备，尤其是高耗能设备，以实现智能优化运行为目标，完善过程控制系统，使其可靠完整地采集信息，实现回路闭环控制，具有故障诊断与自愈控制、控制指令优化设定等功能。

三、智能制造

基础材料工业的高质量发展必须与人工智能相结合，人工智能、大数据、区块链、工业物联网、过程系统工程等现代信息技术的快速发展是高质量制造业发展的保障和支撑。通过新兴技术和过程产业的深度融合，实现现代信息技术与制造过程的深度融合，深入研究过程工业制造过程的智能优化与控制机制。在系统智能决策相关方面开展前沿应用基础研究：基础材料工业制造过程机理表征与识别，制造过程的多目标自主协同控制以及跨层制造系统建立。这些目标将通过抓住机遇、跨学科合作，加快智能制造关键技术的突破，形成具有自主知识产权的最优控制软件和系统，进一步推动产业升级和技术进步，推动过程工业高质量创新驱动发展，从而实现制造强国的目标，同时实现基础材料工业世界领先的智能制造技术突破。加快新旧能源和制造系统的改造，使过程工业由机械化、自动化向工程技术层面“四化”转变，即数字化、智能化、网络化和自动化，从生产、管理以及营销全过程优化出发，推进以高效化、绿色化和智能化为目标的基础材料工业智能优化制造，不仅要实现制造过程的装备智能化，而且要实现制造流程、操作方式、管理模式的自适应智能优化，进一步实现我国从基础材料工业大国向制造强国的历史性跨越。

第二节　战 略 目 标

我国基础材料工业持续快速发展，综合实力不断增强，形成了世界上门类最齐全、规模最庞大的流程制造工业体系。为解决资源、能源与环保的问题，我国基础材料工业正从局部、粗放生产的传统基础材料工业向全流程、精细化生产的现代基础材料工业发展。面向 2040 年，我国将全面建成以创新引领、智能高效、绿色低碳为核心的基础材料工业工程科技创新体系，支撑我国基础材料工业实现产业转型、升级，自主创新能力大幅度提升，关键技术达到世界先进水平，科技支撑和创新引领作用得到充分发挥。

2025—2030年：研究开发基础材料工业过程强化的关键技术及装备，实现系列高端性能材料和原料宏量制造。初步构建基础材料工业绿色低碳生产体系，研发推广产业资源循环利用核心技术与装备，显著提高资源回收利用效率；全面推进基础材料工业资源替代/能源替代的工艺与装备，使重点行业的单位工业增加值能耗、物耗及污染物排放达到世界先进水平；工业企业生产信息化展现集成应用，开展数字化工厂、智能工厂试点，具备示范推广条件。

2031—2040年：基础材料工业工程技术自主创新能力显著提升，全面建成以创新引领、智能高效、绿色低碳为核心的基础材料工业工程科技创新体系，关键技术达到世界先进水平，突破形成基础材料工业颠覆性技术体系，建立适应全球工业产业竞争的现代化智能工厂，工业高端产品及技术装备“卡脖子”问题得到有效解决，支撑我国形成基于基础材料工业生态链的“无废社会”发展模式，展现显著的行业碳中和趋势，保障国家资源能源供应安全。

一、化工行业

1. 2025—2030年

加快推进化石能源与新能源并重发展，力争实现新能源的生产与消费在我国能源体系中占据主导地位。稳步推进能源结构由能源资源型向能源技术型转型，助力我国实现“化石能源低碳化+新能源规模化”的新型智慧能源体系。

2. 2031—2040年

建成现代化工业体系，即产业链供应链实现现代化升级并实现自主可控，能源结构实现绿色化、安全化、数字化发展。创新能力显著提升，在新能源、化工新材料、高端专用化学品等领域形成一批具有国际领先水平的技术优势。产业布局基本合理，全行业形成一批具有较强国际竞争力和影响力的石化产业集群、化工园区。

二、冶金行业

1. 2025—2030 年

重点解决行业资源能源消耗及负荷减排的问题，聚焦开展“冶金+”的基础及方法研究，发展高端制造及智能化生产关键技术，促进产业升级转型。建立氢等非化石能源规模化替代化石能源及利用等关键技术，冶炼余热高效利用，行业能源消耗显著减量；推动冶金全生命周期清洁生产及深度减污，大幅提升城市矿产/工业二次资源等非常规资源利用效率；临界环境、深海等极端环境资源利用探索得到重大突破；突破非常规资源短流程冶金、极致低碳降本增效工艺联合高炉炼铁等关键技术与装备体系，实现传统冶金工程技术变革性发展；产业间资源链接及联合冶炼技术趋于稳定；重点行业企业实现智能化生产运营、智能化移动巡检等，建成数字化工厂、智能工厂试点；形成部分重大高端产品制造的工程装备，并实现 6N①级金属、高端特殊钢和高温合金品种等高端产品制备，产业高端化发展趋势显现。初步形成世界领先、具有中国特色的钢铁、有色金属等冶金行业工程科技创新体系，突破一批具有世界先进水平的冶金工程核心技术和专项技术，创新能力达到世界先进水平。

2. 2031—2040 年

重点推动冶金工程技术及生产模式的变革性发展及金属工业生态链的建立。氢冶金、特种冶金、极端环境冶金、非常规资源冶金等系列颠覆性技术及装备取得重大突破，建立冶金工业全过程清洁冶炼模式，资源能源得到高效利用及回用，显著减少污染负荷排放，实现绿色低碳化发展；高端产品制造技术瓶颈全面突破，行业发展摆脱国外“卡脖子”限制，逐步主导国际高端产业发展标准制定，特种冶金、高纯金属等高端产品实现自主可控，流程效率和成本水平、产品质量达到国际一流水平；建立社会经济发展领域金属资源工业循环生态链，初步形成以钢

① 6N 表示其纯度为 99.9999%。

铁/有色冶金工业为核心的“无废社会”发展模式。结合大数据与智能化控制，建立冶金行业“工业4.0”技术的智能工厂及标准体系；基本形成以“绿色、低碳、循环、智能、高端”为主要特征的冶金新工业体系，保障国家资源能源安全，支撑“双碳”目标的实现及制造强国和美丽中国建设战略的实施，保障国家工业及社会生活的高质量发展。

三、建材行业

1. 2025—2030年

到2030年，建材行业基础研究全面布局与基础材料工业发展路径初步形成，突破一批制约行业发展的关键共性技术瓶颈，行业智能化技术研发与应用有重大突破，行业前沿技术研发水平与国际“并跑”。建材行业高端化、智能化、绿色化转型取得明显成效，生产效率、能源利用率大幅提高，基本形成以高效、绿色、循环、低碳为重要特征的现代建材工业体系。

（1）基础研究体系布局。全面形成水泥、玻璃、陶瓷等基础研究体系布局，包括低碳料方设计、理化与工艺性能研究；材料服役行为及失效过程研究；新材料规模化制备的新机理、新方法等研究取得显著成效。

（2）智能化数字化深度融合。智能制造支撑体系基本建立，行业智能制造工作机制和服务体系健全，智能制造标准体系建设基本完善，全面实现数字化、网络化制造，面向互联网制造，实现企业内、企业间协同。

（3）节能降碳成效显著。围绕建材工业绿色低碳制造核心难点，玻璃熔窑窑外预热、陶瓷快速烧结、集成模块化窑衬、玻璃空中熔化、窑炉氢能煅烧等低碳技术实现重点突破，数字技术助力低碳智造，推动低碳技术的高效研发和创新应用取得明显成效。全氧燃烧、富氧燃烧等建材工业窑炉节能技术实现进一步优化，水泥高效篦冷机、电加热辊道炉、低阻旋风预热器等新型节能装备得到推广应用。

2. 2031—2040 年

到 2040 年，建材产业链、供应链创新生态体系构建完善并不断壮大，基础研究成为建材产业实现引领发展的重要支撑，数字技术潜力进一步释放，清洁能源应用更加普及便捷，低碳制造与管理系统建设取得实质性成效，低碳制造水平全面提升。

（1）数字赋能成熟应用。数字技术在建材产品工艺研发、生产过程管控、经营管理模式、运维服务及产业链供应链协同方面广泛应用，并在碳排放监测、碳资产管理、碳交易活动中实现深度融合，建材制造技术和装备具备自适应、智能感知、深度学习能力，创新与服务能力显著提高，智能化、数字化成为建材行业新型工业化的重要特征。

（2）绿色低碳新技术推广应用。清洁能源在建材工业生产中的占比不断增大，燃料替代率达 30%以上，玻璃窑炉利用氢能制造技术、水泥煅烧熟料氢能利用技术、高热值危险废弃物替代水泥窑燃料综合技术等实现突破，碳捕集与利用技术在行业内全面实现推广应用。

（3）产业结构全面优化。完成低钙熟料矿物水泥材料、低碳水泥胶凝材料的全面推广应用，信息显示玻璃材料、薄膜发电玻璃等新型玻璃材料的产业规模大幅提升，完成传统水泥、玻璃行业向新型建筑材料、环保材料、能源材料的全面转变，建材制造达到“领跑”国际水平。

第五章　中国基础材料工业领域工程科技重点任务和发展路径

第一节　重点任务

为实现基础材料工业工程科技支撑经济社会发展的目标，基础材料工业工程科技的总体发展任务应该包括缓解瓶颈制约、增强发展能力、提升民生质量三大方面，以减量化、绿色化、品牌化、智能化为方向，以突破资源能源和环境的制约为基础，从资源能源利用、清洁生产和产业生态链接等方面加强科技支撑，大力发展关键技术，提升产业自主创新能力和核心竞争力，加快产业转型升级；强化信息化、智能化和定制化过程中先进科技的支撑，持续提升发展能力。

基础材料工业是制造业的重要组成部分，以资源（包含可回收资源）为原料，通过包含物理化学反应的气液固多相共存的连续化复杂生产全流程，为下游离散型制造业提供原材料和能源，包括石化、化工、钢铁、有色金属、建材和电力等高耗能行业，是国民经济和社会发展的重要支柱产业，是我国经济持续增长的重要支撑力量。近年来，我国制造业持续快速发展，总体规模大幅提升，综合实力不断增强。基础材料工业的生产工艺、装备和自动化水平都得到了大幅度提升，目前我国拥有全球门类最齐全、规模最庞大的流程制造业。我国基础材料工业产能高度集中，电力、水泥、钢铁、有色金属、造纸等行业的产能均居世界第一。我国矿产资源复杂，资源禀赋差，随着优质资源的枯竭，资源开发转向“低品位、难处理、多组分共伴生复杂矿为主”的矿产资源，资源综合利用率低、流程长、生产成本高。可以看出，资源紧缺、能源消耗大、环境污染严重成为制约我国基础材料工业发展的瓶颈。为解决资源、能源与环保的问题，我国基础材料工业正从局部、粗放生产的传统基础材料工业向全流程、精细化生产的现代基础材料工业发展，以达到大幅提高资源与能源的利用效率，有效减少污染的目的，高效化和绿色化是我国基础材料工业发展的必然方向。总体上，当前我国基础材料工业两化融合关注的焦点集中在工业装置物质转化过程的自动化和生产过程运行管理与企业经营管理的信息化方面，缺乏在工艺设计、资源计划、生产过程运行管理等环节中知识工作的自动化与智能化的研究。

2025—2040年，我国基础材料工业工程科技发展重点任务可以分为2025—2030年、2031—2040年两个阶段。当前是我国经济发展方式转变的关键突破期，这一时期工程科技的发展策略和支撑力度，将在很大程度上决定我国未来经济发展方式调整的路径和成效。化工领域工程科技的主要任务是构建双循环发展格局，加快重点产品补短板和创高端的速度，同时巩固和增强产品国际竞争优势，支持企业开展国际产能合作；提升产业自主创新能力，攻克一批产业关键共性技术和重大技术装备难题，在化工新材料、高端专用化学品等领域，提高核心技术装备的自主可控能力；提升绿色、低碳发展水平，完善行业绿色标准体系，加快推广绿色工艺和绿色产品，推进绿色工厂、绿色供应链建设，提升本质安全水平；推进数字化、智能化转型，推动新一代信息技术与石化生产深度融合，提升生产运营效率。推动实现冶金领域工程科技发展目标，要坚持聚焦“绿色、低碳、循环、智能、高端”的产业发展方向，突破资源能源及环境束缚，变革冶金领域传统工程技术及装备，发展社会工业金属资源循环链，以解决长期以来困扰冶金领域转型升级的技术瓶颈及“卡脖子”问题，增强冶金工程技术创新能力及核心竞争力，根本性地实现冶金工业的高质量发展，提升国家金属产业链、供应链韧性和安全水平，以美丽中国建设全面推进人与自然和谐共生的现代化。

一、第一阶段（2025—2030 年）

本阶段为我国经济发展方式转变的关键突破期，实现产品质量、产量、成本和消耗等生产指标的优化控制，实现高性能、高附加值产品制造，同时实现能源与资源高效利用，使能源与资源的消耗尽可能少，对污染物实现零排放、环境绿色化。这个阶段的重点任务如表 5-1 所示。

表 5-1 第一阶段（2025—2030 年）的重点任务

重点任务	关键技术
资源循环高效利用	1）以煤、含碳煤转化残渣、煤基沥青等为原料直接制备碳功能材料（储能材料、储热材料、导热材料、高温材料、高机械性能材料、分离材料、建筑材料等）、复合材料的关键技术 2）新型化工分离技术在废水、废气、固废回收和无害化过程中的应用 3）化石资源绿色高效转化及高值化利用生物质资源高效转化技术 4）废旧金属资源高效智能拆解、分选及利用技术 5）城市矿产/工业二次资源等非常规资源利用 6）金属低碳分离精深纯化技术 7）废钢资源高质循环利用技术
节能高效与清洁生产	1）气流床气化炉、费-托合成（Fischer-Tropsch process，F-T 合成）反应器等煤化工核心装置的反应强化技术 2）煤基合成气直接合成烯烃技术 3）页岩油地下高效改质和规模开发技术 4）生物质资源高效转化技术 5）特种高性能聚合物新材料的规模化制备技术 6）高性能聚合物柔性制造技术 7）工业装备余热利用节能技术 8）煤电转化技术 9）绿色炼铜技术 10）钒铬钛强化冶金技术 11）镁清洁连续冶炼技术 12）低碳清洁高炉炼铁技术 13）高纯稀土金属短流程制备及合金型材 14）低（无）赤泥拜耳法氧化铝清洁冶金技术 15）全氧燃烧技术 16）电助熔技术 17）低温烧成技术 18）窑炉节能技术

续表

重点任务	关键技术
智能化技术赋能基础材料工业	1）清洁生产与循环经济基本原理 2）三维工厂数字化/智能化设计与优化 3）智慧矿山 4）具有自主知识产权的整装成套技术装备

二、第二阶段（2031—2040 年）

至 2040 年，我国新型经济社会将全面发展，基础材料工业工程科技的主要任务是以颠覆性、革命性、跨越式为特征，局部领先、整体提高、支撑和谐持续发展。先进能源和资源开发利用技术、生态与环境保护技术、资源循环利用技术、产业链集成优化技术等加速跃升并在更广的范围推广，基本实现基础材料工业绿色低碳循环发展。全面提升新材料技术、新能源技术、微化工技术及新冶金技术等的新跨越式产业化发展，加快数字信息、网络、智能技术在基础材料工业的深度应用。加大基础材料工业工程科技对民生领域及现代服务业的支撑力度，构建完善的自主创新体系，全面支撑产业结构升级和国民经济健康发展，创造新的经济增长点，培育全球竞争新优势。该阶段的重点任务如表 5-2 所示。

表 5-2 第二阶段（2031—2040 年）的重点任务

重点任务	关键技术
资源循环高效利用	1）碳捕集膜技术 2）超纯试剂净化膜技术 3）智能化膜装备设计与制造技术 4）电子电器器件关键专用液晶高分子及其合金材料技术 5）废弃贵金属催化剂回收利用技术 6）低碳烯烃生产及综合利用技术 7）生物质资源高效转化技术 8）煤-石油、煤-天然气、煤化工与可再生能源的耦合化工技术 9）有色金属-钢铁协同冶炼 10）废钢电炉直接冶炼技术 11）搭配城市矿产的清洁冶金技术 12）多产业集成工业生态链接模式

续表

重点任务	关键技术
关键技术与高端产品	1）高温稳定性茂金属催化剂宏量制备技术 2）活性乳液聚合新技术与聚合物材料高性能化 3）太阳能板/光伏板专用辛烯共聚物材料制造技术 4）特高压电输送关键专用聚烯烃材料制造技术 5）等规聚1-丁烯[isotactic poly（1-butene），iPB-1]制造技术 6）高端润滑高分子材料制备关键技术 7）高性能芳纶、新型共聚芳醚、长碳链及半芳香族聚酰胺、溶致/热致型液晶聚合物、高端聚丙烯腈基碳纤维等特种高性能工程塑料聚合过程关键技术及加工成形技术 8）新型高效无卤阻燃技术及环境友好阻燃建筑保温材料等制备关键技术 9）高铁用碳纤维/尼龙或聚碳酸酯复合材料 10）聚合物材料制备及加工过程中微观质量的在线检测与估计 11）新型功能膜材料与技术 12）6 N级及以上金属等高端产品制备技术 13）无碳智慧铝冶金技术 14）复杂共伴生资源选冶强化分离技术 15）能源金属强化冶金技术 16）半导体冶金技术 17）极端环境冶金技术 18）功能性水泥基材料技术 19）显示、发电、感知等特种玻璃产业化技术 20）飞行熔化、等离子体熔化等新型熔化技术 21）水冷退火、烧成技术及装备 22）玻璃新材料高通量计算表征开发技术 23）面向复杂环境的特种玻璃构件制造技术 24）多功能玻璃融合制造技术
智能化基础材料工业	1）智能制造生产关键装备与技术 2）智能化工厂 3）基于大数据分析/机器学习的制造工程 4）智能化专用工业软件
低碳转型	1）氢等低碳、可再生能源替代技术 2）氢冶金技术 3）低温余热发电技术 4）碳捕集与利用技术 5）全电熔技术 6）超净排放滤料制备技术

第二节　发展路线图

基础材料工业各行业工程科技发展路线图如图5-1至图5-3所示。

<table>
<tr><th>类别 \ 时间</th><th>至2025年</th><th>2026—2030年</th><th>2031—2035年</th><th>2036—2040年</th></tr>
<tr><td rowspan="4">需求</td><td colspan="4">工农业生产和日常生活对高端化学品和材料的紧迫需求</td></tr>
<tr><td colspan="4">工业智能化生产迫在眉睫，需要加快产业信息化与工业化深度融合</td></tr>
<tr><td colspan="4">加快推进生态文明建设，协同推进新型工业化、信息化和绿色化要求</td></tr>
<tr><td colspan="4">化工行业生产日渐智能化、精准化、技术化，我国产业结构和生产方式转变的紧迫需求</td></tr>
<tr><td rowspan="3">目标</td><td colspan="4">形成国际领先的高端化、绿色化、智能化的化工行业关键技术和产业集群</td></tr>
<tr><td colspan="4">形成自主创新能力强、结构布局合理、绿色安全低碳的高质量发展格局</td></tr>
<tr><td colspan="4">建成以创新引领、智能高效、绿色低碳为核心的化工行业科技创新体系，推进向化工强国迈进</td></tr>
<tr><td rowspan="4">重点任务</td><td colspan="2">实现煤化工与石油化工的有机衔接</td><td></td><td></td></tr>
<tr><td></td><td colspan="3">实现设备管理精细化、生产过程一体化、企业管理标准化、分析应用数据化和决策支持科学化</td></tr>
<tr><td colspan="4">实现高端化学品精准设计、制备和功能化</td></tr>
<tr><td colspan="4">针对生态环境质量改善中急需解决的重大科学问题和“卡脖子”技术，加强前沿基础研究</td></tr>
<tr><td rowspan="9">关键技术</td><td colspan="2">绿色催化技术</td><td></td><td></td></tr>
<tr><td></td><td></td><td colspan="2">绿色高效分离技术</td></tr>
<tr><td colspan="2">微化工技术</td><td></td><td></td></tr>
<tr><td colspan="3">高性能聚合物柔性制造技术</td><td></td></tr>
<tr><td colspan="3">聚烯烃高端原材料及专用料的高值化制造关键技术</td><td></td></tr>
<tr><td></td><td colspan="3">开发以煤、含碳煤转化残渣、煤基沥青等为原料直接制备碳功能材料、复合材料的关键技术</td></tr>
<tr><td colspan="3">关键膜材料开发及规模化制备技术</td><td></td></tr>
<tr><td></td><td colspan="3">CO_2资源化利用技术</td></tr>
<tr><td colspan="4">开展气流床气化炉、F-T合成反应器等煤化工核心装置的反应强化技术</td></tr>
<tr><td rowspan="7">基础研究方向</td><td colspan="4">优先选择与促进/强化传递分离膜内传质机制及膜结构调控设计研究</td></tr>
<tr><td colspan="4">用于3D打印的生物基功能聚合物设计研究</td></tr>
<tr><td colspan="4">化工生产过程数字化、智能化基础研究</td></tr>
<tr><td colspan="4">重要单体制造技术和关键聚合工艺技术基础研究</td></tr>
<tr><td colspan="4">先进动力及储能锂电池和材料技术研究</td></tr>
<tr><td colspan="4">分子尺度上的分子结构特性及其差异的分离介质基础研究</td></tr>
<tr><td colspan="4">碳足迹与碳循环评估</td></tr>
<tr><td rowspan="9">领域重大工程科技项目</td><td colspan="2">煤制烯烃工程</td><td></td><td></td></tr>
<tr><td colspan="3">煤转化过程系统工程</td><td></td></tr>
<tr><td colspan="3">智能化煤化工工程</td><td></td></tr>
<tr><td colspan="3">基于膜技术的工业生态链示范重大工程</td><td></td></tr>
<tr><td></td><td colspan="3">新型生物反应器与智能生物制造技术重大工程</td></tr>
<tr><td colspan="4">高端聚烯烃原材料智能化生产关键技术与工业示范重大工程</td></tr>
<tr><td colspan="4">大规模低成本钠离子储能电池开发重大工程</td></tr>
<tr><td colspan="4">低品质生物质高值化应用工程重大工程</td></tr>
<tr><td colspan="4">CO_2捕集封存及资源化利用重大工程</td></tr>
<tr><td rowspan="3">发展措施</td><td colspan="4">强化部署国家战略科技力量，铸就全球流程工业人才高地与创新高地</td></tr>
<tr><td colspan="4">完善政策标准体系建设，引领全球流程工业工程科技发展</td></tr>
<tr><td colspan="4">超前布局未来化工颠覆性/核心关键技术，以科技创新带动全面创新</td></tr>
</table>

图 5-1　面向 2040 年的化工行业工程科技发展路线图

类别 \ 时间	2025—2030年	2031—2040年
需求	社会主义现代化强国战略建设迫切需要加快工业产业高质量发展转型	
	关键金属安全保障事关国家安全，冶金产业变革发展刻不容缓	
	资源能源及环境压力长期存在，须强化绿色产业及工业生态链发展	
	工业智能化生产迫在眉睫，需要加快产业信息化与工业化深度融合	
目标	建立冶金行业高端智能化工厂	突破未来变革性冶金新技术
	形成绿色冶金的发展新模式	建成基于冶金产业的工业生态链
重点任务	建立冶金行业新工业化体系，支撑国家“制造强国”等战略的实施	
	突破冶金过程冶炼强化技术，支撑保障国家资源能源安全及碳达峰碳中和等战略的实施	
	形成冶金与多产业资源能源利用的工业生态链，支撑美丽中国及碳达峰碳中和等战略的实施	
关键技术	无碳智慧铝冶金技术	复杂共伴生资源选冶强化分离
	半导体冶金新技术	能源金属强化冶金与循环技术
	冶金智能化专用工业软件	冶金智能化工厂
	绿色炼铜技术	钢铁氢冶金技术
	镁清洁连续冶炼技术	极端环境冶金技术
	钒铬钛强化冶金技术	低碳清洁高炉炼铁技术
	低（无）赤泥拜耳法氧化铝清洁冶金技术	
	城市矿产清洁冶金技术	废钢电炉直接冶炼技术
基础研究方向	矿产资源绿色选冶基础理论	
	非常规资源短流程冶金	
	氢冶金理论	
	特种冶金理论	
	长流程炼铁工艺降碳增效基础理论	
	半导体/能源金属材料化冶金	
	低碳智能冶金基础理论与关键技术	
	极端环境冶金新理论与新方法	
领域重大工程	冶金产业高端智能化制造工程	
	绿色冶金产业创新工程	
	基于“无废社会”的工业生态链接工程	
领域重大工程科技项目	氢基直接还原-电炉短流程炼钢	战略性矿产资源选冶强化分离及精深加工
	特种冶金技术与装备	降碳增效高炉炼铁生产技术
	非常规资源多金属短流程联合冶炼	极端环境冶金技术及装备
	冶金过程物理化学解析及信息化工业管控	冶金智能化技术及装备
发展措施	超前布局未来冶金颠覆性核心关键技术，以科技创新带动全面创新	
	依托优势资源和清洁能源聚集地，促进高水平集聚发展	
	完善政策标准体系建设，引领全球基础材料工业工程科技发展	
	强化部署国家战略科技力量，铸就全球基础材料工业人才高地与创新高地	
	紧抓“一带一路”海外工业发展契机，构建国际竞争核心技术驱动力	

图5-2　面向2040年的冶金行业工程科技发展路线图

类别 \ 时间	2025—2030年	2031—2040年
需求	基础设施建设 、国防军工以及战略性新兴产业发展对建材产品的新需求	
	人工智能等新兴技术的应用，建材工业从传统生产方式向智能化、数字化转变需求	
	能源、资源紧缺，建材工业生产方式从资源、能源高负荷向绿色低碳方向转型需求	
目标	基础研究、前沿技术研究取得突破，实现行业引领发展	
	智能化、数字化技术推广应用，建设全流程智能化、数字化工厂	
	低碳转型，构建全方位高效、绿色、低碳、循环技术体系	
重点任务	突破一批制约行业发展的关键技术、共性技术瓶颈，保障产业链、供应链自主可控	
	开展行业基础研究、前沿技术研究，抢占科技发展制高点	
	开展行业智能化、数字化技术研究，推动智能制造与建材制造工艺技术深度融合	
	围绕源头少碳、过程减碳、末端捕碳开展技术攻关，推动行业绿色低碳转型	
关键技术	水泥熟料新型循环悬浮燃烧技术、低碳零碳水泥技术、超高性能混凝土制备与应用技术、低碳混凝土制备技术	变革性材料设计、制备与应用技术；水泥材料全流程智能化制造技术
	精密加工技术、基/盖板玻璃制备技术、柔性玻璃制备技术、高效发电玻璃制备技术、飞机风挡玻璃制备技术	飞行熔化、等离子体熔化等新型熔化技术；玻璃新材料高通量计算表征开发技术；特种玻璃构件制造技术
	系统协同技术、协同优化控制技术、3D监控智能识别技术、智能系统安全技术	增材制造技术、产品全生命周期管理技术
	碳捕集提纯利用技术、大宗固废综合利用技术、燃料替代技术、绿色电力及储能成套技术研发与应用	氢能利用技术研究
基础研究方向	水泥工艺基础研究	
	水泥燃料、原料替代基础研究	
	玻璃火熔化机理及新一代熔化技术理论研究	
	玻璃材料基因组基础研究	
	玻璃材料氢燃料替代基础研究	
	泛半导体玻璃材料基础技术研究	
领域重大工程	建材工业智能制造数字化转型工程	
	建材工业绿色低碳转型工程	
发展措施	充分发挥研究引领支撑作用，构建建材行业绿色低碳安全高质量发展的政策体系	
	强化绿色、低碳、智能、安全等政策研究与落地实施，加大对关键技术、装备、产品的支持力度	
	打造“政产学研金服用”相结合的技术创新体系，组织科技创新计划项目，建立科研成果转化的有效机制	
	发挥国家战略科技力量，不断优化完善工程技术路线图	

图 5-3　面向 2040 年的建材行业工程科技发展路线图

第六章　基础材料工业领域重大工程建议

第一节　“减油增化”创新工程

一、需求与必要性

我国成品油已呈现过剩现象，化工产品结构性供应不足。对于高端化学品生产技术，我国并未全面掌握，技术引进的可能性也在逐渐降低。在绿色化转型的大背景下，能源结构调整进程加快，“减油增化”成为石油行业发展的必然选择。“减油增化”不是简单地扩张化工产能，而是抓住高端制造业对高端化工产品需求的市场机遇，围绕航空航天、电子信息、新能源、汽车、轨道交通以及国防军工等高端制造业领域，加强自主创新，研发和生产高端化工新材料以及高端配套专用化学品，实现国产替代，在提升国产化、自主化水平的同时，带动石油行业产业链的升级，提升行业附加值和市场竞争力。

二、工程任务

“减油增化”创新工程包括：催化裂解生产轻质烯烃工艺、轻循环油（light cycle oil，LCO）制苯-甲苯-二甲苯（benzene-toluene-xylene，BTX）混合芳烃技术、基于裂解新技术构建高效集约型炼化耦合新工艺和高端产品和化工新材料制备技术。

三、工程目标与效果

到 2030 年，“减油增化”取得积极进展，新建炼化一体化项目成品油产量占原油加工量的比例降至 40%以下；创建绿色工业园区实践，形成一批可复制、可推广的碳达峰优秀典型经验和案例。

到 2040 年，合成气一步法制烯烃、乙醇等短流程合成技术实现规模化应用；在实现工业领域碳达峰的基础上强化碳中和能力，基本建立以高效、绿色、循环、低碳为重要特征的现代工业体系，全面提高石油行业的整体竞争力，助力碳中和目标的实现。

第二节　化石资源高效清洁利用工程

一、需求与必要性

在“双碳”目标和能源革命背景下，在建立新型能源体系过程中，各种能源的比较优势将取决于其本身技术创新的进展情况，深刻认识我国能源资源禀赋和煤炭的基础性保障作用，做好化石资源清洁高效可持续开发利用，是符合当前基本国情的选择。通过对煤炭、石油、天然气等化石能源利用技术的变革性创新，加快煤炭资源从燃料属性向原料和燃料耦合属性转变；开展发电、工业用能和化工等煤炭燃烧与转化利用典型过程的技术革新与示范，以及天然气燃烧高值化利用技术革新与示范，进一步提升石油原料使用属性，强化化石资源的燃料与原料属性的耦合。这些对实现国家能源结构转型意义重大。

二、工程任务

工程任务主要涵盖：石油催化裂解生产烯烃/芳烃技术、甲醇-原油共催化裂解制烯烃技术、单活性中心甲烷无氧转化制烯烃技术、芳烃和甲烷/二氧化碳干气重整制合成气技术、工业过程高效燃烧技术、煤制烯烃技术等。

三、工程目标与效果

到 2030 年，加快传统产业绿色改造，推动产业体系向集约化、高端化升级，实现化石资源的清洁化、低碳化；探索清洁生产与循环经济过程中基本化工原理，形成关键技术设计、生产和应用能力，提高集成度和再创新能力，形成具有自主知识产权的整装成套技术装备。

到 2040 年，发展循环经济，积极推进资源高效利用技术的更新迭代和产业变革，提高再生资源占比，推动资源高效利用与环境保护的协同发展。促进化石能源与可再生能源互补融合，实现系统能效提升，保障我国能源安全和产业链安全，促进我国能源及相关工业低碳化发展。

第三节　废弃物循环利用工程

一、需求与必要性

我国废弃物（塑料、电池、电子电器等）产生量大，回收比例低，白色污染问题严重，不仅污染环境、危害健康，还造成了资源浪费。根据统计，2022 年我国产生废弃塑料 6300 万 t，其中回收量仅有 1890 万 t，占 30%，而填埋量为 2016 万 t，焚烧量为 1953 万 t，分别占 32%和 31%，直接遗弃的占比为 7%①。随着新能源汽车的快速发展，我国新能源汽车动力电池陆续进入退役期，这些退役的电池含有大量的有色金属和有毒物质，如钴、镍、锂、氟等。若将其随意丢弃或填埋，会对土壤、水源和空气造成严重的污染。此外，我国废旧家电数量巨大，每年主要电器电子产品报废量近 2 亿台，列入《废弃电器电子产品处理目录（2014 年版）》的 14 类电器电子产品 2022 年的废弃总量约 1800 万 t②。然而，我国废弃物回收规模较小，技术水平偏低；同时，也存在如环保标准不统一、

① 废弃塑料回收难，再生利用有哪些堵点.（2024-04-15）[2024-08-13]. https://baijiahao.baidu.com/s?id=1796386928263908194.

② 1800 万吨 |《中国再生塑料行业发展报告（2022 年度）》正式发布.（2023-04-14）[2025-03-11]. https://www.163.com/dy/article/I2A66SR90552D035.html.

技术难度大、市场价格波动等问题。因此，亟须构建废弃物循环利用工程，这对完善我国废旧物资循环利用体系、提高资源循环利用水平、提升资源安全保障能力、助力实现“双碳”目标具有重要意义。

二、工程任务

工程任务主要涵盖塑料废弃物回收利用技术、废旧动力电池循环利用技术、废旧锂电池循环利用技术、废弃电器电子产品回收技术等方面。

三、工程目标与效果

到 2030 年，形成统计、标准、技术创新、税收、金融方面的政策体系，加快生产过程废弃物和社会层面再生资源的循环利用；基本建成废弃物资源循环利用体系，资源循环利用水平明显提升。

到 2040 年，提升再生资源加工利用水平，行业集聚化、规模化、规范化、信息化水平大幅提升；完善废旧物资回收网络，全国范围内建成绿色分拣中心，形成具有中国特色的循环经济体系，明确循环经济助力实现碳中和的机制、路径、潜力空间和需要达成的共识。

第四节　可再生能源产生和利用工程

一、需求与必要性

我国可再生能源经过 40 余年的发展，实现了从无到有、从小到大的转变，无论是装机容量还是产品设备的产能产量都位居世界前列。截至 2022 年底，中国可再生能源装机容量达 12.13 亿 kW，超过了煤电装机规模，在各类电源总装机容量上的占比上升到 47.3%；年发电量达 2.7 万亿 kW·h，占全社会用电量的 31.6%。其中，风电、光伏年发电量首次突破 1 万亿 kW·h（蒋习，2023），接近中国城乡居民生活用电量。可再生能源在保障能源供应方面发挥的作用越来越明显。随着能源转型的深入推进，可再生能源面临着新的发展形势：可再生能源比例持续增加，电网灵活性不足逐渐显现，要求通过源网荷储一体化发展，利用可再生能源提升电网友好性，降低发电成本，可再生能源将向高质量发展迈进；跨界进入可再生能源的企业日益增多，可再生能源行业同质化现象加重，竞争加剧，对企业技术创新、降本增效和运营管理提出了更高的要求。在“双碳”背景下，可再生能源将迎来新的发展机遇。

二、工程任务

工程任务主要涵盖：光伏化工新材料与利用技术、风电化工新材料与利用技术、燃料电池及其关键材料制造技术、储能新型介质制造与利用技术、化工产业中可再生能源利用技术等。

三、工程目标与效果

到2030年，实现非化石能源消费比重达25%左右，单位国内生产总值二氧化碳排放比2005年下降65%以上，严格控制新增煤电项目，有序淘汰煤电落后产能项目，全面推进风电、太阳能发电大规模开发和高质量发展，使风电、太阳能发电总装机容量达到12亿kW以上；开发低成本高效率长寿命燃料电池催化剂，完善燃料电池贵金属回收利用技术。

到2040年，加快研发储能新型介质和化工新材料，加快推进可再生能源的利用和储备，达到可再生能源电量占比不低于50%的要求；进一步提升燃料电池催化剂国产化率及工程化能力，实现非贵金属燃料电池新技术规模化应用。

第五节 无机化工转型升级发展工程

一、需求与必要性

无机化学工业是以天然资源和工业副产物为原料，生产硫酸、硝酸、盐酸、磷酸等无机酸，以及纯碱、烧碱、合成氨、化肥以及无机盐等化工产品的工业，包括硫酸工业、纯碱工业、氯碱工业、合成氨工业、化肥工业和无机盐工业。多年来，我国无机化工行业在产品品种、生产规模、技术创新、绿色低碳等方面取得了辉煌成就，基本满足国民经济社会发展需要，多种无机化工产品产量跃居世界前列，无机化工行业正朝着绿色低碳的方向转型升级。作为重要的基础性、支撑性产业，无机化工亟须大力提升自主创新力量，通过新的模式、新的业态、新的技术、新的产品，把握无机盐行业发展的新机遇，实现高质量发展。

二、工程任务

工程任务主要涵盖：硫酸清洁生产和废酸资源化处理技术、（非）电石法 PVC 减汞技术和汞污染防治技术、工业废盐综合利用制碱新技术、电石渣循环利用制氧化钙技术、新型氨合成工艺技术、化肥绿色高效合成与利用技术等。

三、工程目标与效果

到 2030 年，初步实现无机化工新工艺和新技术的试点和推广，坚持节能减排，加快产业转型，推动绿色低碳发展。

到 2040 年，建立无机化工新工艺和新技术的工业示范和应用，行业节能减排和循环经济水平得到进一步提高。

第六节　基于“无废社会”发展的工业生态链接工程

一、需求与必要性

资源循环利用是解决基础材料工业持续发展面临的资源短缺-能源消耗高-环境负荷大等问题的重要举措，对国家经济社会发展具有重要意义。然而，化工、冶金等基础材料工业仍然存在二次资源利用率低、循环回收技术及装备水平相对落后等问题，制约废弃物资源化循环利用。迫切需要大力发展资源循环，促进节能减排，弥补元素资源、原生矿产资源的不足，此举对确保中国基础材料工业的可持续发展具有重要的积极作用。

二、工程任务

建立多行业联合生产及资源协同处置技术。突破多行业间二次资源协同处置与循环利用等关键技术，实现化工-建材、冶金-建材、化工-冶金、有色金属-钢铁等多领域多资源联合利用、多金属联合冶炼（钢铁-有色金属）等行业间二次资源协同资源化处置，打通不同行业间资源链接壁垒，提高化合物、金属及其他有价资源在工业/社会流通领域的资源利用率，推动跨产业工业二次资源协同处理及利用。

形成行业内/跨行业资源能源链接的工业生态链接模式。发展“互联网+”回收利用新模式，使资源回收领域向智能回收、互联网回收延伸拓展；构建废弃物—回收加工（循环）—产品或生产原料（再利用）的全过程资源综合循环产业链，形成冶金工业与相关产业的资源生态链接；突破冶金、化工、建材等基础材料工业行业内外的工业能源链接技术，建立区域性跨产业能源分配系统，促进不同行业的能量流循环利用；使工业资源/能源实现优化分布配置及高效利用，通过上下游联动实现废物资源高附加值利用，形成若干特色鲜明的产业集群及工业生态链接模式，支撑“无废社会”的建设。

须重点突破的关键技术，包括废旧金属资源高效智能拆解、精细分选和循环利用技术及装备（低温连续热解、控氧精炼提纯等）、共伴生金属精深提纯共性技术、短流程再造金属合金产品新技术、复杂矿产低碳原生冶炼技术、有色金属-钢铁多金属联合冶炼技术、废钢资源高质循环利用技术等，并加快推进尾矿（共伴生矿）、粉煤灰、煤矸石、冶炼渣、工业副产石膏、赤泥、化工废渣等工业固废中有价组分提取以及建材生产。

三、工程目标与效果

到 2030 年，研发基于复杂资源体系的工艺矿物学/粒度学的快速检测、智能化精准配料及高效预分离等技术，突破城市矿产/工业二次资源等非常规资源的原生冶炼及多产业协同处置技术，实现塑料废弃物、废旧电子产品、冶炼渣等城市/工业二次资源利用效率的大幅提升；化工、冶金等产业间资源链接及有色金属-钢铁等产业内联合生产技术趋于稳定，得到示范推广。冶金产业落后产能进一步削减，布局得到优化调整，逐步向资源/能源地区转移。

到 2040 年，建立城市矿产的化工利用、原生冶炼以及有色金属-钢铁协同冶炼等资源利用技术体系，资源/能源实现优化分布配置，突破化工、冶金与建材等多产业间的资源循环技术瓶颈，实现社会层面资源的高效循环，切实削减自然资源消耗，保障化工产品及金属资源供给。建立社会经济发展领域化工/金属资源工业生态链，逐步形成全社会资源循环经济体系。

第七节　流程制造工业软件研发与应用工程

一、需求与必要性

石化、钢铁、有色金属、建材等基础材料工业为国民经济建设提供大宗原材料和能源，是我国实体经济发展的根基，也是实现节能减排目标的主战场。经过数十年发展，我国已成为世界上门类最齐全、规模最庞大的流程制造大国，但其运行指挥控制的“大脑体系”构建在国外工业软件厂商提供的工具、平台和系统之上，研发设计、生产控制、管理运营、服务保障等业务使用的高端工业软件 90%以上依赖进口（李元元，2023）。例如，仿真设计和计划流程类工业软件几乎全部被 Aspen、KBC、Intergraph、Asprova、Honeywell 等国外企业垄断，而且这些软件只有“租用使用权”，不能“买断”，其“卡脖子”和“断链”风险巨大，且随时可能发生。为推进我国流程制造业高质量发展，必须聚焦突破工业软件“卡脖子”技术，形成自主创新和应用生态，确保产业链供应链安全稳定，抢占数字经济战略制高点。

二、工程任务

流程制造工业软件研发与应用工程的工程任务主要包括：流程制造工艺孪生工业软件、流程制造智能控制工业软件、流程制造优化决策工业软件、流程制造安环管控工业软件等。

三、工程目标与效果

到2030年，研制煤化工、氟化工、合金等系列专用工业软件，技术成熟度达TRL[①]8级，软件产品通过CMMI[②]4级认证，煤气化模型、高值材料合成模拟、实时优化求解器、耦合机理的大规模决策、事故后果分析与推理等模块和组件性能达到国际领先水平；形成通/专用结合的流程模拟软件；突破油品高值化合成、高端聚合材料基因组等关键技术，结合经营决策、在线优化和先进控制应用，化工产率累计提升20%以上；

到2040年，形成覆盖工艺孪生、智能控制、优化决策和安环管控等技术领域的流程制造智能调控技术完整标准体系，技术成熟度达到TRL9级（产品产业化），软件产品通过CMMI5级认证，软件功能与性能领先国际先进水平，大幅提高国内外市场占有率，实现在全行业的应用推广。

第八节　基础材料制造工业软件研发与应用工程

一、需求与必要性

流程制造业提供的合金钢、碳纤维材料、高分子材料、有机硅材料、

① 技术成熟度（technology readiness level，TRL）。
② 能力成熟度模型集成（capability maturity model integration，CMMI）。

储能材料、生物试剂、电子化学品、高纯气体等高端产品有力支撑着新兴产业的发展。当前正逐步优化基础材料工业的产业结构，加快实现关键技术突破，然而我国制造业产业链还处在由中低端迈向中高端的进程中，发展面临产业链自主可控程度不高、安全性稳定性不强等问题和困境。我国基础材料工业高端化制造亟须夯实基础研究，推动流程制造高水平创新、高端化发展；做优做强计算化学研发平台，实现流程制造创新向“理论预测、实验验证”模式转变；整合现有各类材料基因数据库，加快打造“国家材料基因工程数据共享与服务平台”；创新高端、高值材料制造方法和技术，以关键核心技术突破支撑流程制造高端化发展。

二、工程任务

基础材料制造工业软件研发与应用工程的工程任务具体包括：高端材料研发重大前沿技术、材料基因工程关键技术、大规模高效计算与人工智能技术、自动化智能实验前沿共性技术、流程制造核心工业软件。

三、工程目标与效果

到 2030 年，初步推动 10 类关键高端核心产品的可靠性水平达到国际先进水平，促进基础材料工业高端制造业可靠性整体迈上新台阶。

到 2040 年，流程制造业产业链迈向全球价值链的中高端，实现更高水平的跃升，成为世界流程制造强国的领导者之一。

第九节　基础材料工业数字化智能化转型工程

一、需求与必要性

目前我国流程制造工业部分工艺、设备达到国际先进水平，总体与国外相当，并不落后，但行业总体效能与国际先进水平有一定的差距。我国是基础材料工业制造大国，但并非制造强国。我国基础材料工业的发展正面临资源紧缺、能源消耗大、安全环保压力大、高端制造不足等问题。基础材料工业是高能耗、高污染行业，石油、化工、钢铁、有色金属、建材等工业的能源消耗、CO_2排放量以及SO_2排放量巨大；原料的对外依存度不断上升，资源和能源利用率与国外先进水平相比有一定的差距。为解决资源、能源与环保的问题，我国基础材料工业正从局部、粗放的生产模式向全流程、精细化的生产模式发展，并取得了显著的阶段性成果。但是转型发展还不够充分，必须深度融合现代信息技术，通过数字化转型实现我国基础材料工业的高效化和绿色化高质量发展。高效化和绿色化生产是指在市场和原料变化的情况下，实现资源的优化配置和产品质量、产量、成本及消耗等生产指标的优化控制，实现全流程安全生产和可靠运行，使产品具有高性能、高品质、高附加值等特点，实现能源与资源高效利用，以及污染物近零排放。

二、工程任务

基础材料工业数字化智能化转型工程的工程任务包括：石化装置、流程的智能感知和一体化智能优化、典型基础材料工业生产过程的多任务计划优化、面向复杂约束下多任务计划调度协同优化、企业区域供应链-产业链-价值链集成与优化、安全环境足迹监控与溯源诊断技术、典型化学品与高端材料智能制造。

三、工程目标与效果

到2030年，突破主要原料成分（如原油和煤炭关键成分等）、关键产品质量（如油品和烯烃聚合物产品质量等）智能感知与实时监测技术，并研制相关装备，开发智能协同优化控制、生产计划智能决策等关键技术；通过技术的逐步应用，提升流程型企业资源/能源配置能力，实现资源配置成本精准可控，显著提高企业经营能力和运营水平。

到2040年，建立涵盖全时空智能感知、协同优化控制、智能决策、智能溯源分析、可视化的数字化转型技术、软件和系统体系，形成具有世界领先水平的石化行业数字化转型科学理论和技术平台。在石化、煤化工、建材、钢铁、轮胎、化肥等领域建成一批基础材料工业数字化转型示范工程。

第十节　基础材料工业绿色化制造工程

一、需求与必要性

2020 年，我国碳排放总量为 102 亿 t，传统三大化石能源——煤炭、石油和天然气的合计碳排放量分别占我国碳排放总量的 71.11%、14.93%和 5.83%。以石油化工行业为例，石油炼制加工过程碳排放 3 亿—4 亿 t，为社会经济生产活动生产的燃料（汽油、煤油、柴油、燃料油、炼厂气）燃烧碳排放约 10 亿 t（匡立春等，2022）。石油化工产业体量大、流程长、发展惯性大、路径依赖强、碳排放系统化基础数据少，实现“双碳”目标需要付出艰苦努力。

为推动此目标实现，从统筹有序推进碳达峰碳中和、主动适应气候变化、强化支撑保障体系等三大方面提出了 20 余项落实新目标的重要政策和举措。为此，我国采取积极措施，深度调整产业结构，优化能源结构，促进节能提效，控制非二氧化碳温室气体排放，提升生态系统碳汇能力，推动减污降碳协同增效，大力发展绿色低碳产业，严控“高耗能、高排放、低水平”（简称“两高一低”）项目盲目发展，大力推进工业领域提质增效。

为此，需要制定能源、钢铁、有色金属、石化化工、建材、交通、建筑等行业和领域碳达峰实施方案。以节能降碳为导向，加快推进工业领域低碳工艺革新和数字化转型。开展碳达峰试点园区建设。加快商贸流通、信息服务等绿色转型，提升服务业低碳发展水平。遏制高耗能高排放项目盲目发展。对于新建、扩建钢铁、水泥、平板玻璃、电解铝等高耗能高排放项目，须严格落实产能等量或减量置换，推动绿色低碳技术的重大科技攻关，并加强其推广应用。

二、工程任务

基础材料工业绿色化制造工程的工程任务包括：加强氢能生产、储存、应用关键技术的研发、示范和规模化应用，规模化碳捕集、利用与封存技术研发、示范和产业化应用，绿色新型反应介质强化与高效节能，氢能炼铁技术与氢能钢铁-化工一体化协调工艺技术，低碳多标号多品种水泥制备技术，低碳排放煤制合成氨技术，煤制烯烃新工艺，以及大规模集中式储能技术。

三、工程目标与效果

到 2030 年，在清洁生产智能化方面，基于工业互联网的建设，布局微通道反应、智能传感和检测等，加强现场数据采集、风险识别的数字化管理功能，保障工艺平稳性、设备完整性，通过大数据分析对生产和操作做出预测和指导。深入优化煤气化工艺，一是不断提高系统效率，从源头上降低 CO_2 排放；二是拓展气化原料，将煤气化技术向有机固废、生物质气化领域拓展，通过原料替代来降低 CO_2 排放；三是降低污染物排放，实现全系统绿色低碳升级。在氢能炼铁技术方面，技术热点方向是富氢还原高炉，这是因为高炉喷吹含氢介质富氢还原冶炼可经济地实现碳减排 10%—20%。通过专家系统、智能质量控制系统、智慧工业节能系统、智能绿色物流系统、车间智能绿色调度系统和智能安全监测系统等，控制建材生产中的 CO_2 排放浓度。

到 2040 年，发展裂解炉与燃气轮机联合技术，优化提高裂解炉的热效率，充分回收高温裂解气余热，使用新型燃烧器及供热方式，采用新型的保温材料及耐火材料结构，提升乙烯高温裂解工艺的节能增效水平；突破 CCUS 技术，加大“蓝氢”“绿氢”产量，降低 CO_2 捕集、封存难度，提升 CO_2 的资源化利用能力，提高“绿色煤电”的技术经济性；开发富氢竖炉炼铁技术，相比高炉-转炉长流程，竖炉-电弧炉短流程碳减排可达 50%—95%；以装备的应用与优化为重点，推进高端绿色制造装备在水泥、玻璃、陶瓷、玻璃纤维等产品生产线上的应用，逐步实现集智能感知、深度学习、智能决策、智慧节能于一体的智能化绿色制造生产线，优势建材企业逐步实现低成本、低能耗与高效率，加速行业迭代。

第七章　基础材料工业领域重大工程科技项目建议

第一节　低碳烃和芳烃的高值化利用技术

一、应用目标

针对低碳烃和芳烃的利用存在的低端过剩、高端不足等突出问题，整合优化基础产业，提升中下游产业高端化，创新突破新兴产业。保持产业规模稳定发展的同时，优化资源配置提升烯烃、芳烃产业综合竞争力，攻克低碳烃转化成高端产品的关键技术与设备，实现其高端化和高值化利用；产品结构要特色化、精细化，由生产燃料向材料、原料转型，向多产高附加值化工产品、特色产品及材料转型，实现价值增值最大化。

二、工程技术目标

到2030年，实现烯烃歧化催化剂的工业化应用，开发乙烯歧化催化技术；完成低水比丁烯氧化脱氢催化剂成套技术的推广和应用。

到2040年，提高对不同来源甲醇的适应性；实现合成气一步法制烯烃催化技术；完成乙烯/丙烯比例可调的烯烃柔性催化转化平台技术；实现合成气一步法制低碳烯烃催化剂在工业示范装置上的应用。

三、关键技术攻关任务与路线

战略性低碳烃和芳烃的高值化利用技术主要包括以下几个方面。

（1）开发高收率、低消耗的新一代甲醇制烯烃（methanol to olefin，

MTO）催化技术；完成大型烷烃脱氢技术及配套高效催化剂开发；开发适合于炼厂的烯烃催化裂解（olefin catalytic cracking，OCC）技术及配套催化剂。

（2）开发天然气、页岩气、可燃冰、生物质乃至城市废弃物气化生产的甲醇制备有机产品催化技术；研究先进的低碳烷烃催化脱氢-膜分离工艺及配套催化剂。

（3）开发低碳烯烃氢甲酰化生产醛醇类化合物技术；开发低碳烯烃生产高端聚烯烃技术；完成低生焦、低能耗和高烯烃的靶向催化裂化技术开发与工业示范。

第二节 聚合物绿色可控制备技术

一、应用目标

聚合物绿色可控制备技术的研究对解决全球污染问题、缓解化石资源不足、发展循环经济、建设资源节约型和环境友好型社会具有重大意义；实现高性能化、功能化、差别化的聚合物制备，构建生态环境友好的聚合物制造模式；设计与合成性价比高且综合性能优异的新型生物降解聚合物和温和条件可降解聚合物，积极推动聚合物材料的回收和循环利用；将生物质资源转化为高性能生物基聚合物和直接制备新型生物质材料，实现聚合物材料的绿色可持续发展；发展聚合物催化剂与绿色合成工艺，研发高端聚烯烃、高性能树脂、固体动力等国防关键材料，以及高性能合成橡胶、高性能纤维材料、高性能纳米复合材料、电子信息材料、高端生物基化学品、智能仿生材料等分子链的精密设计和绿色可控制备；通过资源的综合利用、短缺资源的替代、二次资源的利用，减缓资源的消耗，达到减少废弃物和污染物的排放、缓解化石资源不足、发展循环经济、建设资源节约型和环境友好型社会的目的。

二、工程技术目标

到 2030 年，发展聚合物催化剂与绿色合成工艺，开发高端聚烯烃和高性能树脂等国防关键材料，以及高性能合成橡胶、高性能纤维材料、高性能纳米复合材料、电子信息材料、高端生物基化学品、智能仿生材料等民用高端材料，并实现其分子链的精密设计和绿色可控制备。

到 2040 年，开发设计与合成性价比高且综合性能优异的新型生物可降解聚合物和温和条件可降解聚合物，积极推动聚合物材料的回收和循环利用；将生物质资源转化为高性能生物基聚合物并直接制备新型生物质材料，实现聚合物材料的绿色可持续发展。

三、关键技术攻关任务与路线

经过约一个世纪的发展，聚合物高分子材料早已应用到工农业生产、国防技术和日常生活中的方方面面。针对当前社会发展的需求，开发出新型绿色聚合物生产技术及产品是实现传统化工行业转型的重大难题。开发聚合物绿色可控制备技术主要体现在以下几个方面。

（1）针对聚合物的高性能化、功能化、差别化应用要求，以基础高聚物与高端产品并重为目标，基于聚合催化剂分子设计、聚合工艺及工程技术，通过单体的精密可控聚合实现聚合物的高性能化与差别化，采用从基体纤维、橡胶及树脂合成过程的多尺度、多相结构调控策略来开展合成材料的工艺技术攻关，提出高性能聚合物柔性化合成制备的新理论、新方法和新工艺，实现通用聚合物的高性能化、功能化及差别化的可控制备。

（2）以茂金属聚乙烯（metallocene polyethylene，mPE）、茂金属聚丙烯（metallocene polypropylene，mPP）、茂金属三元乙丙橡胶（metallocene ethylene-propylene-diene monomer，mEPDM）、聚 1-丁烯（poly 1-butene，PB-1）、聚烯烃类热塑性弹性体（polyolefin thermoplastic elastomer，POE）、乙烯-1-辛烯共聚物、高极性单体含量聚乙烯和等规聚 1-丁烯等迄今完全依赖进口的高端聚烯烃原材料与专用料的自主开

发为目标，展开核心催化剂技术、重要单体制造技术和关键聚合工艺技术的合力攻关，以求在短期内实现重大突破，实现自主生产。

（3）针对国内聚合物材料行业高端化的迫切需求，以聚合反应装置结构化、聚合反应机理模型化、产品质量智能控制与优化为驱动，突破聚合物生产中特种装备、质量表征、精细建模、全生命周期的质量优化控制等方面的技术瓶颈，以开发出工艺、设备与质量控制集成的高端聚合物材料智能化生产技术。

第三节　新型功能膜技术

一、应用目标

新型功能膜技术是国家重点战略发展目标，对实现我国产品向高端化升级，打破国外垄断，实现高端功能膜材料领域的进口替代，以及促进水资源、能源、传统工业升级改造、环境污染治理等领域的发展具有重大意义，为促进石化行业分离过程的绿色发展，推动节能减排目标实现提供重要技术支持。

二、工程技术目标

到 2030 年，实现关键膜材料的开发及规模化制备、重点领域膜技术的规模化应用，聚焦水资源的高效利用、工业废水零排放和资源化、高端化学品制造、新能源等领域，以绿色化、低碳化、高端化、智能化为方向，发展先进膜材料与膜技术，在基础研究、关键技术、工程示范、平台建设和推广应用等方面形成突破，提升自主创新能力和核心竞争力，全面支撑膜产业的高质量发展。

到 2040 年，突破新型功能膜关键技术，建设智能化膜生产技术，发展新型功能膜材料与技术，加强特种膜原位过程技术开发，打破国外垄断，建设基于集成技术的工业生态链与生态产业园区，实现新型功能膜材料的自主生产和规模化生产。

三、关键技术攻关任务与路线

新型功能膜技术的研发和生产体系主要包括以下几个方面。

（1）夯实基础研究，为技术研发提供基础理论支撑；优先发展节能、减排、资源高效清洁利用等关键膜材料和膜技术，积极促进产业转型升级和绿色低碳循环发展；优化设计膜结构，提升膜通量和抗污染能力，促进石化行业分离过程的绿色发展。

（2）在新材料、水资源、新能源、生态环境和生命健康等领域掌握一批世界领先的关键核心技术，抓住新一代信息、网络、智能技术机遇，并提前部署，促进领域交叉和产业深度融合。

（3）实现膜产业高端引领、整体推进、全面提升。深化膜技术与新材料技术、新能源技术、新化工技术、新生态环境环保技术、资源循环利用技术，以及信息、网络、智能技术等的协同发展，推动膜产业向更高级、更合理的方向发展。

第四节　化石资源绿色转化与高效利用技术

一、应用目标

为积极稳妥地推进“双碳”目标实现，须立足我国能源资源禀赋，坚持先立后破，有计划分步骤地实施碳达峰行动，深入推进能源革命，加强化石资源绿色转化与高效利用，明确“清洁替代、战略接替、绿色转型”三步走战略，构建多能互补新格局，积极推动化石能源与新能源全面融合发展的“低碳能源生态圈”建设。

二、工程技术目标

到 2030 年，大幅提高反应的原子经济性，实现高度专一性的反应化学；突破化石资源催化转化关键催化剂及催化技术，使示范装置平稳运行。

到 2040 年，完善化石资源清洁化利用绿色催化剂研发平台，实现催化剂制备与使用全周期无污染，实现绿色高效转化催化技术的大规模产业化；结合光催化、电催化、酶催化等反应，设计光催化剂、电催化剂、酶催化剂，实现工业规模下长时间稳定运行。

三、关键技术攻关任务与路线

围绕“双碳”目标，基于当前的减排形势，未来化石能源产业将围绕原料、用能、生产过程、产品，向绿色低碳可持续高质量发展方向转型，原料构成要低碳化、多元化，生产过程要高效化、智能化，推动化石资源行业向高效化、智能化转型，产品向特色化、精细化发展，实现由“燃料型”向“化工材料型”转变，向多产高附加值化工产品、特色产品及材料转型，实现价值增值最大化（中国石油新闻中心，2022）。总体上看，化石资源绿色转化与高效利用技术应当包括以下三个方面。

（1）开发化石资源高效转化用单原子催化、靶向催化、接力催化、等级催化等新型催化剂及催化技术，耦合等离子体、超重力、微化工等反应过程。

（2）研究天然气、合成气定向转化制烯烃、芳烃等化学品的反应机理，利用同位素示踪技术来追踪反应过程中原子和分子的变化，揭示催化剂表面的吸附和反应路径。

（3）针对不同的合成材料需求，研究高性能合成树脂、合成橡胶、合成纤维的催化合成技术，开展多牌号催化剂的研发，以实现定制化生产。

第五节　煤炭清洁高效利用技术

一、应用目标

煤炭清洁高效利用技术的开发和发展对减少煤炭燃烧对环境的污

染、提高煤炭资源的高效清洁利用、推动煤炭清洁化转型、促进能源的可持续发展起着重大作用；为保障我国对推动减污降碳协同增效、促进经济社会发展全面绿色转型、实现生态环境质量由量变到质变提供重要支撑。

二、工程技术目标

到2030年，实现煤炭燃烧排放的全面减少，推动煤炭气化、煤炭液化、煤炭转化等清洁煤技术的发展和示范作用；加强煤矿安全生产管理，推进煤矿智能化、数字化、自动化技术的应用，提高煤矿安全性和生产效率；改善煤矿环境保护现状，降低煤矿开采对环境的影响。

到2040年，实现煤炭清洁高效利用的全面转型，建设可持续煤炭产业链，推动煤炭产业链的可持续发展，实现矿井开采、煤炭转化、能源利用等环节的清洁高效。

三、关键技术攻关任务与路线

从我国国内资源情况来看，煤炭是最主要的能源，且在短中期内还无法出现可以完全替代煤炭的无碳或低碳能源。因此，在保障能源安全的前提下，对煤炭进行清洁化利用和高效使用，以实现煤炭产业绿色低碳发展主要体现在以下几个方面。

（1）开展煤炭高效清洁转化制备合成气技术、制取清洁燃料（煤制油品和煤制天然气等）、煤制化学品技术等，实现煤化工与石油化工的有机衔接，促进煤炭清洁高效利用。

（2）开发基于煤化工废热利用的低成本电解水制氢技术，开发煤基多孔材料储氢技术、化学储氢技术等储氢技术，促进新能源技术与煤炭清洁利用技术的融合，实现能源结构的转型升级。

（3）开发煤与石油、煤与天然气、煤化工与可再生能源的耦合化工，实现初级资源向高端化工产品转型，推动煤炭清洁高效利用；开发以煤、煤化残渣、煤基沥青等为原料直接制备碳功能材料、复合材料等的关键技术，开发温和条件下煤炭直接定向调控制备高端精细化学品技术。

（4）加大煤化工下游产品开发力度，努力提高技术水平，不断延伸产业链条，形成规模效应，大力推动下游产品链结构的发展，降低资源成本，提高煤化工的市场竞争力。

（5）开发煤基新型储能技术，将煤炭清洁利用技术与新能源技术相结合，实现能源结构的转型和升级，搭建煤制先进功能性炭材料和高端精细化学品技术平台，掌握煤直接制备先进功能性炭材料和高端精细化工品的关键技术，形成煤炭清洁高效开发利用技术体系。

第六节　绿色催化技术

一、应用目标

绿色催化技术作为化工行业节能减排、可持续发展的关键，依托新型催化材料，推进资源高效利用与清洁生产，加快生物质转化、CO_2利用等具有挑战性技术的突破，推动具有经济效率的绿色工艺工业化应用。

二、工程技术目标

到 2030 年，实现块体催化材料的低维可控制备，提升活性中心的空间分布均一度；通过对载体表界面缺陷位及金属锚定的调控，获得具有高稳定性的负载型亚纳米金属催化剂，开发普适的工业化制备策略。

到 2040 年，实现原子级结构催化剂的产业化应用；在原子层面对催化剂的缺陷和活性位点按功能分工进行有序组装，实现催化过程中各路径的合理分割与串联，最终达到催化过程中化学键断裂和形成的精确导向性控制，为能源化工领域的高效发展提供材料支撑。

三、关键技术攻关任务与路线

为实现绿色催化剂及催化技术支撑化工行业可持续发展的目标，绿色催化剂及催化技术的发展重点包括绿色催化工艺、催化剂的绿色制备、废催化剂回收利用三大领域，推进资源高效利用与清洁生产，加快突破生物质转化、CO_2利用、新能源等前瞻性技术，早日实现绿色低碳循环发展。具体包括以下几个方面。

（1）开发载体、单原子锚定的催化剂的工业化量产方法，研究载体材料的选择和设计，确保其在工业条件下的稳定性和可扩展性。将催化剂的合成方法从实验室规模放大到工业规模，确保催化剂性能的一致性和稳定性。

（2）开发应用高通量催化剂合成技术及反应技术；完成催化剂制备技术中热处理对物相的影响研究；开发服役后催化剂作为催化剂载体或进一步合成分子筛的循环利用新技术，降低原料成本；以催化剂制备过程中产生的细粉为原料来合成分子筛，开发有机胺模板剂回收利用技术及含胺尾气催化氧化技术，在降低物耗的同时解决“三废”问题；开发节能工艺，优化制备流程，降低催化剂制备能耗水平。

（3）提升高通量催化剂工程化能力，促进企业降本增效。形成完善的催化剂绿色制备成套技术以及服役后催化剂资源化利用体系，降低催化剂制备成本，同时提升催化剂性能及催化剂制备的技术水平。

第七节　废弃资源清洁循环利用技术

一、应用目标

废弃物循环利用体系是实施全面战略的重要举措，对提高资源利用率、增强战略性资源保障能力、促进生态环境高水平保护、加快发展方式的绿色转型、推动实现“双碳”目标、促进生态文明建设具有重要意义；废弃物循环利用工程为提高资源利用效率、建设资源循环型社会、提升全社会生产生活的循环发展水平、改善城镇生态环境、实现资源保障提供了重要支撑。

二、工程技术目标

到 2030 年，建立生态友好的废弃物处理体系；实现废弃电子设备中贵金属的高效回收；推动废旧铅酸蓄电池、锂电池中的有价值材料的高效回收再利用。

到 2040 年，废铅酸蓄电池、锂电池的综合回收率达到新的高水平；实现废弃资源的环保处理工艺，构建起资源的循环利用和再生产的先进体系。

三、关键技术攻关任务与路线

针对目前我国循环利用存在的企业分散、规模小、二次污染严重和规范性差等主要问题，开发废弃物清洁循环利用技术，包括再生高质化技术、多元素分离提纯技术、冶金过程二次污染控制技术。攻克石油废催化剂、合成氨贵金属废催化剂、失效汽车尾气净化器、脱硫废催化剂、废弃电子线路板、废铅酸蓄电池等的再生技术。开展废旧消费品资源收运与清洁再利用基础理论、废弃电子产品回收和增值化利用、难处理废弃高分子产品清洁再生等方面的研究。具体包括以下三个方面。

（1）废弃塑料的循环利用。建立源头减量合成技术体系，合成高性能、长寿命、易回收的石油基高分子材料，加强可循环、易回收产品开发；开发高性价比生物降解塑料，实现可控降解，提升材料综合性能；发展低成本、高产量的新型聚合技术。

（2）废旧动力电池循环利用。围绕通用化和智能化拆解技术、选择性分离提纯技术、安全运输技术开展系统性攻关，研发通用化、智能化拆解装备。加强正极材料中金属回收机理研究，重点突破各类金属的选择性分离提纯技术；加强负极材料以及电解液回收研究，开发清洁、环保、短流程回收工艺。

（3）废弃电器电子产品回收。开发高效的拆解技术、安全环保的处理技术和高效的资源回收技术等，研发相应的回收设备和工艺，提高回收效率和产品利用率。

第八节　生物高效制造技术

一、应用目标

生物高效制造技术在提高生物制造过程中的效率和环境可持续性，推动生物制造在能源、化工、医药等领域的广泛应用，实现可持续发展，以及资源的有效利用等方面具有重大意义。开发高效的生物催化剂和生物反应器、减少生物制造过程中的废弃物和副产物，实现可持续和绿色的生物制造过程，为推动我国在生物制造与装备领域进入先进国家行列提供重要支撑。

二、工程技术目标

到2030年，强化合成生物学和生物制造的能力，实现生物炼制高效稳定热转化及生物转化催化剂的示范应用。

到2040年，实现高效微生物细胞工厂的设计与构建；加快新型基因组编辑工具助力微生物细胞工厂的高效开发。

三、关键技术攻关任务与路线

生物制造是利用生物体机能进行物质加工与合成的绿色生产方式，有望在能源、化工和医药等领域改变世界制造工业的现有格局。大力发展生物制造技术，对推动我国加快构建绿色低碳循环经济体系、推动生物经济实现高质量发展具有重要意义。生物高效制造技术体系的规划和发展主要体现在以下几个方面。

（1）通过合理设计和优化酶、菌株或微生物的生物催化剂，提高反应速率、产物选择性和产量，开发高效的生物反应器，优化反应参数、培养条件和过程控制策略，以提高生产效率和实现大规模工业生产，研究和开发生物转化技术，将废弃物转化为有价值的产物或能源，实现废弃物的高效利用。

（2）高值化应用方面，首先是化工流程与产品的专用化和精细化，在技术、环保、价格、性能等方面实现全方位突破，替代目前市场上现有化工流程与产品。伴随着纳米科技与分子科学的迅速发展，更合理地利用生物质的多级微纳米结构与丰富的分子组成也逐步成为研究的发展趋势，其中纳米纤维素就是极具潜力的新产品。此外，从理论基础及专用技术和设备方面进行协同创新，以获得全方位的产业升级和实现终端产品的高值化。

（3）以建立高附加值营养化学品及精细化学品的绿色合成技术为目标，开展工业酶催化合成精细化学品相关研究，实现医药关键中间体与食品的酶法生产工艺研发。重点开发具有自主知识产权的高效工业酶催化剂，建立具有重要应用价值的工业酶分子设计与智能改造、高效生产、加工及应用工艺等关键核心技术体系，建立新一代工业核心酶高产菌株和发酵工艺集成技术，提高行业绿色制造水平。发展智能生物制造技术与装备，重点研制生物过程智能传感设备以及基于大数据-机理混合驱动的智能管控系统，开发智能生物反应器，实现多源异质检测信息融合的多层次全方位监控及预警预报系统，提高核心装备的国产化水平，开发智能制造全场景应用示范平台，推动我国在生物制造与装备领域进入先进国家行列。

第九节　绿氢高效制备、存储、输送、利用技术

一、应用目标

发展氢能是中国21世纪能源战略的重要一环，“十四五”规划明确

了中国氢能的发展方向和战略目标。氢能利用的产业链很长，包括制氢、储氢、运输和加氢等环节。氢气按制备方式分为灰氢、蓝氢和绿氢，其中绿氢主要利用太阳能、风能等可再生能源转化为电能来电解水制取，它是最可持续、最无碳的制氢工艺。制约绿氢大规模开发应用的首要因素是制氢成本，需要突破电解制氢的关键技术与设备，其次是发展高效安全的存储和输送技术，最后是加快突破绿氢规模化应用等关键技术。发展低成本、高品质绿氢的制备技术，打破氢能“储运加”技术壁垒，加速氢能产业的大规模发展，是实现“双碳”目标的必经之路。

二、工程技术目标

到 2030 年，突破低成本电解水制氢催化剂关键技术，实现工业应用，开发生物催化制氢及光催化制氢催化剂，推动生物制氢和光催化分解水制氢等技术示范应用。

到 2040 年，可再生能源电解水制氢技术成熟，成为有效供氢主体，生物制氢和太阳能光催化分解水制氢等技术成为有效补充，可实现大规模绿氢出口。

三、关键技术攻关任务与路线

绿氢作为一种以可再生能源为驱动力通过电解水等方式生产的氢气，具有极低的碳排放，被视为未来能源体系中的重要组成部分。为了实现绿氢的大规模应用，减少过程排放，实现清洁生产，需要开发绿氢高效制备、存储、输送和利用的一系列关键技术。关键技术包括以下几个方面。

（1）研究低成本高温固体氧化物电解水制氢技术、可再生能源高效低成本制氢技术、高效制氢的新型催化剂和工艺系统、深远海风电耦合制氢技术、海上风电绿氢制备技术等。

（2）研发 70 MPa 及以上高效储氢技术及装备、基于轻质元素的高储氢新材料、氢储能关键装备和系统集成技术、大规模及长距离管道输氢技术、“光伏+氢储能”一体化技术，并探索灵便型固液储氢等新型氢储运技术。

（3）研发氢能规模化应用的安全防护技术、富氢燃料发动机技术、高性能长寿命低成本氢燃料电池系统、天然气掺氢及终端应用技术、氢燃料电池分布式热电联供技术等，提高催化剂、质子交换膜、碳纸等关键材料的可靠性、稳定性和耐久性，掌握燃料电池全链条关键核心技术，开展氢冶金、氢混燃气轮机、掺氢航空发动机、纯氢动力电池等前沿技术研究。

第十节　流程工业绿色化制造工程

一、应用目标

能源化工产业是我国国民经济的支柱和基础产业，是经济持续增长的重要支撑力量，也是我国制造业供给侧结构性改革的先行领域。进入21世纪，我国能源化工产业有了很大的发展，成功实现了从能源弱国到能源大国的历史性转变，在市场规模和历史增速上都处于全球领先地位。然而，我国能源化工产业“大而不强”的问题仍然突出，尤其体现在自主创新能力不足、生产管理效率较低方面。发展能源化工过程智能制造技术，即通过人工智能、工业互联网、大数据等现代信息技术赋能能源化工制造业，实现其绿色化低碳化、高端化高值化、数字化智能化发展，助力打造国内大循环的中心节点，构建国内国际双循环的战略枢纽，助推实现供应链现代化、产业链高端化、价值链最优化。重点突破能源化工经济，产业链、供应链、价值链协同优化，能源化工能量系统智能管控，能源化工过程智能优化调控，过程安全与环境保护等关键技术，打破以往关键技术“跟跑”“并跑”状态，使其向部分领域技术“领跑”转变，实现我国能源化工制造智能化的创新跨越，完成传统制造业的数字化转型与高质量发展，助力国家“双碳”目标的实现，为我国制造业占领国际战略制高点夯实基础。

二、工程技术目标

到2030年，在能源化工经济，产业链、供应链、价值链协同优化，能源化工能量系统智能管控，能源化工过程智能优化调控，过程安全与环境保护等关键技术领域开发出20项以上技术与产品。通过代表性企业示范应用，为能源化工相关产业创造新增长极，创造经济、社会和生态效益。

到2040年，在能源化工制造领域具有技术领先能力，在工业软件、工业智能、安全管控等领域持续取得技术突破。助力能源化工行业步入价值链中高端，基本实现能源化工制造智能化技术和产品研发、转化与应用示范体系，为我国工业经济高质量发展做出重要贡献，助力节能减排国家战略目标的达成。

三、关键技术攻关任务与路线

经过约30年的发展，智能制造技术，如先进控制、运行优化、经营决策等技术已广泛应用于石化、化工、煤化工等行业头部企业，并取得了显著的经济效益和管理效益。随着信息化技术的发展，结合企业对智能化业务提出的新需求，数字经济时代能源化工产业将聚焦以下几个方面。

（1）能源化工经济。围绕“双碳”目标，结合我国经济发展阶段的能源需求刚性特点和能源供给结构，探讨我国能源化工技术的演化路径及其替代机制。重点研究：①基于大数据分析技术、人工智能建模方法和智能优化算法，挖掘和预测我国能源市场需求端多维度的需求特征数据信息，比如区域维度、时间维度、能耗维度，从需求端分析我国能源需求的演化特征及其结构分布；②从规划层面考虑各种能源化工技术的产业整体布局（比如煤、石油、天然气、清洁能源），分析节能减排目标下，各种能源化工技术的成本、技术、配额等技术和经济特征，形成能源化工的技术和经济特征数据库，并在此技术上，从能源供给端分析我国能源化工技术的演化特征及其结构分布；③基于设计思维的视角，构建我国能源化工技术供给侧和需求侧之间的双向动态匹配和优化模型，揭示我国能源化工技术供需匹配的动态演化机制和替代路径规律。

（2）产业链、供应链、价值链协同优化。以采购—生产—运输—销售完整供应链为对象，根据能源化工产业链运行特点和效益能力，合理配置有限的能源工业原料—半成品—成品资源，提高产业链、供应链上各个环节的综合价值增益，同时降低能源化工生产、运输过程中的碳排放，在动态的社会经济环境中，使能源化工产业链内企业产生“1+1＞2”的协同效应，使创造的价值最大化和碳排放最小化，实现产业链、供应链与价值链的有效整合，既要在价值的创造过程中关注市场的动态变化，也要在价值增值既定的前提下，有效地组织生产决策，使碳排放最小化。

（3）能源化工过程智能调控。针对能源化工生产过程大多存在原料属性变化大、生产过程物料和能量耦合严重、关键质量指标波动大、生产工况变化频繁、装置适应能力差、运行瓶颈突出等问题，突破能源化工过程单元、装置、系统相互协同的全流程物质流-能量流-碳流数字孪生技术、全流程多目标多模态实时优化运行技术、基于大数据与知识融合的低碳多冲突目标动态协同优化控制技术等。

（4）过程安全与环境保护。针对能源化工过程涉及大量危险化学品，存在易燃易爆、有毒有害风险，极易引发火灾、爆炸、中毒等事故，在造成人员伤亡的同时污染空气、水体、土壤等自然环境，须重点突破危险化学品全链条智慧管控技术、重大危险源罐区安全管控技术、环境风险综合监测与预警技术。

第十一节　战略性矿产资源选冶强化分离及精深加工技术

一、应用目标

战略性矿产资源的深度开发和精细加工，在高端制造、国防安全等产业中发挥着关键作用，要突破战略性矿产资源绿色分离与选冶联合精深加工技术瓶颈，有力保障国家资源安全；实现矿业类学科“从点到面”的原始创新和融合发展，解决一批资源领域重大难题，为保障我国有色金属资源供应提供重要的技术支撑。

二、工程技术目标

到2030年，解决战略性矿产选冶新理论、共伴生多组分利用选冶专属药剂、清洁生产与绿色矿山等基础科学问题，支撑关键技术与装备的研发。

到2035年，建立战略性矿产资源绿色高效分离与精深加工技术及装备体系，在战略性矿产清洁选冶深度融合、定向富集分离、杂质深度脱除等方向取得原创性技术。

到2040年，建立紧密匹配冶金、材料工业的战略性矿产资源绿色高效分离与精深加工技术及装备体系，建立矿物加工、冶炼、材料的耦合关系，支撑矿冶行业的全面转型发展。

三、关键技术攻关任务与路线

战略性矿产资源绿色高效分离与精深加工技术体系主要包括以下几个方面。

（1）基于地球化学的战略性矿产选冶新理论与新方法。查明战略性矿产的成矿条件、关键控矿因素、赋存状态及共伴生规律，构建矿床-矿体-矿物-元素多尺度成分-结构精细厘定技术体系；研究关键金属元素在源—运—储过程的富集过程与机制，揭示不同类型战略性矿产成矿过程地球化学行为及异常富集机制；研究优势战略矿产资源矿物晶面解离与界面化学协同调控机制，为战略性矿产资源绿色高效利用提供指导；由成矿地球化学过程推演选冶物理化学过程，构建共伴生关键金属与主金属在选冶过程中的共同高效富集及分离的新理论与新方法。

（2）战略性矿产共伴生多组分利用选冶强化分离技术。针对战略性矿产中关键金属丰度低、嵌布粒度细、多以非独立矿物形式存在的特点，建立复杂矿物颗粒的多力场作用下的分离原理和调控方法，研发多力场分选设备，实现微细粒及低品位连生体矿物高效分离的精准调控；揭示关键矿物解理面多位点与浮选药剂多基团的原子分子界面组装机制，开发基于分子识别的矿物界面组装技术，形成具有高选择性的专属浮选药剂新体系，形成战略性矿产异常富集、相似元素分离纯化及应用的关键技术及装备；借鉴地球化学成矿逆过程，研发绿色清洁选冶协同提取新技术与装备，实现多组分的协同提取。

（3）战略性矿产相似元素的分离纯化与高端制备。基于关键金属材料的冶金物理化学原理，研究基因矿物加工和材料基因工程耦合的矿物—原材料—材料—高精尖产品过程适配性机制；探明复杂环境中相似元素的理化性质差异，开发痕量杂质元素高温逸出和复盐矿化高精度分离技术，实现高纯原材料晶相定向调控与功能提升技术及短流程制备高端原材料；研发“三稀”元素[①]选冶过程超净选冶、新型药剂、新型介质等颠覆性和前沿性创新技术。

（4）矿产资源低碳选冶新方法新工艺。围绕铁矿资源和多金属共伴生的含铁资源，建立含铁矿物、共伴生金属氧化物的氢还原、生物质还原基础理论及新方法，形成铁矿石氢还原短流程冶炼新工艺、多金属矿直接合金化新工艺，突破铁矿资源和复杂多金属矿的碳零排清洁利用技术；围绕低品位铜矿、金矿等以及极端环境下的金属硫化矿，选育适合资源特征的菌种，揭示微生物-矿物资源-溶液多相界面作用，阐明微生物原位绿色冶金理论体系，研发多相微界面反应的过程调控关键技术，形成微生物强化浸出技术。

（5）清洁生产与绿色矿山新理论与新技术。阐明矿山固废时空分布、资源环境属性及有价金属赋存状态与分布规律，探究源头减量技术

① “三稀”元素是稀土金属（镧系元素+钪、钇等17种）、稀有金属（铌、钽、锂、铍、锆、铪、锶、铷、铯等9种）和稀散金属（镓、锗、铟、铊、铼、镉、硒、碲等8种）的统称。

与方法，研发有价金属高效清洁分离与高值利用技术，实现多产业固废协同资源化治理集成技术。研究采选过程废水分质处理分级回收利用方法，形成矿山堆场源头抑酸-生态阻断-低耗治理的综合治理技术体系。研制长效、经济、安全的修复材料，开发基于矿山土壤特征的功能材料复配与应用技术，建立矿山闭坑修复与生态复垦技术体系。

第十二节　氢基竖炉直接还原-电炉短流程炼钢技术

一、应用目标

开展氢基竖炉直接还原流程设计与工艺创新研究，匹配富氢生产条件，提升能源与资源利用效率；实现高金属化率高碳含量直接还原铁稳定生产、清洁生产，匹配下游电炉/转炉炼钢流程；实现氢基竖炉直接还原全流程工艺匹配，提高短流程炼钢占比，优化产业结构布局。

二、工程技术目标

到 2030 年，突破氢基竖炉全流程关键技术，实现高氢碳比还原气高效制备，实现高品质直接还原铁连续稳定生产。

到 2035 年，实现工业能耗强度、二氧化碳排放强度持续下降，稳步建设中国氢基竖炉直接还原工程，进一步优化产业结构布局。

到 2040 年，在实现钢铁行业碳达峰的基础上强化实现碳中和的能力，基本建立以高效、绿色、循环、低碳为主要特征的现代富氢钢铁工业体系。

三、关键技术攻关任务与路线

开展具有全氢发展潜力的氢基竖炉工艺流程关键技术攻关，实现高品质富氢气体高效利用与高品质直接还原铁的稳定生产，同时降低资源能源消耗，减少过程排放，实现清洁生产，建立氢基竖炉直接还原流程基础理论体系与集成应用技术。关键技术包括以下四个方面。

（1）富氢气体重整调质技术。基于中国资源条件，在绿氢得到普及前，需发展基于焦炉煤气的直接还原工艺流程。焦炉煤气重整转化制备面临催化剂积碳、净化除杂等亟待突破的问题，以实现高品质富氢还原气制备。

（2）富氢还原竖炉能/质匹配技术。氢气还原的强吸热将导致竖炉内部温度场与氢气还原率变化，目前主要通过在炉身上部吹氧、供气掺混氮气、炉料热装等手段降低整体能耗，需要对富氢或纯氢条件下竖炉内部热能匹配创新突破，进一步优化供热工艺。

（3）高品质直接还原铁技术。高金属化率、高碳含量直接还原铁将大量降低电炉炼钢渣量与能耗，而富氢环境下球团矿黏结与还原行为、渗碳方式有待进一步研究与对比。

（4）全流程碳排放核算、捕集与再资源化利用技术。研发富氢直接还原工艺流程的减排工艺，同时对工艺单元环节与上下游全生命周期展开评价，建立碳排放核算标准，搭配合适的碳捕集与利用工艺。

第十三节　非常规资源多金属短流程联合冶炼技术

一、应用目标

非常规资源多金属短流程联合冶炼技术可破解冶金行业资源供应短缺、固废环境污染的瓶颈问题，支撑冶金行业可持续、绿色化发展，保障国家资源安全；实现复杂资源、危险废弃物、冶炼渣、城市矿产等非常规二次资源的低碳清洁循环利用，支撑“无废城市”“无废社会”建设，推动原生冶炼与再生行业协同转型发展。

二、工程技术目标

到 2025 年，解决多金属联合冶炼过程多金属迁移分配规律、反应调控原理等基础科学问题，支撑关键技术与装备的研发。

到 2030 年，建立铜铅锌冶炼搭配非常规资源多金属短流程联合冶炼技术与装备体系，实现原生与再生铜铅锌冶炼的协同转型发展。

到 2040 年，建立搭配非常规资源有色金属与钢铁联合冶炼技术及装备体系，建立有色金属、钢铁冶炼的耦合关系，支撑冶金行业的全面转型发展。

三、关键技术攻关任务与路线

由于与常规金属资源组成及性质上的差异，现有的冶金技术难以直接用于非常规金属资源冶炼。需要在现有冶金技术基础上进行再创新，开发将原生矿产与非常规资源等一体化利用的绿色冶金技术与装备，实现资源利用与环境保护的协调统一。总体上看，搭配非常规资源多金属短流程联合冶炼应该包括以下四个方面。

（1）搭配非常规资源过程多金属/多组分的反应行为、迁移分配规律及定向调控原理。具体包括联合冶炼过程多金属/多组分的氧化-还原反应机制、多金属迁移分配规律及定向调控原理、多金属与造渣剂的熔分反应机制及调控原理、联合冶炼过程多相多场耦合理论与数值模拟。这是技术与装备研发的前提，为技术装备的突破提供理论支撑。

（2）复杂金属富集浓缩预处理及高效分离提取。基于复杂难选冶资源组织成分性状差异大的显著特征，需发展基于新型光电解离、在线智能分类的选矿技术，同时搭配后端精细化焙烧—捕集预处理工艺，实现选冶联合一体化的富集浓缩。以有色金属冶炼为基础，以绿色全湿法工艺体系为指导，需主要通过流态化浸出、离子交换、在线循环新工艺及相关成套装备，同步消纳冶炼副产物及环境负荷。

（3）铜铅锌冶炼搭配非常规资源多金属短流程联合冶炼技术与装备。具体包括复杂物料智能配料、复杂物料富氧熔池氧化还原、铜铅锌多金属梯级分离、稀贵金属定向捕集分离等技术及多金属联合冶炼核心反应器。发展基于复杂共伴生资源选冶强化分离技术，攻克精馏提纯和电解精炼技术，实现超低品位等金属选择性高效分离，提升纯化效率，实现高纯、超高纯金属制造。

（4）搭配非常规资源有色金属与钢铁联合冶炼技术及装备体系。具体包括液态冶炼渣中有色金属低碳贫化、低碳还原熔炼铁富集与分离、尾渣全量化调质增值利用等技术及低碳还原熔炼铁富集核心反应器。聚焦复杂难选冶资源高效提取产业集群上下游全生命周期评价，开展物质循环利用与源头减量，同时适配碳捕集工艺，实现全流程环境负荷控制与再资源化利用。

第十四节　极端环境冶金技术

一、应用目标

我国传统冶金技术能耗、物耗及污染负荷居高不下，有色金属资源循环利用率（仅为30%）远低于发达国家平均水平（＞70%），面临诸多“卡脖子”问题（杨娴，2008）。极端环境冶金技术摆脱传统工艺思路束缚，可大幅提升金属提取与循环利用效率，满足金属冶炼绿色、低碳、高效、循环的发展需求，推动冶金行业优化升级，并有利于赢得新技术变革的战略主动权，奠定中国在世界金属资源竞争格局中的优势地位。

二、工程技术目标

到2025年，建立等离子体超高温、微尺度空间等临界条件下的冶炼物料转化调控技术体系，为临界技术提供重要依据。

到2030年，突破氢冶金、等离子体火法冶金、临界微流控湿法冶金等系列关键技术，实现重点金属物料的高效提取与资源循环。

到2040年，研发极端环境冶金技术工艺与装备，建立工程应用及示范项目，实现极端环境冶金技术的推广，助力冶金行业的优化升级。

三、关键技术攻关任务与路线

极端环境冶金的落脚点是借助临界或极端条件下物料的独特反应规律，突破当前冶金效率的天花板，消除传统冶金过程的污染问题，大幅提升金属资源提取与利用效率。围绕当前冶金行业的典型“卡脖子”关键问题，主要任务包括以下几个方面。

（1）突破氢等离子体冶金直接还原、熔融还原技术。传统金属冶炼工艺加热效率低、能耗高、原料成本高、污染严重。氢等离子体法拥有能量密度高的优势，可实现快速超高温反应（1×10^4 K 以上），产物绿色无污染，有望成为新一代绿色冶炼技术。重点开发温度梯度、气体成分等局部信息的监测技术，研发氢等离子体冶金成套装备并提高自动化水平，解决反应过程中水蒸气的即时脱除及大规模工程应用等难题。

（2）突破湿法冶炼微尺度流体强化反应及废渣减量技术。湿法冶炼液相反应极为复杂，难以精准控制，导致废水和废渣产生量大。在微米尺度空间（0.1—10 μm）中可精准控制液相中的反应过程，传质效率可提高 10—1000 倍，大幅提高反应效率并减少污染物的产量。重点开发微尺度流体中复杂冶金液中反应精准控制技术，研发适用冶金体系的大规模微流控装备，解决微流控技术的大规模工程应用等。

第十五节　特种冶金技术及装备

一、应用目标

针对特种冶金技术生产高端特殊钢和特种合金过程中存在的关键共性技术问题，在真空感应熔炼阶段，突破高纯度原材料制备、耐火材料优选匹配、超洁净熔炼工艺控制、合金元素精准调控及无污染浇注技术；在电渣精炼环节，着力解决非金属夹杂物高效去除、活性元素烧损抑制及成分偏析调控难题；最终通过真空电弧重熔工艺，重点攻克凝固组织缺陷控制与均匀化处理等共性技术瓶颈。形成高洁净、高均质、高端合金材料生产的特种冶金工艺理论体系和系列原创性关键共性技术，研发具有自主知识产权的高端特种冶金装备，建立数据驱动机器学习的智能化特种冶金模型，并在工业现场试验中得到应用。

二、工程技术目标

到 2030 年，突破高端特殊钢特种冶金全流程关键共性技术，实现大部分高端特殊钢和高温合金品种的批量稳定生产，产品质量和性能基本满足高端装备的需要，完成全容量级别的电渣重熔炉、6 t 及以下真空感应炉和真空自耗炉的设备研制。

到 2035 年，特种冶金流程进一步优化，将转炉/电弧炉—真空炉外精炼—连铸流程代替真空感应炉生产电极坯料，与后部电渣重熔或真空自耗电弧重熔工序相结合生产高端特殊钢和特种合金，实现流程的高效化和低成本化。特种冶金产品的质量和性能达到国外进口实物水平，完全满足下游高端装备制造对材料的要求；完成 12—30 t 级真空感应炉和真空自耗炉的设备研制，完成小型真空凝壳炉、冷坩埚熔炼炉、电子束和等离子重熔炉的研制。

到 2040 年，实现我国特种冶金装备、工艺和产品的完全自主可控，流程效率和成本水平、产品质量达到国际一流水平，特种冶金装备实现所有炉种的全覆盖，形成完整的特种冶金生产的技术体系，为我国重大工程和重大装备建设所需的高端精品特殊钢生产提供有力支撑。

三、关键技术攻关任务与路线

围绕高端精品特殊钢制备的特种冶金工艺和装备，攻克制约高端金属材料制备的关键共性技术和高端装备设计制造技术，建立机理与数据驱动机器学习相融合的智能化模型，促进我国重大工程和重大装备用高端精品特殊钢生产技术的跨越式发展。

1. VIM 中间合金原材料提纯技术

针对不同产品的钢种和合金成分要求，设计出纯净中间合金作为适合于真空感应炉熔炼（vacuum induction furnace melting，VIM）的原材料，以优质低碳废钢或纯净直接还原铁（direct reduced iron，DRI）、铁合金为原料，采用电弧炉-钢包炉-真空脱气（electric arc furnace-ladle furnace-vacuum degassing，EAF-LF-VD）工艺生产纯净中间合金，解决VIM加入的铁合金杂质超标的问题，同时解决VIM因采用超纯金属原料而导致生产成本过高的问题。研究中间合金生产过程中耐火材料、造渣材料和金属原料对中间合金洁净度的影响规律，以及杂质元素控制和去除技术，开发VIM用中间合金原料的提纯技术。

2. VIM 超纯熔炼工艺理论及关键技术研究

针对所研究合金的成分特点，通过理论计算、数学模拟、实验室小试、中试和工业试验，研究坩埚材质及其中的杂质对真空熔炼过程洁净度的影响机理和规律，研究VIM过程中超低含量下气体、杂质元素和微米级非金属夹杂物有效去除的物理化学原理，开展真空感应熔炼过程中低氧位耐火材料、高真空超高温熔炼、合金化、脱氧脱硫剂（稀土金属、稀土镁合金、镍镁合金和镍镁钼合金）、脱氧脱硫工艺、中间包冶金（浇注流槽）、陶瓷过滤器及浇注工艺等因素对铸锭纯净度的系统研究，系统掌握真空熔炼过程中高洁净度控制关键技术。

3. 洁净化和均质化电渣重熔关键技术

通过数值模拟和试验，研究电渣重熔过程中渣系、炉内气氛、填充比、供电制度及脱氧制度等对铸锭气体含量和洁净度、偏析及凝固质量的影响规律，开发专用电渣品种系列预熔渣、自耗电极制备技术，高温合金Al、Ti等易氧化元素烧损控制技术，全密闭保护气氛电渣炉氧含量在线检测与控制技术，自耗电极插入深度精确控制技术，全密闭条件下自耗电极精确称量和熔化速度控制技术，基于专家系统全工艺参数控制模型的智能控制系统，基于“超快冷”和导电结晶器技术的浅平熔池控制技术，全面掌握电渣重熔铸锭洁净度、元素偏析及凝固组织控制的关键技术。

4. VAR 过程铸锭质量控制的关键技术

建立真空电弧重熔（vacuum arc remelting，VAR）过程电磁场、流场、温度场和浓度场耦合的数学模型，研究 VAR 过程工艺参数对电极、金属熔池、凝固速率、局部凝固时间、冷却强度等对凝固偏析和凝固缺陷形成的影响规律，揭示 VAR 过程中黑斑、白斑、径向偏析和环状偏析等凝固缺陷的形成机制，重点解决高温合金熔炼过程中的熔滴短路控制技术，实现对凝固缺陷的控制，全面提升高温合金和超高强度钢等铸锭的洁净度和凝固质量。

5. 构建基于数据驱动机器学习特种冶金工艺智能化模型，设计研制大型高端特种冶金装备

基于上述基础理论研究，以 VIM、电渣重熔（electro-slag remelting，ESR）、VAR 基本工艺和工业生产典型炉型的生产数据为基础，建立特种冶金流程各工艺的机理与数据驱动机器学习智能化模型，建立智能化的特种冶金生产体系，实现大型真空感应炉、电渣炉、真空自耗炉以及其他特种冶金装备的完全国产化设计和制造，满足我国重大工程和重大装备建设对高端精品特殊钢生产技术和装备的急需。

第十六节　降碳增效高炉炼铁智慧生产技术

一、应用目标

降碳增效高炉炼铁工艺智慧生产的主要应用目标是实现钢铁行业的绿色低碳转型。通过技术创新和工艺改进，旨在降低高炉炼铁过程中的碳排放，提高能源利用效率，同时增加钢铁生产的效益。该工程的应用目标是促进钢铁行业向低碳、高效、可持续的方向发展，逐步减少碳

排放，实现更加环保和可持续的生产模式。

二、工程技术目标

到 2030 年，形成高炉清洁燃料高效喷吹机理、高炉综合炉料优化等基础理论及方法，支撑关键技术与装备的研发。

到 2035 年，建立极致减碳降本增效工艺联合高炉炼铁技术与装备体系，实现传统高炉降本增效与低碳转型协同发展。

到 2040 年，建立基于能量与物质流的碳排放精准核算与碳捕集回收利用的钢铁联合冶炼技术及装备体系，结合大数据与智能化控制，实现钢铁冶炼的低碳智慧生产，支撑冶金行业的全面转型发展。

三、关键技术攻关任务与路线

为实现低碳、高效、可持续的发展，高炉炼铁工艺的降碳增效研究成为关键方向。此过程涉及多项关键技术攻关，包括优化喷吹工艺、研发清洁能源应用、综合炉料优化等。同时，建立精准碳排放核算和开发碳捕集回收利用技术至关重要。通过科技创新与智能化控制，钢铁行业可实现低碳智慧生产，为全球环保和应对气候变化贡献力量。总体上看，降碳增效高炉炼铁工艺智慧生产应该包括以下四个方面。

（1）搭配多种清洁能源的高炉喷吹过程中的反应行为、燃烧特性与工艺参数调控原理。具体包括：研究不同清洁燃料（生物质、天然气、富氢气体等）的燃烧特性及喷吹参数优化；开发高效喷吹技术，实现清洁燃料在高炉中的稳定燃烧和高利用率；建立多相流动、热传导等相关数值模拟模型，预测喷吹过程中的能量转化情况。这是技术与装备研发的前提，为技术装备突破提供理论支撑。

（2）基于不同炉料交互作用机理的高炉综合炉料优化技术。具体包括：揭示综合炉料间的界面交互行为，准确分析不同综合炉料结构下界面之间的交互反应，深入解析界面微观矿物学特性以及多元复杂固液体系热力学规律，全面把握影响综合炉料透气性的核心本质因素；解析高炉综合含铁炉料烧结矿与球团矿在高温条件下从软化开始到初渣形成的软熔历程；深入研究不同炉料之间的相互作用，系统性地确定适宜的炉料结构，达到高炉冶炼条件的最优化。

（3）极致减碳降本增效工艺联合高炉炼铁技术与装备体系。具体包括：基于地域资源禀赋的铁矿石低碳高效烧结技术与装备研发；搭配多种清洁能源的高炉喷吹能效评估及优化控制系统；高炉安全长寿机理研究；操作优化与新型冷却器、耐火材料研发评估；煤气安全风险防控在线监测与溯源调控软件系统。

（4）碳排放精准核算与碳捕集回收利用的钢铁联合冶炼技术与装备体系。具体包括：研究高炉炼铁过程中碳排放的全流程监测与数据采集方法，建立精确的碳排放核算模型；研究高炉炼铁过程中产生的二氧化碳的捕集、回收和转化技术，实现碳减排与资源循环利用；开发钢铁联合冶炼的低碳智慧生产控制系统，建立自动化控制和优化模型，实现冶炼过程能量物质流的精确控制。

第十七节　冶金智能化技术及装备

一、应用目标

冶金智能化技术与装备的目标是在现有冶金先进生产工艺基础上，充分融合工业大数据和机理知识，通过云计算、新一代网络通信、虚拟现实及数字孪生等技术，构建智能自主控制与决策的系统及装备，提升企业在生产管控和安全环保等方面的技术水平，实现智能化、绿色化与高效化生产。

二、工程技术目标

到 2030 年，基本解决金属生产管控中面临的挑战性难题，攻克智能感知、智能控制、智能决策等关键技术，开发用于主要金属生产的虚拟制造系统、安全评估与自优化系统、智能云服务平台与相关装备，并在大型冶金企业进行相关理论方法及技术验证。

到2040年，建立涵盖感知、协同、决策、诊断、可视化的智能优化制造服务体系与装备，取得明显成效；形成具有世界领先水平的冶金智能制造科学理论和技术装备平台，针对具有自主知识产权的关键技术和重要产品，形成相关高技术与装备制造产业链。

三、关键技术攻关任务与路线

面向冶金绿色发展需求，针对冶金过程高温、强磁、大电流、强腐蚀等特点与难度，通过将冶金先进制造与新一代人工智能技术深度融合，研制与推广具有自主知识产权的冶金智能自主控制系统、全流程智能协同优化控制系统、智能优化决策系统、智能安全监控与自优化系统和虚拟制造系统，取得一批重大标志性成果及可推广的通用型设备，实现冶金工业智能优化制造的快速发展，依托流程型智能工厂组织实施智能制造试点示范，鼓励钢铁、铝加工、铜加工、锌加工等典型冶金企业与智能装备制造商、智能技术供应商合作，形成智能制造系统解决方案并联合实施，形成可复制、可推广的经验与模式，促进核心智能装备、关键智能平台、系统集成服务等智能制造供给能力持续提升，关键技术包括以下几个方面。

（1）极端恶劣条件下的金属生产过程智能感知。具体包括针对极端恶劣的冶金运行工艺环境下的参数在线检测分析技术，冶金料液多金属离子快速检测技术与装置，数据驱动的关键参数软测量技术，环境敏感因子的动态迁移监控技术等。

（2）多源复杂数据与知识融合的金属生产工况分析与评估。具体包括数据与知识融合的典型工况智能识别与趋势分析技术，临界条件下关键工序运行风险评估技术，生产过程异常工况诊断与调控技术，面向行业领域的知识自动化服务技术和大数据分析服务技术等。

（3）虚拟冶金与冶金过程可视化。具体包括冶金反应过程多相流数值仿真技术，多场耦合的数值模拟与计算技术，冶金过程物质能量转化的多尺度关联建模技术，虚拟冶金全流程可视化技术等。

（4）金属生产全流程智能优化制造技术。具体包括工况智能分析的精细化控制技术，高价值新材料生产的多目标智能优化操作技术，全流程智能协调优化控制技术，价值驱动的金属制造流程智慧决策与资源优化配置技术等。

（5）金属全产业链绿色生产技术。具体包括原料组分、生产条件与有害元素产排量的定量建模技术，目标元素最大转化与污染成因溯源抑制技术，金属废料跨流程循环资源化技术，敏感元素全流程定向富集分布调控技术，金属冶炼污染物环境风险预警技术，污染物代谢模拟与环境影响评估技术，冶金工业园区环境智慧化管控技术等。

（6）金属生产工业机器人。具体包括面向恶劣环境的特种机器人技术，复杂场景多维感知与理解技术，具有灵巧作业能力的多臂操作机器人技术，跨场景、多任务机器人的协同作业技术等。

第十八节　冶金过程物理化学解析及信息化工业管控软件

一、应用目标

中国冶金领域工业软件极度匮乏、受制于人，极大影响冶金工业的自主发展、转型升级和国家工业及金属资源的安全保障。须加快系统布局，开发冶金过程多尺度物理化学解析软件、面向金属冶炼全生命周期核心软件、智能工厂技术与系统软件、产业协同平台软件等，实现冶金过程基础计算软件及冶金工业管控核心软件自主可控，基于工业互联网的信息化分析与管控工业软件生态逐渐形成，推动冶金产业生产模型、产业形态和价值链的重塑，实现“产、供、销、管、控”的智慧决策和集成优化。

二、工程技术目标

到2030年，研发热力学与动力学、计算流体力学、结构力学、组织演变等基础计算软件，构建冶金过程工业软件框架；以钢铁、铝加工、铜加工、锌加工等典型金属冶炼产业为代表，构建面向冶金物理化学过程及工业生产全过程的信息化管控软件典型应用场景，开发典型冶金工业全生命周期核心软件、智能工厂技术与系统软件、产业协同平台软件，并在大型钢铁、有色金属龙头企业开展应用验证和示范工作。

到2040年，形成面向冶金多相多场多反应耦合复杂体系的自主版权工业软件群，实现单体冶金反应器和整体冶金流程物理与化学现象的高效准确解析，建立软件-生产之间指导与反馈良性关系；建立具备自主知识产权的冶金过程物理化学解析及信息化工业管控软件体系，并初步形成软件二次开发、移植应用的生态链；在冶金行业进行推广应用，取得明显工程成效。

三、关键技术攻关任务与路线

针对国家资源安全保障、制造强国建设和“双碳”目标实现等的需求，围绕冶金过程多尺度物理化学变化解析、工业生产全过程信息化管控等，推动冶金过程软件体系从“局部粗放”向“全局精细”转变，掌握自主版权。立足冶金多相多场复杂反应体系解析及金属生产过程精细化、全流程智能管控的目标，重点突破冶金过程复杂体系基础计算软件、面向冶金全生命周期的核心软件、智能工厂技术与系统软件、产业协同平台软件等，并对钢铁生产、有色冶金过程和装备开展应用验证，为冶金生产过程低碳、高效、智能化运行提供通用的软件与平台支撑。关键技术包括以下几个方面。

（1）冶金过程多相多场耦合通用软件。针对冶金过程的高温、强磁、大电流及强腐蚀等特点，开发冶金过程热力学、动力学及流体力学等基础软件，研究单体冶金反应器和整体冶金流程的精准动态解析，形成面向冶金过程多相多场多反应耦合仿真软件平台；构建金属选冶单元“装备-工序-流程”多维度解析表征方法等。

（2）冶金过程全生命周期核心软件。针对金属全生命周期长、赋存形态复杂的特点，研究面向碳达峰碳中和的能源价值链管控、面向资源循环回收的物质流管控、面向清洁冶炼的污染物管控等平台，为冶金的生命周期管控、资源能源优化及污染物防治提供支撑。

（3）冶金过程先进控制与优化技术及工业软件平台。研究机理、数据与知识联合驱动的冶金过程先进控制和协同优化方法，建立标准化、松耦合、易复用的机理、算法和知识库；研究面向冶金动态多变场景的优化控制适应性适配方法，建立语义关联的自动适配与迭代增强机制；研究低代码和模块化的工业软件开发技术，建立面向金属生产过程先进控制与优化的工业软件平台。

（4）典型金属生产流程优化控制系统与应用示范。研发金属生产流程先进工艺控制、过程运行优化和碳数据管控等应用系统及其自适应部署技术；在典型金属生产企业开展应用验证示范工作，实现钢铁、铜、铝、锌、镁等金属生产过程的低碳高效优质运行。

第十九节　水泥及水泥基材料关键技术

一、水泥熟料新型循环悬浮煅烧技术

研发新一代水泥熟料煅烧工艺，研究循环悬浮状态下不同温度区物料的反应变化历程、热动力学过程以及循环煅烧系统的构建与数值模拟；研制新型反应器、高压高效大流量供风系统装备，粒度控制与快速冷却技术装备。

二、低碳零碳水泥技术

研发低钙高胶凝性水泥熟料技术、水泥窑燃料替代技术、少熟料水

泥生产技术、水泥窑富氧燃烧技术、分布式太阳能/风能利用技术。

三、超高性能混凝土制备与应用技术

研究有效抑制超高性能混凝土（ultra-high performance concrete，UHPC）自收缩及减少温度收缩的工艺技术；创新UHPC建筑设计与结构设计，提升模型制造、现场浇筑装备、成形养护、快速维修加固材料和施工技术水平。

四、低碳混凝土制备技术

发展科学智能的混凝土配制技术，通过有效利用机制砂石骨料和经净化处理的工业固废提升混凝土颗粒堆积体密实度，实现各强度等级混凝土的单方水泥用量与碳排放因子均降低25%左右。

五、装配式建筑用轻质绿色部品材料制备技术

研究新型低碳环保、轻质高强、高效保温隔热、装配式装修等建筑材料及其部品部件制备技术，设计工厂化制造、可折叠拆装、内部空间可变换、可重复使用、便于运输的折叠式建筑。

第二十节　玻璃新材料关键技术

一、玻璃新材料基因组体系应用开发技术

基于研发材料高效计算方法、高通量制备与表征技术、材料服役行为高效评价技术、材料数据库、大数据技术及智能设计技术，对玻璃优化算法进行整合发展并将其程式化，集成逆向的、面向工程应用的设计软件技术，实现材料研发周期缩短一半、研发成本降低一半的突破。

二、精密加工技术

突破玻璃膜系设计关键，提高镀膜产品光学性能及膜层均匀性、稳定性、耐磨性和牢固度，发展高性能镀膜设备、高密度靶材，开发工业大面积物理气相沉积镀膜技术。实现小于 2 mm 薄玻璃物理钢化、薄玻璃激光切割、复合功能膜等加工技术。

三、基/盖板玻璃制备技术

突破高世代（10.5 及以上）基/盖板玻璃制备技术与装备，实现多场耦合、高精密调控超宽板成形与退火技术。攻克大面积高表观质量基/盖板玻璃研磨加工技术、装备，并开发配套抛光材料。

四、柔性玻璃制备技术

实现柔性超薄玻璃在柔韧性、抗冲击性、卷对卷（roll-to-roll，R2R）制程上的突破，攻克一次成形工艺制备柔性平板玻璃关键技术和装备。

五、飞机风挡玻璃制备技术

攻克航空玻璃原片制备、玻璃增强及层合、玻璃电加温等飞机前风挡玻璃制备关键技术及装备。

第二十一节　智能建材制造技术

将人工智能技术与建材制造工艺技术深度融合，重点开发具备自适应控制、智能感知、智慧决策、深度学习等能力的技术和装备，集成生产过程中涉及的智能化生产设备、智能控制系统、专家优化系统、质量优化系统等装备，实现对设备、工艺、质量控制、物流等全流程的业务管理和智能分析，将工厂的管控与生产形成闭环，实现工厂全生命周期的运维，最终完成智能化生产。

一、系统协同技术

利用信息物理系统，纵向实现智能生产系统整合与网络化，横向实现价值链的整合与网络化。通过 MES、ERP、数据采集与监控系统（supervisory control and data acquisition，SCADA）与生产现场各类实时数据库、分散控制系统（distributed control system，DCS）、可编程序逻辑控制器（programmable logic controller，PLC）、仪器仪表、关键设备数据对接，完成各类数据的上传下达，有效集成生产过程信息，形成生产过程控制、生产过程管理和经营管理一体化的综合管控平台。实现业务管理层与生产现场的信息互通和数据共享，实现生产过程的实时信息监控和调度，实现全方位的生产控制及管理。

二、协同优化控制技术

围绕建材生产系统各子系统中复杂的多因素非线性时变滞后的特征，开展各子系统的动态优化控制模型研究和程序化应用研究；结合建材生产系统的协同优化控制需求，研发动态优化控制系列模型、算法和协同优化控制机制，编制智能化控制程序，实现智能化的控制。

三、3D 监控智能识别技术

开发具备 AI 智能分析功能的视频监控系统，在检测区域进行人员安全装备佩戴检测、实时烟火检测、易漏部位检测漏料，实时分析报警，报警结果实时反馈到三维可视化智能管控平台，通过数字仪表盘功能实现显示和报警。

四、智能制造系统安全技术

智能制造系统涉及高度网络化系统结构，需要将大量的有关人、信息技术系统、自动化元件和机器信息纳入其中。广泛的网络和潜在的第三方访问至少意味着一系列全新的安全问题呈现在智能制造系统中。

五、产品生命周期管理技术

产品生命周期管理（product lifecycle management，PLM）以产品为中心，支持产品开发、生产和维护的全过程，并持续不断地提升创新能力。PLM为产品全生命周期的每一个阶段都提供数字化工具，同时提供信息协同平台，集成使用数字化工具，协调产品研发、制造、销售及售后服务的全过程，缩短产品的研发周期、促进产品的柔性制造、全面提升企业产品的市场竞争力。

第二十二节　智能安全管控技术

一、应用目标

安全生产关系到企业的生存和发展，也关系到人民群众的生命财产安全。流程制造业涵盖石油化工、钢铁、冶金、建材、电力等众多国民经济基础领域，各个行业特点鲜明，安全风险互有差异。为了实现安全生产，在安全管理层面，我国全面建立了党政同责、一岗双责、齐抓共管、失职追责的安全生产责任体系，并针对危险化学品、矿山、消防、交通运输、城市建设、工业园区、危险废弃物等为重点的安全生产领域开展专项整治。在技术层面，对于危险化学品、煤矿等重点行业领域，安全生产风险监测预警系统仍需要不断完善，安全生产风险分级管控和隐患排查治理双重预防工作机制也需要完善并落实。

到2030年，防范化解重大安全风险体制机制不断健全，重大安全风险防控能力大幅提升，安全生产形势趋稳向好，生产安全事故总量持续下降，危险化学品、矿山、消防、交通运输、建筑施工等重点领域重特大事故得到有效遏制，经济社会发展安全保障更加有力，人民群众安全感明显增强。

到2040年，安全生产治理体系和治理能力现代化基本实现，安全生产保障能力显著增强，全民安全文明素质全面提升，人民群众安全感更加充实，更有保障，更可持续。安全管控生产是横跨工程技术与管理两个领域的系统工程。为了加强全国安全生产相关专业标准化技术委员会的建设，健全以强制性标准为主体、推荐性标准为补充的安全生产标准体系，构建"排查有标可量、执法有标可依、救援有标可循"的安全生产标准化工作格局。国家将安全风险监测预警、有限空间作业安全、化工过程安全、精细化工反应风险评估、硝酸铵安全、海洋石油天然气开采安全、页岩气开采作业、烟花爆竹工程设计与作业安全、安全生产应急救援等作为安全生产标准重点制定方向。同时，区别以往的静态安全管理，"十四五"规划推动安全生产深度融入"平安中国""智慧城市""城市更新"建设，强化安全风险动态监测、预警、识别、评估和处置。推进各行业领域安全生产风险监测预警系统建设，构建重大安全风险防控的全生命周期管理模式。开展智能化作业和危险岗位的机器人替代，实施安全风险综合防范工程，有序推进智能化试点，在关键风险位置实施机器人替代示范。推动5G、物联网、大数据、人工智能等技术与安全生产风险防控的深度融合，实施智能化工厂、数字化车间、网络化平台项目试点。在危险化学品领域，通过"工业互联网+危化安全生产"工程，推动危险化学品安全数字化智能化转型。开展深化精细化工企业反应、大型油气储存场所安全风险评估。

二、工程技术目标

到2030年，发展基础材料工业生产过程动态安全监控与预警技术，实现危险化学品全生命周期智能监管，实现重大危险源动态风险监控与预警，突破流程制造重点行业作业过程安全智慧监控与预警，实现从工艺、危险源到人员行为的全过程智能监控与辅助安全管控。

到2040年，研发整合流程制造各个安全防护层与主动防护手段的综合安全风险监测与辅助决策系统，推动过程控制、安全泄放、安全仪表等多个子系统的智能协同防护技术开发，推动信息技术、智能技术在过程异常感知、风险监测预警、工艺控制恢复等多个层面的集成与联动，实现安全生产的智能化、体系化管控。

三、关键技术攻关任务与路线

（1）针对基础材料工业流程长、风险来源众多的问题，开展基础材料工业生产过程动态安全监控与预警技术研发，推动工艺模型、过程动态模拟、异常识别与诊断在石化、有色金属、钢铁等多种流程制造行业的技术研发与工程应用。

（2）针对危险化学品全生命周期流程长、信息来源多样、风险隐患辨识困难等问题，结合人工智能技术的最新进展，从多领域跨媒体知识融合，语言模型辅助安全分析等方面推进危险全生命周期的信息集成、知识融合与风险辅助决策，提升危险化学品安全管控能力。

（3）针对重大危险源风险影响因素众多，一旦发生事故，后果便会较严重等特点，开展重大危险源装备、仪表、操作运行等多因素融合的动态风险分析方法的研发与应用，着重突破自动化、智能化的事件网络分析，以及场景可能性分析技术，构建风险随时间变化的分析与评价体系。

（4）针对流程制造过程广泛存在的人为因素造成事故的特点，综合计算机视觉、跨媒体人工智能、大模型等人工智能前沿科技，与安全作业规范、事故致因理论等相结合，构建人工智能驱动的现场作业安全监测与预警系统，构建对应流程制造各个领域的场景库、模型库和算法库，并开展应用示范，从管理流程和技术两个层面降低人因事故的风险。

（5）针对流程制造行业安全防护层相互独立，缺乏协同机制，容易造成非计划停车等问题，研发过程监控、动态风险分析与跨保护层协同防控的技术和应用体系。实现在确保安全的前提下，综合应用多种主动、被动防护手段，提升企业工艺平稳性和生产安全性。

第八章　基础材料工业领域工程科技需求牵引的基础研究方向建议

第一节　物质转化过程智能调控机制基础研究

石油、化工、钢铁、有色金属、建材等行业是典型的物质转化制造工业，通过包含物理和化学反应、气-液-固多相共存、连续化的复杂物质转化过程，为国家经济和民生相关的各个行业提供原材料，是国民经济的支柱产业。虽然我国在物质转化制造方面门类最全、规模最大，但是我国物质转化制造工业总体制造效能与国际先进水平仍存在差距，资源、能源与环保的约束，以及物质转化过程的系统复杂性，对优化调控提升其运行效能带来更大挑战。在物质转化制造工业中，原料属性频繁变化与波动使得连续运行过程呈现时域/空间域的多模态，其多相多组分物质转化过程机理表征与非平稳过程调控存在困难；并且，工业装置的大型化影响其反应/传递特性改变，非均一性与强耦合使得系统行为特性描述与调控更加困难；此外，物质转化制造过程在开放环境与强约束条件下，面向经济性、稳定性和可控性的多目标调控存在挑战。近年来，物质转化制造过程的智能调控受到了国内外学术界和工业界的高度关注和重视。各国政府联合学术界、工业界纷纷推出了智能制造的战略计划，如美国智能流程制造（Smart Process Manufacturing，SPM）、德国“工业 4.0”等。由此可见，我国物质转化制造工业在“新工业革命”背景下面临巨大的国际竞争压力和挑战，开展物质转化制造过程智能调控机制基础研究是在技术基础源头占领国际制高点的必然举措，对我国从原来的“跟跑”“并跑”到创新引领下一代物质转化制造过程优化调控技术的发展意义深远。

主要研究方向：物质转化过程行为特性表征与认知；制造过程多目标自主协同调控机制、制造系统跨层人机物融合智能决策、物质转化过程全流程建模与数字孪生、面向安全、环保、效益、质量的多目标协同优化控制、计划调度集成与资源能源优化配置。

第二节　能/质高效清洁利用基础研究

我国工业能源消费量占全社会能源消费总量的65%左右，其中化工、冶金、建材、能源等行业能耗占我国工业总能耗的70%以上（李芃达，2022）。基础材料工业生产从原料到产品要经过多个物理与化学加工过程，这些过程通过物质流、能量流和信息流相互耦合，构成一个有机的多层次、多功能的复杂过程系统。基础材料工业系统的整体评价包括物质的转化效率和能量的利用效率，系统的安全性、稳定性、可控性与可操作性等，这些行为直接体现在过程的物耗、能耗、资源利用效率以及废物排放等方面。在“双碳”目标下，实现基础材料工业能量流、物质流的高效清洁利用，提升能源资源利用的能量效率、物质效率、环境效益、生态效益、经济效益和社会效益等多目标的优化，有助于减少化石能源使用，从源头减少二氧化碳排放。

主要研究方向：物质转化过程机理与系统行为关系；多过程能/质耦合的流程结构与系统效能关系；系统整体行为的智能调控和集成优化机制；系统行为特征、流程结构与参数，及其对生产过程物耗、能耗和废物排放的影响规律；物质与能量高效利用的集成优化理论方法和关键技术与应用示范。

第三节　材料基因组基础研究

材料基因组技术是材料研发的颠覆性前沿技术，它将对材料研发模式产生革命性的变革，全面加速材料从设计到工程化应用的进程，大幅度提升新材料的研发效率，缩短研发周期，降低研发成本，促进工程化应用。我国新材料技术仍处于跟随和模仿状态，缺乏自主创新和核心技术，且存在“两头在外”的现象，即新材料的研发与应用都依赖于国外的技术和市场。面向基础材料工业，亟须开展化工新材料（功能高分子、工程塑料、有机硅、有机氟、高性能纤维等）、冶金材料（高强度钢、高温合金等）和建筑材料（玻璃等）等高端材料的基因组基础研究，加快高端材料的研发周期，推动基础材料工业领域前沿共性关键技术、前沿新材料的研究和发展，促进材料基因组基础研究新理念和新方法的形成和发展，推动新材料科技前沿技术发展。此外，基于全生命周期的绿色评价技术是支撑基础材料工业绿色发展的共性关键技术之一，是推动基础材料工业高质量发展的重要评价手段，是基础材料工业领域“强化产品全生命周期绿色管理，支持企业推行绿色设计”①的重要支撑，材料生命周期工程是实现可持续发展目标的关键途径。

主要研究方向：材料跨尺度建模与设计、材料智能化自主计算与设计；材料的设计与形成路径；材料高通量快速表征与评价技术；构建材料数据库、大数据技术与人工智能物质转化过程全流程建模与数字孪生；建立材料结构、性质、制备的智能化抽取、收集、处理平台，构建材料信息库；建立材料多尺度模拟，为材料的设计与制备提供方法；基于大数据和人工智能的高效重构算法对材料三维结构进行研究；化工、冶金和玻璃等材料基因工程基础理论与关键技术研究；材料生命周期评价理论与方法；材料生命周期系统优化技术；材料生命周期工程的工艺

① 工业绿色发展规划（2016—2020年）.（2017-06-21）[2024-12-10]. https://www.ndrc.gov.cn/fggz/fzzlgh/gjjzxgh/201706/t20170621_1196817.html.

规划、绿色制造与清洁生产技术；材料生命周期工程中的再制造；重用及回收技术。

第四节　化工过程强化技术基础研究

化工过程强化技术是通过显著提升化学过程中的混合、传递或反应过程速率和系统协调性，缩减设备规模，精简工艺流程与装置配置，从而实现单位能耗、废弃物、副产物大幅削减的新型化工技术。以节能、降耗、环保、集约化为目标的化工过程强化技术，是可望解决化学工业“高能耗、高污染和高物耗”问题的最有效技术手段之一，被列为当前化学工程优先发展的三大领域之一。通过过程强化技术开发新型、高效的生产工艺，或对传统工艺进行改造和升级，使过程的能耗、物耗和废弃物排放大幅度减少，这必将从根本上变革化学工业的面貌。

主要研究方向：超重力技术理论与基础；超重力环境下的流体力学、混合与传递过程规律；超重力装备设计原理；膜耦合过程的协调机理；膜耦合强化基础理论；微化工过程的纳尺度现象与调控机制、流体特征尺度和界面效应及其动力学特性；模块化微化工装备的构建原理、模型、先进制造技术与集成化设计方法；微型化工厂关键设备以及集成设计理论和基础；磁稳定床传热、传质理论与基础；磁稳定床装备设计原理；等离子液体过程强化基础研究；超临界热力学、传质动力学的基础与应用研究；微波强化技术基础与应用研究。

第五节　矿产资源绿色选冶基础研究

随着全球产业结构调整和以高新技术为主要标志的战略性新兴产业的快速发展，世界主要国家对战略性矿产资源的需求迅猛增长，大国博弈的核心逐渐演变成矿产资源及其控制权的争夺。当前我国的战略性矿产安全形势十分严峻，一方面，大多数紧缺矿种对外依存度居高不下，与此同时，我国传统优势矿产的资源优势正在不断减弱；另一方面，发达国家在战略性矿产高值化利用方面优势明显，我国大量关键金属产品高度依赖进口。针对国家战略性矿产资源的重大战略需求，亟须瞄准战略性矿产资源开发利用的重大科学问题与技术难题，在绿色开发、高效利用、深度加工利用等方面取得理论突破，攻克一批重大核心共性关键技术，构建高水平技术支撑体系。突破战略性矿产资源开发瓶颈，提升国防建设与经济发展所需战略性矿产资源的技术保障能力，构建高质量资源保障体系。

主要研究方向：基于地球化学的战略性矿产选冶新理论与新方法；战略性矿产共伴生多组分利用选冶专属药剂设计原理和方法；低品位铜铅锌矿工艺矿物学与表面重构、铜铅锌氧化矿物强化硫化浮选、氧硫混合矿协同浮选理论；基于矿石性质差异性的浮选调控原理；清洁生产与绿色矿山新理论；战略金属协同提取与精准分离原创理论、技术与装备；高纯/超高纯锗、铟、硒等金属产品的制备；战略金属提取分离过程中危废渣药剂固化、火法固化等无害化处置工艺与装备；矿产金属资源的高效选冶强化分离及高值化利用原创性理论与方法的建立。

第六节　低碳绿色智能冶金基础研究

冶金工业是支撑中国制造强国建设的关键金属材料产业，同时也是高碳排放行业，减污降碳任务艰巨。然而随着冶金工业的长期发展，金属矿石精矿量不断减少、品位不断下降、资源逐步匮乏，冶炼工艺难度急剧提升；而且冶金工业高度依赖化石能源且利用效率低，导致冶炼过程资源流失、能源消耗和碳/污染物排放等问题日益严重。随着国家节能减排战略政策的提出，低碳绿色已经成为冶金工业发展的主命题。针对钢铁、有色金属等冶金工业领域，我们迫切需要研究建立氢冶金、短流程低碳冶金及非常规资源冶金等新技术基础理论及方法，提高能源利用效率，推动复杂矿产及废钢、冶炼渣、城市矿产等非常规资源的低碳清洁冶炼及循环利用，破解冶金行业资源、能源及环境瓶颈问题，提升冶金产业链低碳化、绿色化制造水平，以保障国家金属产业链持续发展并支撑国家“双碳”目标的实现。

主要研究方向：富氢冶金过程物理化学模型及反应器优化，氢冶金工艺流程开发与综合调控机制；高炉清洁燃料喷吹高效冶炼机理；高炉喷煤性价比评价与优化搭配；铁矿石超厚料层烧结降耗减碳机制；高炉高比例球团高效冶炼机理；高炉安全长寿分析评价与数值仿真；联合冶炼过程多金属/多组分的氧化-还原反应机制；多金属迁移分配规律及定向调控原理；联合冶炼过程多相多场耦合理论与数值模拟；全数字化与智能化大型冶金反应器-冶炼工厂基础理论与关键技术研究；材料跨尺度建模与设计、材料智能化自主计算与设计；形成低碳甚至零碳冶炼工艺与反应器设计制造的新理论与技术。

第七节　特种冶金基础研究

高端特殊钢及合金、有色金属（包括主金属铜铅锌、半导体金属砷锗铟及能源金属铜镍钴等）等是国家重大工程和重大装备不可或缺的关键金属原材料。中国是全球钢铁、半导体及能源等金属的第一生产和消费大国，但一直面临着金属资源短缺、高端产品不足、严重依赖进口的“卡脖子”难题。由于冶金过程金属元素和化合物种类众多，且金属物相反应庞杂，我国传统冶炼工艺效率低，产品品质差，尤其是高端产品少，不符合日益增长的国家战略发展对金属或合金产品的纯度、品质、尺寸及偏析等要求。因此，传统冶金技术须加快技术革新，摆脱传统工艺思路束缚，发展特种冶金及极端环境下的冶金新工艺，构建关键金属资源的高效提取与循环再生新方法，突破目标金属冶金过程金属高效提取、痕量杂质去除、形态尺寸精准调控等关键理论与技术，摆脱长期以来西方发达国家相关产品和技术对我国的垄断、限制或封锁，实现冶金科技自立自强。

主要研究方向：研究真空感应熔炼、电渣重熔及VAR等特种冶金过程中物理化学反应的热力学和动力学规律、传输特性和铸锭凝固缺陷形成机理等基础理论问题；建立低品位难提取能源金属资源分选富集-多金属元素同步提取基础理论与新方法；探索超高压、超微、超高温、超快变温等极端环境条件下复杂金属物料强化分离原理及方法；推动冶金技术变革，实现冶金过程强化，并为未来解决深海、深地及深空等极端场景下的金属冶金问题提供关键支撑。

第八节　建材产品低碳智能制备基础研究

我国建材行业在“双碳”目标和数字化转型的双重驱动下，加速向低碳化、智能化方向转型。工业和信息化部等四部门联合发布的《标准提升引领原材料工业优化升级行动方案（2025—2027年）》明确提出，到2027年，将制定200项以上数字化转型标准及100项绿色低碳标准，推动行业向高端化、绿色化、安全化转变。建材行业正通过整合标准体系，推动绿色低碳、节能降耗、资源综合利用，构建绿色低碳与智能制造并行的新型工业化体系。

主要研究方向：水泥生产技术与水泥及混凝土产品性能相关性理论研究；低钙水泥技术研究及应用；外加剂机理研究和应用（包括矿化剂、助燃剂、固硫剂、节煤剂等）；高标号特种性能水泥的研究及应用；高性能水泥熟料质量控制技术研究。熟料煅烧机理研究，实现低能耗、质量控制数字化、模型化；熟料矿相对煅烧的影响研究；替代燃料品质（热值、粒径、水分、燃烧速度）对水泥煅烧系统的影响研究；废弃物品质（热值、粒径、水分、燃烧速度）对水泥煅烧系统的影响研究；飞行熔化技术、射频等离子体熔化技术原理研究；新型熔化技术与材料性能之间的影响关系；氢能燃烧对玻璃性能影响研究，气氛水含量对玻璃的熔制动力学与热力学过程、澄清过程的影响规律；羟基对玻璃材料工艺性能、理化性能的影响与作用机理；气氛对泡沫层生成与消除过程的影响研究；氢能替代比例、燃烧器结构、氢气喷枪位置等对玻璃熔窑效率、运行质量的影响研究。

第九节　泛半导体玻璃材料基础研究

泛半导体玻璃材料凭借其光电性能可调、力学强度高、环境适应性强等特性，成为突破传统硅基光伏局限的关键方向。为此，亟需通过材料与工艺创新实现效率提升与成本降低，加速泛半导体玻璃材料的商业化。以碲化镉薄膜太阳能电池为代表的“发电玻璃”，通过将半导体材料与建筑玻璃结合，不仅拓展了光伏应用场景，而且推动了建筑一体化光伏的产业化进程。玻璃基板在半导体封装领域的潜力（如玻璃通孔 TGV 技术）也为高性能芯片集成提供了新路径。

主要研究方向：碲化镉异质界面晶格、能带匹配调控和选择性界面势垒的构建对载流子传输的影响研究，碲化镉渐变带隙吸收层能带研究；有效掺杂、缺陷调控和钝化机理及其对载流子浓度和寿命的影响研究；双面铜铟镓硒组件用透明背电极材料的光、电性质及工艺兼容性研究，铜铟镓硒基叠层电池的基础理论、工艺技术、原型电池研究；发电玻璃光电界面工程研究，高性能发电玻璃关键工艺、物理与化学气相沉积设备和集群交换机系统（cluster switch system，CSS）设备及非典型性半导体工艺设备研究；玻璃通孔工艺（through glass via，TGV）技术研究，玻璃通孔成孔技术，玻璃穿孔填孔技术、玻璃通孔高密度布线技术、TGV 技术应用基础研究；球形硅微粉成形工艺研究、高纯化提纯创新工艺，超细粉磨创新技术、颗粒整形技术、功能化表面复合工艺技术研究。

第九章　基础材料工业领域发展推进措施与政策建议

聚焦“双碳”目标的战略需求，围绕颠覆性技术、产业集聚、政策标准、人才培育及国际拓展等目标导向，整合全国的创新资源，抢占工业技术的制高点；以全球视野，深化推动，全面实现化工、冶金等基础材料工业技术引领并保持领先优势，形成自主可控的化工、冶金产业技术创新体系，以技术的群体性突破推动产业快速形成与发展。

一、超前布局未来颠覆性关键技术，以科技带动全面创新

面向国家“双碳”目标，瞄准国家资源能源及产业安全问题，提出强化原始创新，围绕涉及长远发展和国家安全的“卡脖子”问题，加强基础研究前瞻性布局，加大对材料、能源、信息等领域的攻关力度，实现关键核心技术安全、自主、可控。针对“卡脖子”材料与技术，建议国家自然科学基金委员会设立重大项目，聚集材料、化学、化工、物理、计算等领域的高层次人才队伍，突破核心技术和关键设备；实施系列基础材料工业重大创新，发展原创理论，开发原子经济技术，提高反应及资源利用效率，形成基础材料工业复杂工艺革新及高端装备制造的新理论、新方法，力争从源头解决工业过程中的高能耗、高物耗、高污染问题。

二、依托优势资源和清洁能源聚集地，促进高水平集聚发展

当前，我国基础材料工业行业整体发展质量不高，产业布局不尽科学，产业结构多处于中低端环节，重复建设仍然存在，行业盈利能力有

限，亟待转变发展方式，提高发展质量。引导现有布局不合理产能向具有资源能源优势及环境承载力的地区有序转移，鼓励基础材料工业产能向中国风能、太阳能（西北地区）、水电（西南地区）等可再生能源富集区或资源/再生资源富集区转移，以实现产业布局优化，提升优势产能组成。围绕清洁能源消纳与资源循环利用，建立一体化产业链新技术体系。最大限度地发挥上下游协同、工程一体化、安全环保应急一体化、管理服务金融一体化的集群发展优势，推进多产业深度融合，提高运营效率，提升专业化管理和抗风险能力，形成世界领先基础材料工业产业基地。

三、完善政策标准体系建设，引领全球基础材料工业工程科技发展

面向全球基础材料工业领域，制定资源/能源、产品、工艺装备、绿色生产等全生命周期国际基础材料工业标准体系，打造行业绿色、低碳、循环、智能化发展新模式，提升行业在国际工业领域的话语权及权威性。带动先进化工冶金技术及标准走出国门，尤其是共建“一带一路”倡议，引领世界基础材料工业发展。

加快行业降碳及健康发展标准的制定，强化行业绿色发展的技术驱动力。完善行业绿色发展的政策约束、指标体系及财税支撑体系，加大基础材料工业行业企业生产工艺提升改造力度，协同推进减污降碳，并且依托先进信息技术平台，推动信息技术、数据驱动等与化工、冶金等行业生产过程的技术结合，提升产业发展的科技内核实力，切实解决产业企业的工艺发展及环境污染防治问题。

四、强化部署国家战略科技力量，铸就全球基础材料工业人才高地与创新高地

强化基础材料工业在现代化强国中的战略地位，尽快扭转中国在战略性资源产品上的被动局面。发挥国内外化工、冶金等高水平大学及重

点企业的基础优势，聚集高层次人才，建立工业强国的战略科技力量；培养基础材料工业高层次学术人才队伍与工程技术人才队伍；构建人才培养机制，激发人才创新活力，打造集聚高端优秀人才的高地。组建化工、冶金国家实验室，建立国家战略化工产品及金属资源循环利用的高端技术支撑平台，提升自主科研创新能力。联合开展“卡脖子”技术、补短板技术、颠覆性技术的攻关，提高研发成果转化效率。

五、紧抓“一带一路”海外工业发展契机，构建国际竞争核心技术驱动力

抓住“一带一路”的契机，围绕石油、天然气、天然橡胶、金属矿产等资源，通过投资并购，联合投资等多种方式获取境外工业发展机遇及矿产资源。统筹规划，实施一批高端化工及金属领域的海外国际产能合作、产品生产、装备制造、基础设施合作等重大项目，针对国际化工与冶金等行业资源特征、发展趋势及重大工程需求，建设形成一批配套完善的、具有国际竞争力的规模化境外工业生产及矿产资源利用技术体系及标准，打造基于中国核心技术体系的国际工业基地，增强境外资源保障能力，增大国际产能，提高全球竞争的行业核心技术驱动力。

第二篇

中国先进材料领域工程科技2040发展战略研究

第十章　面向2040年先进材料领域世界工程科技发展态势

材料的先导性突破不断引发高新技术和新兴产业的爆发式增长，先进材料已成为各国抢占科技制高点的关键领域，是经济社会发展的基础性、先导性产业。因此，先进材料在全球范围内呈现新的发展趋势，在微观尺度体现为微结构器件一体化，在宏观尺度体现为结构、功能、智能一体化和极限化，材料发展趋于绿色化。先进材料发展决定着高新技术、新兴产业、高端制造、重大工程的发展水平。世界各国都把先进材料列为工程科技发展的首要战略规划和布局着力点。

第一节　世界先进材料领域工程科技发展状况与国际先进水平

一、先进材料领域正在开展的重大科技计划及其预期成果

材料的竞争与国家安全日益高度融合，未来在技术上呈现分立化、多元化趋势。随着材料在科技和产业领域先导和推动作用的不断加强，全球先进材料的激烈竞争、自主发展和产权保护将会贯穿先进材料产业工程科技的整体路径，全球对新材料共享技术的标准将呈现多样化趋势，国家技术保护主义更加突出。

国际竞争态势主要体现在各个国家针对材料领域制定出台的相应科研与产业政策方面，各国均在竭力抢占材料发展的制高点。目前，发达国家仍在国际材料产业中处于领先地位，全球材料领域龙头企业主要集中在美国、欧盟及日本等主要发达国家/组织。表10-1列举了近年来

材料领域的主要发展规划与布局。

表 10-1　近年来材料领域的主要发展规划与布局

国家/组织	近年来主要发展规划与布局	涉及的材料领域
美国	《2021 年美国创新和竞争法案》、《国家锂电蓝图 2021—2030》、《关键和新兴技术国家战略》、《芯片与科学法案》（简称《芯片法案》）、“电子复兴计划”（Electronics Resurgence Initiative，ERI）、“国家纳米技术计划”（National Nanotechnology Initiative，NNI）、“材料基因组计划”、“国家制造业创新网络”、固态照明（又称半导体照明）计划、美国国家科学基金会（National Science Foundation，NSF）《先进技术与工艺技术计划》、《国家先进制造业战略》等	芯片技术、新能源材料、纳米材料及器件、材料设计、轻质金属、复合材料、纤维纺织、可持续材料制造、生物与医药材料、环保材料、纳米材料、先进制造、新一代信息与网络技术和电动汽车相关材料、材料基因组、宽禁带半导体材料、三维单片集成材料和工艺，涉及国防、能源、电子信息等重要领域
欧盟	“关键使能技术”（Key Enabling Technologies，KETs）战略、“地平线 2020”、“地平线欧洲”计划、“石墨烯旗舰计划”、材料与制造使能技术、战略能源技术计划（Strategic Energy Technology Plan，SET-Plan）等	各种新材料（如信息技术相关材料、低碳环保材料）、石墨烯、原材料资源等
欧盟（德国）	“原材料经济战略”、《高技术战略 2020》、《高技术战略 2025》、“工业 4.0”、《国家工业战略 2030》等	光电子信息材料、生物技术、可再生能源材料、动力能源材料、纳米技术等
欧盟（法国）	《新工业法国》战略等	可再生材料、环保材料、信息材料等
英国	《英国工业 2050 战略》、《投资 2035：英国的现代工业战略》、“高价值制造”等	石墨烯、复合材料、生物材料、纳米材料、航空材料等
日本	“元素战略研究”、《材料创新力强化战略》、第六期《科学技术基本计划》、“新增长战略”等	推动数据驱动型材料研究，开发半导体材料、碳纤维、电子材料、特种钢、陶瓷材料等，以用于信息通信、新能源、生物技术及医疗领域
韩国	《第四期科学技术基本计划》、“快速跟随者”（Fast-Follower）战略	可再生能源材料、信息材料、纳米材料等
俄罗斯	《2030 年前材料与技术发展战略》《2030 年前俄罗斯能源战略》	智能材料、金属间化合物、纳米材料及涂层、单晶耐热超级合金、含铌复合材料
中国	《中国制造 2025》《中华人民共和国关于国民经济和社会发展第十四个五年规划和 2035 年远景目标纲要》《关于加快新材料产业创新发展指导意见》	先进基础材料、关键战略材料、前沿新材料等领域协同发展

注：表中仅列举主要发展规划名称。鉴于某些战略规划的保密性，下文中以公开研究报告形式转述。

1. 美国

美国的材料科技战略目标是保持本领域的全球领导地位，支撑信息技术、生命科学、环境科学和纳米技术等领域的发展，满足国防、能源、电子信息等对材料的需求。

近年来，美国材料研究取得了非凡的进步。美国国家科学院在2019年2月发布《材料研究前沿——十年调查报告》，旨在记录在全球开展材料研究的背景下，美国材料研究的现状和有潜力的未来方向。该报告指出，过去十年，石墨烯带动了其他二维材料的研究，激发了对新物理现象的研究，石墨烯可应用于太阳能电池、晶体管、相机传感器、显示屏和半导体等领域。增材制造已经成为重要工艺，可大规模生产以及按需一次性制造；过去十年中，其他一些主要材料的进步包括价格合理的发光二极管（light emitting diode，LED）照明、平板显示和新型电池。材料某些重要的发展是通过科学发现、协同技术或者两者结合的方式驱动产生的，具有代表性的有拓扑绝缘体、大猩猩玻璃（Gorilla Glass）、增材制造和类玻璃高分子（vitrimers）①。金属、大块金属玻璃、高性能合金、陶瓷以及其他材料取得了令人振奋的进步。复合材料和混合材料由于能够承受恶劣环境而具有较高应用价值。涂层技术的进步提高了材料的可靠性，并将其用于热量和环境保护系统。分层材料系统正在取代传统材料，每一层的独特性能和功能可显著提高整体性能和寿命。聚合物和多种生物材料以及胶体和液晶等软物质的研究已经取得了重大进展。超导研究仍然前景宽广，量子材料（包括量子自旋液体、强相关薄膜与异质结构、新型磁体、石墨烯和其他二维材料以及拓扑材料）正在迅速发展。

2018年7月，美国DARPA召开首界电子复兴计划峰会，明确“电子复兴计划”的领域布局，该计划拟在5年内投资15亿美元，旨在通过对碳纳米管等新兴半导体材料的基础研究振兴美国的芯片产业。

2020年10月15日，美国发布《关键和新兴技术国家战略》，列出了20项“关键与新兴技术”清单，要求确保美国在尖端科技领域的领导地位及竞争优势，具体包括：先进计算、先进常规武器技术、先进工程

① 类玻璃高分子是一种新型高分子材料，利用动态交联点的交换反应，在保持交联网络的前提下，实现自修复和可再加工成型，从而兼顾热固性高分子的稳定性和热塑性高分子的可塑性等优点。

材料、先进制造、高级传感技术、航空发动机、农业技术、人工智能、自动化系统、生物技术、生化及放射物处理技术、通信网络技术、数据科学与存储、分布式分类技术、能源技术、人机交互、医疗和公共卫生技术、量子信息科学、半导体和微电子技术、空间技术。

2021 年 6 月，美国能源部发布了由联邦先进电池联盟编制的《国家锂电蓝图 2021—2030》，全面分析了美国锂电产业的发展现状和未来前景，通过对本国锂电池制造业竞争力进行评估，提出了美国锂电池供应链的五大建设目标：保障原材料和提纯材料的供应，并发掘商业和国防应用关键矿物的替代品；支持美国原材料加工基地的发展，满足国内电池制造业的需求；刺激美国电极、电池和电池组制造业的增长；实现锂电池报废再利用和关键原材料的规模化回收，在美国建立一个完整的具有竞争力的锂电池回收价值链；大力支持科学研发、工科教育和劳动力培训，巩固和提升美国在电池技术方面的领导地位。该蓝图的发布表明锂电池储能系统的重要性正在日益增强。

2021 年 6 月，美国国会参议院通过了《2021 年美国创新和竞争法案》，后续拨款 520 亿美元鼓励在美国生产芯片。美国的新材料发展特色以能源部、国防部、商务部（国家标准与技术研究院）和国家航空航天局等的大型研究与发展计划为龙头，主要以采购合同形式来推动和确保大学、科研机构和企业的新材料研究与发展工作。

2021 年 10 月，美国发布新一轮“国家纳米技术计划”，提出了以下五大目标：确保美国在纳米技术研发方面保持世界领先地位；促进纳米技术研发商业化；提供可持续支持纳米技术研发与推广的基础设施；鼓励公众参与，扩充劳动力；确保纳米技术负责任地发展。

2021 年 11 月，新版“材料基因组计划”战略规划提出了材料创新基础设施、材料数据和人员培养三方面的目标，与 2014 年发布的上一版规划相比，更加强调“材料基因组计划”对推动材料创新，尤其是推动新材料走向应用方面所具有的潜力。

2022 年 8 月 9 日，美国总统拜登正式签署《芯片法案》。该法案整体涉及金额约2800亿美元，包括向半导体行业提供约527亿美元的资金支持，为企业提供价值240亿美元的投资税抵免，鼓励企业在美国研发和制造芯片，并在未来几年提供约2000亿美元的科研经费支持等，大幅提高美国制造的半导体生产，并最终加速关系到国家安全的纳米技术、量子计算、人工智能、下一代通信、计算机硬件、生物技术、网络技术和其他新兴能力的创新和发展。值得关注的是，《芯片法案》限制美国企业支持中国等国家的半导体研发和生产，引起相关行业的广泛关注。

2. 欧盟及欧洲国家

欧盟提出要在材料科学和工程的多个研究领域成为国际领导者，并在尽可能多的先进材料技术中争当世界第一。在科技发展战略中，以法国、德国等为代表的欧盟成员国和英国等，尽管在侧重点上有所差异，但都是以生命科学与生命技术、信息通信技术、纳米技术、能源等四大领域为优先发展的战略领域，其中材料均占有重要的地位。在“地平线2020”中，从卓越科研维度设置了“石墨烯旗舰计划”，从产业领导力维度设置了“材料与制造使能技术”，社会挑战维度下的能源领域研究则涉及材料技术。2018年4月，欧盟委员会确定了新的欧盟工业的“关键使能技术”战略，先进材料依然在列。

2018年6月，欧盟发布“地平线欧洲”计划（2021—2027年），该计划以开放科学、全球性挑战与产业竞争力、开放创新为三大核心，旨在加强欧洲研究区建设，围绕卫生健康，包容和安全的社会，气候、能源与交通，数字与产业，粮食和自然资源相关技术五个主题集群展开工作。先进材料为数字与产业九大领域之一，关注具有新的特性和功能的材料设计（包括塑料、生物材料、纳米材料、二维材料、智能材料和复合材料等）。

另外，2012年11月至12月欧盟提出的“未来和新兴技术旗舰项目”是一项长期的科研扶持项目，是欧盟出台的扶持科技发展政策的重要组成部分。首批入选的有石墨烯旗舰计划（graphene flagship）；2020年4月起，石墨烯旗舰计划进入新阶段，专注推进产业化应用。2020年，欧盟委员会发布《2020年关键原材料（CRM）通讯》，将材料供应链提升至战略高度；2021年，欧盟委员会发布战略前瞻报告，将材料、半导体和量子技术确定为关键领域。

作为老牌工业国家，英国材料科学和技术处于世界领先地位。英国历次工业战略都把材料、纳米技术等作为重大技术进行发展。2017年11月，英国政府发布《产业战略：建设适应未来的英国》（Industrial strategy: Building a Britain fit for the future），涉及对材料相关技术研发和应用的支持。《英国工业2050战略》是定位于2050年英国制造业发展的一项长期战略研究，通过分析制造业面临的问题和挑战，提出英国制造业发展与复苏的政策。

2016年12月，英国宣布新建六家研究中心，探索并提升靶向生物医药、3D打印、复合材料等领域的新的制造技术。这六家研究中心分别为靶向医疗未来制造中心、先进粉末加工制造中心、未来复合材料制造中心、未来先进计量中心、未来连续性生产及先进结晶研究中心、未来化合物半导体制造中心。英国政府同时宣布将通过工程与自然科学研究理事会（Engineering and Physical Sciences Research Council，EPSRC）向每个中心资助1000万英镑。这些中心还将联合来自17所大学、200家企业及学术界合作伙伴的力量，通过大学与企业之间深化合作，推动研究成果从实验室走向市场，开发出更多的产品以满足产业需求及发展。

2018年9月5日，德国联邦政府出台了《高技术战略2025》，旨在加大促进科研和创新，加强德国核心竞争力，保证可持续发展，确保国更富，民更强，到2025年，实现科研支出占国内生产总值3.5%的目标。其主要内容是抗击癌症，智能诊治，显著减少塑料对环境的危害，减少工业温室气体排放，循环及可持续发展的经济体系，保护生物多样性，电池制造，安全、互联和清洁的移动网络，提高生活质量和就业水平，以人为本的技术发展，人工智能的具体应用，拓宽渠道共享前沿知识。

该规划专注电子学和电子系统、信息技术系统及安全、无线智能通信、人类-技术互动和微系统技术，主要服务包括汽车、自动化、医疗卫生、物流、能源等领域。

2019年11月，德国联邦经济事务与能源部发布《国家工业战略2030》，旨在有针对性地扶持重点工业领域，提高工业产值，保证德国工业在欧洲乃至全球的竞争力。与材料相关的钢铁铜铝、化工、增材制造等，连同其他总共10个工业领域被列为“关键工业领域”。

材料科学是法国领先的民用核能、航空航天、交通运输和农业等领域的重要支撑。2013年9月，法国推出了《新工业法国》战略，旨在通过创新重塑工业实力，使法国重回全球工业第一梯队，并解决能源、数字革命和经济生活三大问题。

3. 日本

日本新材料产业以工业政策为导向，以占有世界市场为目标，因而重点是使市场潜力巨大和高附加值的先进材料领域尽快专业化、工业化。2020年，日本发布《日本工业技术展望报告》，将持续加强基础材料的技术研发。根据《重点新材料首批次应用示范指导目录（2021年版）》，在基础研究、材料产业和材料应用方面，日本均有高等院校、研究中心、高新企业作为支撑保障，如日本三井物产公司、东丽株式会社、王子控股株式会社、旭硝子玻璃股份有限公司、三菱铝株式会、三菱化学集团株式会社、住友化学工业株式会社、住友轻金属工业株式会社、株式会社神户制钢所、积水化学工业株式会社、旭化成株式会社等世界知名的日本化工材料企业。国立材料科学研究所（National Institute for Materials Science，NIMS）是日本最大的研究所之一，其优势先进材料领域涉及高温高压技术合成单晶金刚石和氮化硼、n型掺杂金刚石薄膜、超导与有机材料、功能陶瓷、控制原子运动的纳米级半导体器件等。

4. 韩国

2018年初，韩国颁布《第四期科学技术基本计划》（2018—2022年），该计划以“通过科技改变国民生活”为发展蓝图，提出韩国未来五年重大战略规划，指出支撑战略规划的具体任务，如强化基础研究以应对第四次工业革命、振兴科学探索、加强挑战性研究等；并提出 120 个重点科学技术，和第三期相比，增加了人工智能、智慧型城市、3D 印刷和应对大气污染等 12 个技术，勾画出韩国迈向 2040 年的宏伟蓝图。

5. 俄罗斯

俄罗斯《2030 年前材料与技术发展战略》中材料领域重要发展方向包括：智能材料、金属间化合物、高温合金、多母体聚合物材料、单晶高温合金发动机叶片、自组织纳米复合材料涂层、高梯度定向结晶技术、真空熔炼技术、发动机材料。

6. 中国

2015 年，国务院印发《中国制造 2025》，明确将新材料纳入十大战略支柱产业范畴。该规划聚焦五大核心方向：特种金属功能材料、高强轻质结构材料、智能高分子材料、先进无机非金属材料及高性能复合材料，重点突破先进熔炼、气相沉积等核心制备技术及装备研发，强化基础研究与产业体系协同创新，打通材料工程化应用关键环节；着力构建军民两用新材料协同创新平台，推进军民用技术双向转移，培育军民深度融合产业生态；评估颠覆性材料对传统产业体系的影响，超前部署战略前沿材料研发体系，重点覆盖超导材料、石墨烯、纳米材料及生物基材料等创新领域，加速推进基础材料迭代升级进程。其他领域的快速发展也离不开材料工程科技的支撑作用。2021 年，新材料产业产值达到 6.4 万亿元，材料产业占 GDP 比重达到 20%（中国工程院化工、冶金与材料工程学部和中国材料研究学会，2023a）；2021 年，国务院将新材料确定为九大战略性新兴产业之一。

2021 年 3 月 11 日，十三届全国人大四次会议表决通过了《中华人民共和国关于国民经济和社会发展第十四个五年规划和 2035 年远景目标纲要》。其中一项重大工程为新材料创新发展工程，通过突破重点品种、提升公共平台等，使先进材料保障能力得到提升。

突破重点品种：围绕大飞机、航空发动机、集成电路、信息通信、生物产业和能源产业等重点应用领域，攻克高温合金、航空轻合金材料、超高纯稀土金属及化合物、高性能特种钢、可降解生物材料、特种涂层、光刻胶、靶材、抛光液、工业气体、仿生合成橡胶、人工晶体、高性能功能玻璃、先进陶瓷材料、特种分离膜，以及高性能稀土磁性、催化、光功能、储氢材料等一批先进材料。

提升公共平台：建设高端聚烯烃、稀有金属、粉末冶金、先进玻璃、先进陶瓷等制造业创新中心；建设信息通信设备、绿色低碳、机器人装备材料等生产应用示范平台；建设新材料测试评价平台区域中心、新材料数据中心；到2025年，先进材料保障能力得到提升，公共服务能力得到明显改善，新建10个以上新材料平台。

二、先进材料领域工程科技发展状况与国际先进水平

根据经济社会运行支撑材料体系，可将先进材料领域分为先进基础材料、能源材料、信息材料、生物医用材料、衣食住行材料、环境工程材料和安全工程材料七大先进材料领域，用以体现经济社会发展水平。其对应的工程科技发展状况与国际先进水平如下。

1. 先进基础材料

1）先进金属材料

先进金属材料用于先进能源系统、现代交通运输、航空航天、海洋工程等高端装备，是支撑高端装备向大型化、高速化、高可靠、长寿命发展的高端先进材料。

超超临界发电技术利用水的超临界状态，提高了火力发电汽轮机高蒸汽初参数（压力和温度）以及二次再热循环，大幅度地提高了电厂热能利用率，减少了CO_2排放。20世纪80年代，美国确认了9%—12%铬（Cr）钢在595℃/595℃/595℃下的可用性。日本在1981—1994年开发了满足

593℃/593℃的 12% 铬钢和 649℃/593℃蒸汽温度的奥氏体钢。1995—2001 年，开发了满足蒸汽温度 630℃/630℃的新型铁素体钢。欧洲于 20 世纪 80 年代开始，由电站制造商和钢铁制造商开发了满足 625℃蒸汽温度需要的铁素体钢。20 世纪 90 年代，瑞士阿西布朗勃法瑞公司（Asea Brown Boveri Ltd，ABB）开发出满足 580℃/600℃蒸汽温度需要的铁素体钢（杨柯等，2020）。欧洲、日本及美国正在政府和各大公司的支持下进行下一步更高参数超超临界技术的研发，将燃煤电厂的主蒸汽温度提高到 700℃以上。我国 600℃超超临界发电机组装机容量居世界首位，拥有先进的设计制造技术平台，为发展 700℃高效超超临界钢奠定了良好的基础。

高温钛合金是适合于在较高温度下长期工作的钛合金。它在整个工作温度范围内具有较高的瞬时和持久强度，在室温下有较好的塑性、较好的蠕变抗力和良好的热稳定性，在室温与高温下均有好的抗疲劳性能。高温钛合金主要用来制造压气机中的盘、叶片、进气机匣以及飞机结构件。600℃被认为是普通钛合金的“热障”温度（中国工程院化工、冶金与材料工程学部和中国材料研究学会，2022），国外典型的 600℃高温钛合金有英国的 IMI834、美国的 Ti-1100、俄罗斯的 BT36 和 BT41。美国通用电气（General Electric，GE）公司、美国精密铸造公司（Precision Castparts Corp.，PCC）和国际发动机公司（CFM International）都应用了 Ti-Al 合金生产的涡轮叶片，均显著提高了发动机性能、节省燃油消耗。国内研究者在微重力、深过冷等超长条件下发现 Ti-Al 基合金多竞争相的形核机理，制备了高强度高塑性的纳米孪晶结构 Ti-Al-Nb 合金，在大体积电磁悬浮制造领域进入世界先进水平。

镁合金具有密度低、比强度高、阻尼减振、生物相容性好、体内可降解等优异性能，可应用于交通工具轻量化、电子信息、航空航天和国防军工等重要领域。国内外学者主要开发了 Mg-Nd-Zn-Zr、Mg-Gd-Y-Ag-Zr 高强度铸造镁合金以及长周期有序堆垛结构（long period stacking ordered structure，LPSO）的 Mg-Gd-Y 高强韧高温变形镁合金。镁合金成型加工技术包括涂层转移精密铸造、大型铸件低压铸造、板材差温拉深工艺、深度塑性变形工艺等。

微合金化是挖掘合金潜力、改善合金性能，并进一步开发新型铝合金的重要手段。国内外学者开发的微合金化材料主要包括高温时效硬化的微量镉（Cd）/铟（In）/锡（Sn）的Al-Cu合金、高抗拉强度和抗蠕变性能的微量Si/Ag的Al-Cu-Mg合金、微量Zn的Al-Li合金、微量钪（Sc）/铒（Er）的Al-Zn-Mg合金。但微量元素在铝合金中的存在形式及作用机制仍存在较大争议和分歧。

铝、镁、钛等轻金属合金是极具代表性的高性能金属结构材料。它们因为具有低能耗的全寿命周期和较高的循环利用性，同时还兼具绿色环保的应用特性，而备受关注。然而，在这些合金制造过程中，生产能耗依然较大，导致生产成本过高，限制了这些材料的推广应用。目前国际先进工艺包括高纯铝的碳热还原技术、高铝粉煤灰提取氧化铝技术、钛粉末的电解法提取技术。

纯度4N①级以上的超高纯有色金属化学品是未来半导体技术、宇航、无线网络科技等多种高新技术发展的综合需求。目前，该领域正朝着超高纯化度的方向发展，国内制备与国际先进的歧化干馏和气态精馏前沿技术、高电解效率/高纯度稀有金属优势电位纯化技术相比，尚有一定差距。

2）先进无机非金属材料

先进无机非金属材料可应用于航空航天、电子信息、高端装备、石油化工、新能源技术、国防军工等各类重点领域。特别地，它们是尖端工业技术不可或缺的基础材料，在未来产业发展中发挥着独特的支撑作用。这些新材料的研发和应用水平，已成为国家高技术发展水平和未来核心竞争力的重要标志。

先进结构陶瓷及其复合材料正向着高性能、大尺寸、长寿命、超精密、集成化等方向发展。近年来，先进结构陶瓷及其复合材料主要向航

---

① 4N表示其纯度为99.99%.

空航天、电子信息、高端装备、先进核能等高端应用发展。功能陶瓷以其电、磁、光、热、力及其耦合的机电、磁电、电光等丰富多样的功能在电子信息等领域发挥巨大作用，其研究主要集中在介电、铁电、压电、热释电、电光等功能各异的新型陶瓷材料上，应用产品包括电容器、换能器、驱动器、传感器、存储器以及滤波器等电子元器件等，并在不断向集成化和微型化方向发展。

在原材料处理、组分与性能调控、制备与加工技术等方面，先进结构陶瓷及其复合材料均有较大进展。在先进陶瓷材料的粉体原料方面，来自日本、德国、美国等的企业在高端原料方面仍然占据垄断优势。比如高纯高性能氧化铝粉体仍然由以日本为主的企业垄断，高性能氮化硅粉体主要由日本、德国企业控制，高性能碳纤维、碳化硅（SiC）纤维以及其他陶瓷纤维仍然主要由日本、美国企业控制，高性能功能陶瓷粉体原料由日本、欧盟、美国、韩国企业控制的情况同样突出。

在高性能陶瓷材料部件、元器件研发与应用方面，美国重点发展高性能结构陶瓷和陶瓷基复合材料，尤其针对航空航天、先进核能、交通动力、医疗装备等领域需求进行了长期战略部署，其高性能陶瓷研发与航空航天等高端装备领域的应用处于国际领先地位。日本长期以来将先进陶瓷作为重点发展的高科技产业，在电子陶瓷、高性能结构陶瓷研发与产业化方面处于领先地位，其功能陶瓷元器件已占据国际市场主要份额，在某些高端装备领域，日本研发的结构陶瓷部件处于国际垄断地位。欧盟各国在先进陶瓷材料的研发与应用领域发展迅速，极大地支撑了航空、汽车、电子信息、电气电力以及高端装备产业的发展。俄罗斯、乌克兰在陶瓷基复合材料的研发与应用方面同样实力雄厚，极大地支持了其航空发动机等战略产业的发展。

2020 年，全球先进陶瓷市场规模约 998 亿美元。未来一段时间，预计先进陶瓷产业市场规模年平均增长率总体为 6.3%，美国为 4.6%，欧洲为 5.2%，亚太地区为 7.4%；2024 年，预测亚太地区的全球市场份额为 57%，美国为 28%，欧洲为 14%（中国工程院化工、冶金与材料工程学部和中国材料研究学会，2024a）。

3）先进高分子及复合材料

先进高分子及复合材料是三大基础材料（金属、无机非金属、高分子）之一，对我国国民经济、国防安全贡献巨大。我国高分子产业在世界上的影响和地位也不断提升。根据欧盟统计局（Eurostat）等机构的统计和预测，2020 年全球五大类（塑料、合成纤维、涂料、合成橡胶、胶黏剂及密封胶）高分子材料的市场规模合计为 7688 亿美元，增速将达 4.9%、7.6%、4.0%、5.5%、4.9%，预计 2040 年市场规模将增长至 2 万亿美元（中国石油和化学工业联合会化工新材料专委会，2023）。我国高分子材料市场规模约占世界三分之一，在国民经济总量中占比大。高分子科学国际前沿研究发展迅速、多学科深度交叉融合，新理论、新知识不断产生，推进关键技术创新快速发展。在过去几十年里，世界先进高分子材料领域取得巨大进展。尤其是日本把“开发可成形的导热性高分子绝缘材料”列为功能高分子的首选课题，随后日本、美国等国家相继有 50 余项相关发明专利申请。

在先进高分子材料化学领域，重点研究可控自由基聚合、茂金属催化烯烃聚合、开环易位聚合、点击化学辅助合成、光催化和酶降解回收等。高分子材料物理领域涉及从原子分子到微观介观聚合物材料结构性能关系的多尺度模拟计算、聚合物结晶和玻璃化转变理论、蛇形模型、嵌段共聚物相分离、聚合物共混复合理论等。高分子材料加工领域涉及复杂多场耦合条件下的加工流变学、结构形态学和相变动力学，高分子超高强度、超轻量化加工技术、高精度、微尺度加工方法，绿色加工和增材制造及回收再加工技术等。新型高分子材料领域涉及生物质塑料、动态自修复聚合物、智能响应性聚合物、3D 打印高分子材料、导电/导热聚合物、超分子聚合物、树枝状高分子、光电转化高分子、介电储存高分子材料、生物医用高分子、柔性塑料电子、聚合物固体电解质和多孔聚合物等。这些成果丰富和革新了人们现有的科学知识和观念，不断催生高分子新材料和新技术，推进了高分子材料产业发展。

高性能高分子复合材料是一类以碳纤维、芳纶、玻璃纤维等纤维增强环氧树脂、双马来酰亚胺树脂等高性能树脂为代表的材料。这些复合材料具有出色的综合性能，在国防和国民经济建设中扮演着不可或缺的角色。在航天、航空等领域的轻质结构和烧蚀防热部件中，高性能高分子复合材料发挥着关键作用。它们被广泛应用于新一代武器装备和重大科技工程，如高超声速飞行器、临近空间飞行器和深空探测飞行器等。同时，在高端工业制造、轨道交通、清洁能源等国民经济重要领域，高性能高分子复合材料也得到了广泛应用。

目前，全球高性能纤维及复合材料领域已经形成了相对成熟且持续稳定发展的产业。在增强体材料方面，碳纤维是最重要的先进复合材料增强体，其特种化和高性能化技术以及大规模工业级低成本技术成为研究的热点。芳纶在产业链建设方面越来越受到重视，技术一体化趋势明显，新兴应用领域不断涌现。玻璃纤维产业已经形成了完整的产业链，涵盖纤维、制品和复合材料。树脂基体的发展已经进入有序稳定期。在复合材料制造技术方面，自动化制造技术得到广泛应用，航空和航天复合材料技术已经成熟，风力发电和汽车领域的应用为碳纤维复合材料产业注入新活力，热塑性复合材料在轨道交通和汽车产业中具有广阔的应用前景。

全球高性能纤维及复合材料领域的优势企业主要集中在日本、美国和欧洲。日本在高性能纤维及复合材料行业的产品种类、生产技术、产品质量和系列化开发等方面具备强大的全球竞争力，是高性能纤维产品种类最全的国家。特别是在碳纤维领域，日本拥有全球最多的技术专利，覆盖产业链的各个环节，并且在国际市场上稳居霸主地位。日本拥有东丽株式会社、帝人株式会社和三菱化学株式会社等三大碳纤维及复合材料供应商，不仅占据全球碳纤维产能的一半，而且在高端碳纤维产品的生产技术方面垄断优势明显。杜邦公司在芳纶市场占据主导地位，无论是高端产品的技术水平还是低端产品的价格水平，都具有绝对优势。美国是最早开展碳纤维和芳纶纤维研究的国家，拥有全球领先的高性能纤维、复合材料和各领域复合材料制品产业链。目前，美国在航空航天和军工领域高性能纤维的应用具有独特优势，碳纤维在国防安全领域占据最大市场份额。近年来，超高分子量聚乙烯纤维也开始成为美国国防研究部门的重点关注对象。欧洲在超高分子量聚乙烯纤维领域占有重要地位，荷兰皇家帝斯曼集团是全球产量最高且质量最佳的超高分子量聚乙烯纤维供应商。欧洲汇聚了德国西格里集团（SGL Carbon）、索尔维集团（Solvay S. A.）和荷兰皇家帝斯曼集团（Dutch State Mines，DSM）等多家高性能纤维及复合材料领域的杰出企业，以及英国国家复合材料中心（National Composite Center，NCC）和德国宇航中心（German Aerospace Center，DLR）等科研机构。近年来，轻量化趋势推动了高性能纤维复合材料在汽车工程、航空航天和建筑等行业的发展。中国已初步实现了多种高性能纤维及复合材料的产业化生产，并具备一定规模，但在高强度、高模量及高端领域使用的高性能纤维的产业化关键技术和产品稳定性方面仍存在较大差距。

4）稀土新材料

稀土功能材料是支撑新一代信息技术、航空航天与现代武器装备、先进轨道交通、节能与新能源汽车、高性能医疗器械等高技术领域的核心材料。

稀土功能材料主要分为稀土永磁材料、稀土催化材料、稀土发光材料等。稀土永磁材料不仅是整个稀土领域发展最快、产业规模最大最完整的发展方向，还是国防工业领域不可替代和不可或缺的关键原材料，是稀土消耗量最大的应用领域。烧结钕（Nd）铁硼磁体在风力发电、混合动力和电动汽车等新能源汽车、节能家电、工业机器人、高速和磁悬浮列车等高新技术行业中的广泛发展，为稀土永磁材料行业发展提供了重要支撑以及较为可观的行业增长潜力。我国在高性能稀土永磁材料、重稀土减量化技术、高丰度稀土永磁材料的平衡利用和磁体回收利用技术等领域都接近世界同行先进水平。未来，高端稀土永磁材料产品将满足高档机器人、5G、光刻机等新兴产业的技术需求。

高纯稀土金属是研究开发高新技术材料的核心原料，广泛应用于磁性材料、光功能材料、催化材料、储氢材料、功能陶瓷材料、电子信息用溅射靶材等领域（中国工程院化工、冶金与材料工程学部和中国材料研究学会，2023b）。进入20世纪末期，日本日矿金属株式会社、日本东曹株式会社、美国霍尼韦尔国际公司等企业已经由高纯金属的制备转而进入产业化开发和新材料应用阶段，为7 nm以下高阶制程集成电路、5G通信器件、大功率器件及智能传感器件、固态存储器等先进电子信息产品提供配套先进材料。世界知名的高纯稀土金属及靶材制造企业主要是日本东曹株式会社、美国霍尼韦尔国际公司等世界500强企业。

5）前沿新材料

前沿新材料是指那些具有突破性、前瞻性且应用前景广阔的新型材料，如以石墨烯为代表的2D材料、3D和4D打印材料、超导材料、智能材料、超材料等。作为一类具有优异性能和新奇特性的材料，前沿新材料得到世界各国的广泛关注，发展迅速，其潜在的应用领域包括能源、电子信息、生物、环境等。例如，石墨烯作为一种单层的碳原子组成的材料，呈现出色的电导性、热导性、机械性能和化学稳定性，有望成为支撑未来电子信息、能源和生物技术领域发展的重要材料。除石墨烯外，许多其他二维材料，如二硫化钼、二硒化钼等，也都呈现良好的电学、热学、光学和力学性能，特别是优异的导电性和透明性，有望成为未来柔性电子和可穿戴设备用重要材料。又如，量子点作为一种尺寸在1—10 nm的微小半导体晶体，呈现出独特的电子结构和光学性质，已在电子学、光电子学、太阳能电池等领域得到应用。金属有机骨架（metal-organic framework，MOF）作为一种由金属离子和有机配体组成的多孔材料，具有高度的可控性、多样性和比表面积，可应用于气体储存、分离和催化等领域，是未来环境保护和能源领域的重要材料。

整体来看，前沿新材料的发展态势持续向好，主要表现在以下几个方面。一是技术创新持续推进。前沿新材料领域不断涌现新方法、新技术、新产品，不断拓展应用领域。例如，新型高温超导材料的研发成功为能源领域带来了新的机遇和挑战；3D打印技术的出现，推动了多种材料的快速成型，带动了制造业的革新和提升。二是产业布局持续加码。各国政府积极支持前沿新材料产业的发展，不断出台相关政策和投资计划，吸引和培育相关企业和科研机构。中国政府近年来也将包括前沿新材料在内的新材料作为国家战略性新兴产业之一，大力扶持前沿新材料产业的发展。三是应用市场不断拓展。前沿新材料的应用领域不断扩大，包括电子信息、高端制造、新能源、医疗、绿色低碳等领域。例如，3D打印技术成功应用于航空航天、高端装备制造、医疗健康等领域；新型锂离子电池材料被广泛应用于电动汽车、无人机等领域；纳米材料与纳米技术在电子信息、环境保护、医疗健康和生物科技等领域的应用越来越广泛。前沿新材料的研究正处于快速发展阶段，许多新材料和新应用正在不断涌现。随着技术的不断进步，这些新材料将为未来的科技创新和产业发展提供重要支撑。

6）材料基因工程

新材料的常规研发速度和效率已经难以满足各项新兴技术突飞猛进的需求，亟须变革材料研发范式，以实现按需设计、快速低耗发展新材料。“材料基因组计划”以变革传统离散式经验试错法的研发模式，建立实验-计算（包括理论）-数据库相融合、相协同的新型研究方式为基本理念。通过高通量计算，探索物质或材料最底层要素（化学元素及其组合，结构单元及其构建）及其协同调控物性的机制或规律，进行高通量集成计算与多层次材料设计，开展高通量材料组合设计实验，基于高通量计算与实验构建材料设计数据库及信息数据库。能够使新材料从发现到应用的时间从10—20年缩短到5—10年，材料研发成本降低一半以上。材料基因工程是材料研发的最新理念，将从根本上改变材料领域的研发模式，引领材料领域的一场革命。

“材料基因组计划”的实施为材料领域快速发展提供新的发展机遇。美国“材料基因组计划”将发展一个集计算模拟、实验和数据库于一体的材料创新平台，建立材料的成分/工艺-组织结构-性能之间的定量关系。这种定量关系是贯穿材料从发明发现、设计表征、制备生产到服役回收整个周期的主线，是材料研发的核心。“材料基因组计划”试图创造一个材料创新框架，以期抓住材料发展的机遇，重点包括以下三方面内容：打造材料创新基础；通过先进材料实现国家发展目标；培育下一代材料工作者。欧盟 2012 年提出的“冶金欧洲”计划主要聚焦合金的设计和模拟，而升级后的“冶金欧洲”计划更注重在工业领域的应用，确立了 4 个重点方向：材料发现；创新设计、金属加工和优化；冶金基础理论。这些方向对欧洲工业具有很高的战略和技术价值。

对应于美国“材料基因组计划”，中国科学院和中国工程院于 2011 年开始了我国“材料基因组计划”的战略研讨和咨询建议，并提出了有关“材料基因组计划”的咨询建议报告。科学技术部设立了材料基因工程重大专项。国家自然科学基金委员会发布了“功能基元序构的高性能材料基础研究重大研究计划”。国内中国科学院物理研究所、北京材料基因工程高精尖创新中心、南方科技大学、上海大学、松山湖材料实验室等广泛开展了材料基工程研究。中国科学院物理研究所在北京市和中国科学院的支持下建成了一流的材料基因工程研究平台。北京科技大学实施了材料基因高精尖人才项目，集聚了一批材料基因工程人才，上海大学成立了材料基因工程学院等。目前，国内结构材料、催化材料、非晶材料、前沿材料等领域都成功引入材料基因工程理念和方法并取得重要进展。

生成式人工智能正应用于新材料的研发与生产过程，以实现材料基因工程的核心理念，即新材料的自主计算设计、自主实验研发和智能制造等一系列软件、技术和装备体系，从而推动新材料研发—生产—应用全链条的智能化发展。这将颠覆传统的试错法研发范式，构筑全新的材料发展模式，促进新材料的快速研发和应用。在可预见的时间内，材料基因工程的全链条理念，将全面贯穿于材料研发领域的方方面面。推进材料基因工程的基础设施建设，将成为夯实技术基础、提升创新能力的重要发展方向。

2. 能源材料

新能源材料领域作为战略性新兴产业，与国民经济、社会发展和国家安全息息相关。当前，全球各国正加大对新能源材料领域的投入，发展新能源产业已成为各国经济发展战略中的重要组成部分。新能源材料的应用已经不再局限于传统的太阳能、风能、水能等方面，而是在电动汽车、智能家居、可穿戴设备等各个领域得到了广泛应用。同时，随着5G、物联网等新技术的快速发展，新能源材料产业也面临着更多的机遇和挑战。

太阳能电池技术不断推动着太阳能电池效率的提高、成本的降低以及可靠性的增强。新型材料如钙钛矿、有机太阳能电池以及柔性太阳能电池等的涌现，为太阳能电池领域带来了新的突破。同时，薄膜太阳能电池和多结太阳能电池等新技术的发展，使得太阳能电池在灵活应用和光利用效率方面取得了显著进展。太阳能电池的发展将不断提高效率、降低成本、增强可靠性，并为可持续能源发展做出积极贡献。

锂离子电池的发展正持续取得重大突破。工程科技的创新推动着发展更高能量密度、更长循环寿命以及更快充电速度的锂离子电池。新型电极材料如硅负极和固态电解质的研究和应用，使得锂离子电池能够存储更多能量并提供更高功率密度。此外，新型隔膜技术的发展提高了电池的安全性和稳定性，减少了火灾和爆炸的风险。同时，工程科技致力于开发快速充电和长循环寿命的解决方案，以满足现代电动车辆和可再生能源储存等领域对高性能锂离子电池的需求。因此，锂离子电池的发展趋势是不断提高能量密度、延长循环寿命、提升安全性，并推动清洁能源的可持续发展。

针对燃料电池，研究人员不断致力于提高燃料电池的效率、降低成本和增强稳定性，从而推动燃料电池在可持续能源转换和储存方面的应用。新型催化剂的开发和优化，如贵金属合金、过渡金属化合物和非贵金属催化剂，显著提高了燃料电池的催化性能和电化学活性。同时，新型电解质材料的研究，如聚合物电解质、固体氧化物电解质等，有助于提高电池的离子传导性能和耐久性。此外，膜技术的发展也为燃料电池的气体分离、水管理和温度控制等方面提供了解决方案；同时，通过燃料电池系统的整体集成和优化，可实现更高的整体效率和可靠性。

3. 信息材料

由于受到摩尔定律物理极限和冯·诺依曼瓶颈的限制，传统硅基半导体器件难以满足未来社会对于智能化和高效能的需求。先进电子信息材料是支撑新一代人工智能、通信物联、智能制造等技术的核心，是实现智能化发展理念的重要体现，也是决定国家未来竞争力的先进材料。支撑未来电子信息材料产业发展的先进材料包括量子材料、存算一体材料和交互神经形态类脑器件。

量子材料是当前物理学和材料科学交叉领域的前沿研究课题，在量子通信、计算、传感、量子仿真和量子计量等领域具有广泛的应用前景。目前量子材料的研究取得了许多重大突破，如量子反常霍尔效应在实验上得到了证实，同时研究人员还发现了多种新型拓扑材料，其具有宽带隙、高载流子迁移率和长载流子寿命等特点，有望用于制备高速、低功耗的电子器件。除此之外，超冷原子、冷激子、极化激元等量子材料也引起了广泛关注。超冷原子的制备和调控已经取得了很大进展，为量子计算和量子通信提供了新的实验平台；在冷激子和极化激元方面，研究人员成功地将这些量子激发态应用于新型太阳能电池、激光技术和光电器件等领域。

存算一体材料可满足未来海量数据存储和快速分析处理的需求。在存储容量和数据处理速度上，相变存储、阻变存储等存算融合高密度存储材料相比于传统存储材料具有显著优势。纳米管具有优异的载流子输运特性和低功耗特性，可以作为高性能逻辑和存储器件的关键元件。另外，智能高分子材料、轻质功能化金属材料、超级电容器和机敏复合材料也是存算一体材料的重要研究方向。未来，存算一体材料将更加注重在功耗、存储容量和数据处理速度等方面的平衡，更加注重材料的制备工艺、性能表征和集成技术研究。

神经交互材料包括类脑智能感知材料、类脑智能功能材料、类脑功能修复材料、智能强脑材料，广泛应用于脑机接口技术和神经科学研究领域，它能够将外部信号与大脑内部神经元的电信号相互转换，并对神经元进行刺激，从而实现人脑与计算机的互联互通。利用神经交互材料开发的脑机接口技术已被应用于残疾人辅助技术中，帮助他们完成一系列的动作。通过神经交互材料构建人工神经网络，实现对神经信号的控制和传递，从而恢复神经功能。利用神经交互材料开发的类脑芯片可以模拟人脑神经元的运作机制，实现更加高效、智能的计算能力。此外，神经交互材料在人工智能领域也有着广泛的应用。

4. 生物医用材料

近年来，随着人口老龄化的加剧、中青年创伤病例的增加、生物医用材料应用领域的拓展、产品技术的改良和人们对生物材料产品接受度逐渐提升，生物医用材料得到高速发展。2020 年，全球应用的心脏起搏器达 100 万套/a，人工心脏瓣膜超 40 万套/a，肾透析应用超 200 万套/a，血管支架的消费量约 200 万只/a，生物医用材料显示出了强大的生命力和发展前景。在生物医用材料中，骨科植入材料占头把交椅，市场占有率约为 38%，心脑血管材料占生物医用材料市场的 36%，仅次于骨科植入材料，而血液净化材料、医用导管及组织再生材料也应用广泛，发展迅速（国家发展和改革委员会创新和高技术发展司等，2020）。

聚甲基丙烯酸甲酯、聚乳酸、聚氨酯、聚乙烯等高分子材料，羟基磷灰石、磷酸三钙、生物活性玻璃等陶瓷材料，不锈钢、钴铬合金、钛合金等金属材料已经广泛应用于临床，并构成了现代生物医用材料的三个主要分支。仅仅全世界在医学上应用的高分子材料就有 90 多个品种、1800 余种制品（季培红等，2022）。高分子材料在临床上主要用于制造人工器官、药物剂型及医疗器械等。与生物高分子医用材料相比，金属医用材料在强度、加工性、韧性以及抗弯曲疲劳强度等方面具有难以替代的优越性能，因此广泛应用在植介入材料、医疗装置、手术器械、制药设备等领域。

当代医学对组织及器官的修复研究，已经向再生和重建人体组织或器官、恢复和增进生物组织功能、个性化和微创伤治疗等方向发展，传统的生物医学材料，难以满足临床需求。赋予材料生物功能，充分调动人体自我康复的能力，再生或重建被损坏的人体组织器官，恢复其生物功能，实现被损害组织或器官的永久康复，已成为当代生物医用材料的发展方向。前沿领域主要包括：具有诱导组织再生功能的新型高性能生物医用材料；用于治疗难治愈疾病、恢复或增进组织或器官生物功能的生物活性分子靶向控释载体材料和系统；具有诊疗一体化功能的纳米医学影像新材料；生物医用材料与 3D 生物打印、组织工程等技术的深度融合。生物医用材料及植入器械前沿技术的研究和工程开发正在不断取得重大进展，2024 年，美国食品药品监督管理局（Food and Drug Administration，FDA）已批准 12 个组织工程化产品上市；同年，美国食品药品监督管理局批准 Humacyte 公司的 SYMVESS 组织工程血管（内径 6 mm）上市，用于下肢动脉外伤需急诊血运重建的成人患者，以避免截肢；中国国家药品监督管理局（National Medical Products Administration，NMPA）已经批准可诱导骨再生的骨诱导人工骨及组织工程化皮肤上市，一大批可再生组织的植入器械正在国内外临床试验中。

5. 衣食住行材料

纺织行业是我国国民经济生产的重要行业重要组成部分，与人们的生活密切相关。同时，它也影响着中国社会发展的方向。经过多年的发展，纺织品的功能日趋完善，如保暖、排汗、除湿。对于夏季休闲服，吸汗、排汗、快干是消费者重视的主要功能。涉及的新型纺织纤维主要包括差别化纤维、高性能纤维和高功能纤维。由新型纺织纤维制成的功能性运动服装具备吸湿导湿、吸湿排汗的功效，新型纺织纤维材料也在朝着智能化、功能性和耐用性的方向发展：为满足不同个性需求，采用多样化、功能组合的方法，开发出具有抗静电、抗菌、抗起球、防紫外线、防蚊、护肤等多种功能的，以及环保、时尚的吸湿排汗纺织品，广泛应用于功能性内衣、运动服、牛仔服装、工装、运动袜以及家居床上用品等。

现代食品一般具有即食性、可储存性、流通性、简便性等优点，为了满足人们的需求，我国食品工业正在经历从量到质的提升，不断在食品质量保障、食品安全控制、食品加工与保鲜等方面进行创新。目前，健康食品、有机食品、天然食品等高端产品越来越多，满足不同营养价值和需求的合成食品也在不断涌现，合成食品正朝着多样化、高营养、可定制、环保等方向迅速发展。

作为一种新兴产业，绿色低碳建筑材料已然成为建材工业必不可少的一部分。绿色低碳建筑材料又称生态建筑材料，是一种无污染、无放射的环保材料，具有低能耗、无污染、安全耐用、可持续回收再利用的特点。该材料主要包括绿色装饰材料、保温隔热材料和绿色墙体材料等，绿色低碳建筑材料的生产与使用，不仅做到了减少资源耗损、节约土地与能源，还做到了保护环境、带动经济，对整个建筑行业都有促进作用。在目前已开发的绿色低碳建筑材料中，使用最广的主要有三项，即真空玻璃、生态水泥与墙体材料。碳智能建筑材料可以逐步替代传统的水泥、屋顶瓦片、砖块、壁板等，实现低碳环保舒适的目标。

轻量化设计是制造业的未来，一方面可以减少碳排放，另一方面可以实现更好的组件性能。轻量化设计旨在为制造商提供应对气候变化挑战所需的解决方案，同时实现更好的组件性能并延长产品寿命。这在汽车和航空航天行业最为常见，轻量化设计提高了燃油效率并提高了飞机和电动汽车的性能。并且，应该指出的是，轻量化设计也在推动建筑行业、可再生能源以及电气和电子产品制造领域的创新。更轻的组件降低了运输和能源成本，并在所有这些领域采用了更节约资源的生产方法。轻量化材料就是可以用来减轻产品自重且可以提高产品综合性能的材料。材料轻量化，指的是在满足机械性能要求的前提下，通过采用轻量化的金属和非金属材料实现重量减轻的方法。在当前汽车制造领域，轻量化材料主要包括铝合金、镁合金和钛合金。

6. 环境工程材料

环境功能材料领域正处于迅速发展的阶段，需解决环境污染治理、资源回收利用和可持续发展等方面所面临的挑战。新型环境功能材料的研究涵盖了吸附剂、催化剂、膜分离材料、光催化材料等。这些材料具有高效的吸附、催化、分离和光催化性能，可用于处理水和空气中的有害物质、净化工业废水和废气、回收资源等。具体涉及的研究方向有：开发环境友好的材料合成方法、减少能源消耗和废弃物生成、提高材料循环利用率等；利用可再生资源和生物质作为原料，推动可持续材料的发展，如生物质塑料、生物质能源储存材料等；降低材料生产过程中的能耗和环境影响，通过绿色合成和循环利用等策略，实现资源的高效利用和减少碳排放及其对环境的负面影响。环境功能材料领域积极创新，为解决环境问题、促进可持续发展做出了重要贡献，并为实现清洁环境和可持续发展提供了关键技术支持。

7. 安全工程材料

军事安全是国家安全的主要组成部分。军工新材料是由前沿新材料发展到应用阶段的各类材料，其主要特征为设计理念新颖、性能要求严格、控制精度高、使用环境苛刻、应用范围小。

在超高速飞行中，先进军用航天飞行器处于极为恶劣的气动加热环境和振动耦合环境中，需开发轻质、低烧蚀和高效隔热的发动机用耐高温合金材料，以适应热端部件的整体成形和复杂异形的特点。国际先进制造工艺包括：超高熔点耐高温合金的粉末冶金、难熔高熵合金粉末球的雾化技术、激光增材制造工艺、修复再制造工艺、难熔高熵合金构件的直接制备。

碳化硼（B_4C）陶瓷具有高强度、高耐磨、高硬度和低密度的“三高一低”特性，已成为最理想的装甲陶瓷材料。传统碳化硼的最高硬度可达30—35 GPa，但防护结构的轻量化需求要求材料具有更高硬度、更低密度和更高强度的特性。为此，可添加金刚石和立方氮化硼等超硬组元，从而形成碳化硼基复合陶瓷材料，以提升硬度、韧性和第二相分布，实现兼具高硬度与高韧性的层状组织结构，开发高性能碳化硼陶瓷制备的设计方法与制备工艺。

碳/碳复合材料以突出的综合性能，成为航空航天领域首选的高温热防护材料，以推动先进航天武器装备向更快、更轻以及更高效的方向发展。国际上碳/碳复合材料的发展重点包括以下几个方面：进一步提高碳/碳复合材料的使用温度和在复杂环境中使用的可靠性；发展兼具多种功能一体化的新型碳/碳复合材料；开发可重复利用的高特种碳/碳复合材料；开发新型制备技术用以降低高性能碳/碳复合材料制造成本。

高性能特种纤维是保障国家重大战略实施和高端装备发展的基础原材料。国内外高性能纤维产业发展迅速，战略意义和经济效益非常之大。高性能纤维材料主要包括碳纤维、芳纶纤维、超高分子量聚乙烯纤维、玄武岩纤维及其复合材料、聚苯硫醚。国际高性能纤维的发展方向是多样化、系列化、复合化、高性能化、功能化、标准化和低成本等。

含能材料是各类武器火力系统的动力来源，是国家军事实战力量和威慑力量的重要物质基础。近年来，国内外发展了超高能化技术、纳米技术、增材制造技术和材料基因组加快含能材料的开发。新一代含能材料研究集中在：含能材料理论设计与数值模拟；开发含能材料的合成、制备技术新工艺；完善燃烧、爆炸、冲击理论；含能危险物质的理化分析、毒理特性、环境化学与绿色无害化处理技术；含能材料的装药、成形与加工制造技术。

钨合金具有高熔点、最高强度、高模量、高硬度、耐磨、耐腐蚀等特性，成为当今制作军事产品的原料，如子弹、装甲和炮弹、防弹车、装甲坦克、军航、火炮部件、枪支等，而钨合金造成的穿甲弹更是可以击穿大倾角的装甲和复合装甲，是主要的反坦克武器。目前，钨及钨合金的制备主要采用粉末冶金、真空熔炼、原位烧结和反应熔渗法。针对钨铼、钨钼等难熔体系，国内外采用静电悬浮等无容器技术探究凝固规律。

铌合金由于其耐高温、高温强度大等特性，是极具发展前景的航空航天用超高温金属材料，也是我国空间站计划中备受关注的研究对象。截至目前，铌合金的研究目标主要集中在塑性、韧性、抗氧化性提升和相选择控制方面。国际上以美国通用电气公司为代表，开发出了使用温度目标定位 1200℃的 Nb-Si 基超高温合金（metal and silicide composite，MASC）和 Nb-Si-Ti-Cr-铪（Hf）-Al-铂（Pt）系材料。国内学者通过粉末冶金、增材制造、无容器等技术改善铌合金塑韧性，实现凝固过程中铌合金的 α 相和 β 相选择。

第二节　面向 2040 年先进材料领域工程科技发展趋势及影响

一、面向 2040 年本领域工程科技的发展方向和趋势

1. 总体态势

新材料作为先导性技术引领世界工程科技前沿发展，在新一轮科技革命和产业革命的大背景下，先进材料技术不断取得新突破，新材料和新物质结构不断涌现，全球先进材料产业保持快速增长态势。先进材料已成为世界各国竞争的焦点，优先取得突破的国家，将具有话语权和主动权。

2. 竞争格局

发达国家和地区仍在国际新材料科技创新和产业发展中占据领先地位，美国仍然是先进材料领域全面领先的国家，欧盟和日本等则各自拥有自己的优势方向。全球新材料产业已形成三级梯队竞争格局，各国

产业发展各有所长。第一梯队是美国、日本、欧洲等发达国家和地区，在核心技术、研发能力、高端产品的市场占有率等方面占据绝对优势。第二梯队是韩国、俄罗斯、中国等国家，紧抓新材料产业快速发展机遇，不断加快新材料原始创新和布局产业发展，加强研发基础平台的建设，均取得了较明显的成就，其中中国在中低端产品市场占有率方面取得优势。第三梯队是巴西、印度等国家，巴西和印度目前主要处在“跟跑”向“并跑”跨越的阶段，尤其是印度劳动力较为廉价，新材料产业近年来发展势头迅猛，其材料领域的综合发展水平有可能取得进一步突破。除巴西、印度等少数国家之外，大多数发展中国家的新材料产业相对比较落后。从新材料市场来看，北美和欧洲拥有目前全球最大的新材料市场，且市场已经比较成熟，而在亚太地区，尤其是中国，新材料市场正处在一个快速发展的阶段。从宏观层面看，全球新材料市场的重心正逐步向亚洲地区转移。

3. 产业发展趋势

1）各国新材料产业政策持续推出，纷纷抢占制高点

进入21世纪，世界各国特别是发达国家都高度重视新材料产业的发展，均制定了相应的新材料发展战略和研究计划。尤其是美国国会参议院于2021年6月通过了《2021年美国创新和竞争法案》，举国之力加强支持芯片等材料相关技术的发展，鼓励企业在美国研发和制造芯片，并在未来几年提供约2000亿美元的科研经费支持等，从而大幅提高美国制造的半导体生产能力，并最终加速关系到国家安全的纳米技术、量子计算、人工智能、下一代通信、计算机硬件、生物技术、网络技术和其他新兴能力的创新和发展。并且随着“材料基因组计划”战略规划在各个国家提出，进一步加快了新材料产业技术的发展速度，竞争日趋白热化。材料作为工程科技的先导性技术和基石，其战略地位日益提升。同时，主要发达国家针对新材料重点领域，如高温合金、碳纤维及复合材料、新型显示材料、新型能源材料、第三代半导体材料、稀土新材料、

石墨烯等，也出台了相应专项政策。

2）产业规模不断扩大，地区差异日益明显

随着全球高新技术产业的快速发展和制造业的不断升级，以及可持续发展的持续推进，新材料的产品、技术、模式不断更新，应用领域不断拓展，市场前景更加广阔，对新材料的需求十分旺盛，产业规模持续增长。据朱月仙等（2024）统计，2010 年全球新材料市场规模超过 4000 亿美元，2017 年 2.3 万亿美元，2019 年 2.82 万亿美元，2020 年全球新材料产业产值规模已经接近 3 万亿美元，每年以 10%以上的速度增长，在全球“工业 4.0”的大背景下，航空航天、电气电子、医疗器械、汽车等工业发展将会进入到新的发展阶段，对新材料的需求将会进一步增长。预计 2040 年全球新材料产业产值规模将保持正增长态势，2030 年有望突破 10 万亿美元，2040 将突破 25 万亿美元（中国工程院化工、冶金与材料工程学部和中国材料研究学会，2024a）。

3）市场竞争持续加剧，先进材料产业成为焦点

关键战略材料已经成为市场竞争的焦点，尤其信息技术是当前智能化时代世界经济复苏和推动未来产业革命的重要引擎。信息化的发展水平主要取决于光电信息功能材料，其主流仍然是半导体材料。另外，碳化硅、氮化镓和氧化镓等宽禁带半导体材料也将在通信、电力电子、汽车电子、航空航天等多个领域有广泛应用。美国等发达国家在电子信息等先进材料领域占据主导地位，压制我国高技术产业的发展。

4）集约化集群化发展，高端材料垄断加剧

随着全球经济一体化进程的加快，集约化、集群化和高效化成为新材料产业发展的突出特点。新材料产业呈现横向、纵向扩展，上下游产业联系也越来越紧密，产业链日趋完善，多学科、多部门联合进一步加强，形成新的产业联盟，有利于产品的开发与应用，但是也容易形成市场垄断。大型跨国公司凭借技术研发、资金、人才等优势，优先取得了原创技术成果和先进生产应用，从而形成技术、专利等技术壁垒，并在

大多数高技术含量、高附加值的新材料产品中占据了主导地位。这种技术壁垒优势将会继续发挥作用，使得国际新材料企业呈现集团化、寡头化、国际化发展趋势。例如，日本、德国的5家企业占据了80%以上的半导体硅材料国际市场销售额（中国工程院化工、冶金与材料工程学部和中国材料研究学会，2023a）。

4. 学科发展趋势

（1）材料学科是兼具基础性和先导性的新兴交叉学科，融合了基础科学（物理学、化学、数学、生物学等）原理和工程技术（冶金、化工、机械、电子信息等）方法，从而探究材料性质、组分与结构、合成与加工、使役性能四大要素关系。生成式人工智能与多学科领域的交叉融合是未来材料领域工程科技培育新质生产力的战略选择。

（2）融合纳米制造、大模型设计和生物技术等，材料结构与功能和性能一体化设计、材料合成制备与构件和器件一体化制造、材料服役性能与损伤失效归一化预测、材料绿色制造及全寿命等集成式研究，正在成为未来材料领域工程科技发展的必然趋势。

（3）颠覆性技术不断涌现，大科学装置正助力基础研究进一步加深并推动产业化进程，材料基因工程和智能制造大幅度缩短研发周期，重大科学思想和科学理论将逐渐形成。

（4）学科发展不断向空白领域和无人区境地迈进，新理论、新技术、新方法和新手段不断发展突破并用于前沿工程科技研究，基于量子技术、数学和化学等技术突破，给材料工程科技创新带来新的发展机遇。

5. 研发态势

（1）合作联盟研发、集体攻关核心技术的模式得以发展，材料研发、制备工艺、生产和检测一体化平台建立，促使材料工程科技快速发展。

（2）新材料研发及制备方法创新进程加快。以材料基因工程为代表的材料设计新方法的出现，会大幅缩减新材料的研发周期和研发成本，加速新材料的创新过程。

（3）对高精尖大科学装备、高端设计和模拟软件、数据库和先进检测仪器的需求日趋强烈。

二、2040年世界相关领域经济社会发展状况

到2040年，全球新材料在结构、功能、智能一体化上，实现系统性突破，材料的形态、组成基元、超性能以及制备过程将达到新的构建体系，新材料的先导性作用将成为高新技术和新兴产业的根本性保障，新材料的发展与经济社会发展出现高度融合的新态势。

随着全球数字经济不断壮大，智能传感材料、可编程超材料、类脑计算材料、量子信息材料、交互式神经形态材料、类器官组织再生材料、载体与缓释材料、柔性可穿戴与扩展现实、高效能量转化材料、生态智能仿生材料等智能新材料，将持续支撑保障高端装备、生物医药、光电子信息、新能源汽车、光伏、风电等新兴产业的迅猛发展，从而加快数字经济和实体经济的深度融合，从而铸就新产业、新业态、新模式的全球先进材料领域全新发展格局。

到2040年，全球高技术制造业、装备制造业将成为工业经济的发展重点，为保障数字经济的平稳运行，高端化、智能化、绿色化的新材料种类与数量将不断增加、各类软物质智能结构会层出不穷；基础材料、原材料、辅料、高端装备、高端检测设备、基础软件等智能化水平不断提高，以有力保障全球探月探火、深海深地探测、超级计算机、卫星导航、量子信息、核电技术、大飞机制造、人工智能、生物医药等领域的新重大突破；全球未来经济社会发展的材料物质基础得到有效保障，新材料能够满足未来高新技术、高端制造和重大工程的基本需求。

第十一章　2040年中国先进材料领域科技与社会发展愿景及需求

第一节　2040年中国先进材料领域经济社会发展预测及需求

一、2040年先进材料领域经济社会预测和情景预测分析

1. 经济社会预测

面向建设科技强国和制造强国的战略蓝图，立足国民经济和国防安全重大需求，以提高新材料自主创新能力为核心，以先进基础材料、关键战略材料、前沿新材料为发展重点，深化供给侧结构性改革，坚持可持续发展，大力发展新技术、新模式、新业态，实现新材料产业转型升级和结构调整，以创新驱动发展，建立以企业为主体，“产学研用”深度融合的新材料自主创新体系，全面提升我国新材料自主保障能力和市场竞争力，彻底解决材料领域“卡脖子”问题，把我国建设成为新材料强国。

到2040年，我国将在世界材料强国行列中占有一席之地；围绕保障国家安全、产业安全、科技安全的重大需求，核心系统、关键器件、核心原材料、关键制造装备受制于人的问题基本得到解决；对事关国计民生、重大工程和国家安全重点领域的器件与材料需求，构建起系统性、全链条、全方位的支撑保障能力；我国材料行业的国际竞争力全面提升，基本建成材料自主创新体系，在某些关键领域逐步形成引领发展的能力。

2. 情景预测

一是科技创新范式革命加速推进，融入人工智能、大数据等最新信息技术的材料设计、制备、表征及应用，成为新材料创制与应用的主流模式，新模式将极大缩短新材料的研制周期，加速应用迭代，使新材料研发更加精准与高效。

二是科学研究将持续向纵深发展，在器件的设计阶段会提早考虑到材料因素，使其尽早融入器件乃至系统的总体架构的设计中，从而有可能较早发现潜在的"卡脖子"材料，并超前布局，使核心先进材料尽早得到解决。

三是社会老龄化程度持续加深，医疗、康复及保健等消费需求上升，生命健康成为人类共同面对的技术命题，生物医用、生物功能、健康监测、远程诊断、居家照护等与健康相关的材料得到广泛重视并取得长足进步；材料与电子信息、生物技术等进一步交叉融合，为未来社会居家生活带来福祉，重大疾病对健康的影响减轻，人民平均寿命进一步延长，生活品质大幅度提升。

四是全社会能源资源供应呈现智能化、绿色化、多元化的发展趋势，传统的煤、石油、天然气等化石能源在日常生产生活中的占比逐步降低，传统能源的利用朝着高效、综合、全过程开发的方向发展；新能源材料体系创新引领驱动太阳能、核能、氢能、海洋能、环境微弱能源等非化石能源的占比大幅提高，新型储能技术、智慧能源系统加速迭代，全社会能量利用和调度呈现多能互补、供需互动、形式多样、场景各异和高效有序的运转状态。

五是社会由信息化进一步向智能化转型，一方面，智能化技术正应用于材料研发、制造等多个环节，智能工厂的推广将进一步提高生产效率、提升材料的产品质量；另一方面，具有自修复、自感知、自适应、自我调节等新型智能材料或材料的功能化器件将得到广泛重视及应用。

六是经济社会生态化建设成效明显，资源节约型理念更加普及，更加关注用于制造新材料的矿产资源的平衡高效清洁利用，清洁生产和循环经济成为发展主流；材料的全生命周期管理理念被广泛接受，资源循环利用常态化；全社会对清洁能源的利用占比进一步上升，支撑光伏、氢能、核能、海洋能及环境能源利用等一系列先进基础材料得以发展和深度转型，新能源环保产业的高速发展，使我国积极稳妥分步骤完成“双碳”目标，低碳社会初步成形。

七是国家在海洋、陆地、深海、深空、极地探索等领域的实力进一步增强，对各类自然灾害、疫情的预测和应对能力进一步提高，保障国家安全、人民生活安全，面对重大疫情、突发自然灾害，支撑应对以上场景所需的前沿材料、军工材料、极端条件材料等先进材料产业体系逐步完善。

二、先进材料领域需要解决的重大问题及其对工程科技的需求

1. 需要解决的重大问题

1）产业链供应链安全保障中的“卡脖子”问题

国内外形势正在发生深刻复杂的变化，美国、欧盟、日本、韩国在世界材料产业链中形成了自身的战略优势，在产业政策和产业链层面，通过前沿材料技术的保密、先进材料的专利和标准等进一步扩大其优势并制约其他国家发展。新发展格局下，我国材料领域面临严重“卡脖子”问题，在高端芯片、高纯原材料、基础软件等领域存在明显短板，影响到材料领域整体发展水平的提高。目前我国先进材料领域的研究仍以散兵作战式为主，尚未形成完善体系和高效的协作制度，需加大自主研究，集中攻关材料关键技术，打破我国在先进材料方面受到的制约。

2）产业高质量发展中的高端化问题

在过去几十年的发展中，我国材料产业占据了全球价值链的中低端市场，成为全球第一的“制造业大国”，向全球输出技术含量低、附加值

低的初级产品，并通过贸易的方式来换取附加值高的技术产品。随着全球产业链格局的重塑，我国材料产业需加大新材料原创研发和关键核心技术的突破，重点发展高端新材料，加速从规模增长向质量提升的转变，构建一批特色鲜明、优势互补、结构合理的战略性新兴产业增长引擎，更好地培育新技术、新产品、新业态、新模式，实现高端技术的先导性布局，逐步确立高端材料的优势地位，自主发展高端材料产业。

3）源头创新和科技成果转化的协同与联动问题

当前，我国研究队伍规模和学术领导力显著提升，但“跟跑”型研究仍为主流，重大基础性理论与国际顶尖水平存在差距，颠覆性技术创新和体系化工程技术突破不足，高等院校及科研院所的研究工作与需求存在脱节现象，成果的转化出现靶向性偏差，转化周期长、转化效率低于发达国家。我国制造业规模持续增长，对高端新材料的需求旺盛，但当前我国新材料创新体系效能还不高，研发、生产、应用各环节存在脱节，需要以强化需求和应用为导向，在工程问题中凝练科学问题，推动基础科研与工程科技相互促进螺旋式上升，聚焦材料领域科技成果转化“死亡谷”问题，注重产业链上下游纵向协同以及政产学研金横向间的协同和联动，提高新材料科技成果转移转化成效，提升我国新材料创新供给能力，以满足我国门类齐全的工业体系新材料需求。

4）材料超微结构与技术深层次推进问题

材料超微结构与技术的开发是未来先进材料发展的主导方向。谁在超微结构开发上占据优势，谁就能占据未来材料领域的制高点。随着研究手段的深入，需要基于量子、原子、分子、纳米等尺度结构进行功能性设计与制造，不断探索新型的超微结构与功能材料，实现其在经济社会发展各个领域的前沿应用，引领材料变革的发展方向。

2. 对工程科技的需求

1）新型经济发展体系的需求

（1）高端化发展的需求：经济增长速度降低，劳动力成本上升，我国新材料产业必然要向全球产业链中高端位置迈进，需大幅提升高品质、高附加值的高端新材料供给能力。

（2）居民消费升级的需求：人均 GDP 的增长、居民消费形式及消费多元化的需求拉动信息通信技术、移动互联网、绿色出行、新型文化娱乐和医疗保健等领域的发展，支撑新材料升级换代。

（3）新发展格局的需求：出口和政府投资下降、居民消费增加等因素导致新材料产业需求侧发生结构性变化，在与之匹配的新材料产业链及供应链上面临着向国内消费市场优化调整的需求。

（4）提供全社会信息与能量支撑的需求：材料技术作为底盘技术，为全社会信息、能量的循环提供物质基础，随着社会发展智能化和绿色化的趋势要求材料提供全面的物质支撑。

2）社会发展体系的需求

（1）生命健康及人口老龄化需求：人口老龄化加剧及人口出生率降低、医疗健康需求上升等问题，对新材料研发、生产和应用各环节的智能化以及应用于居民生活、医疗保健等领域场景数字化、智能化的新材料提出需求。

（2）新型城镇化建设需求：城镇化及城市群建设对绿色基础设施材料、新能源材料、环境功能材料及支撑城市交通与安全的新材料提出要求。

（3）生态建设及“双碳”目标的需求：随着生态文明体制改革，“双碳”目标加快实施，对钢铁、水泥、有色金属等基础材料深度转型以及新能源材料、环境功能材料等的发展提出了新要求。

（4）安全保障需求：随着全球政治格局的重塑，我国对保障国家安全、人民生命安全的需求更加强烈；在军事上，对支撑未来战争取得胜利的军用材料，支撑太空、极地、深海等领域探索或战术制约的特种材料需求更加强烈；对防止新型病毒传播、对抗生物武器入侵、抵御气候灾难等领域的支撑材料提出了要求。

第二节　2040年中国先进材料领域经济社会与科技发展愿景

一、支撑经济运行的先进基础材料发展愿景

先进基础材料的种类与数量不断增加，各类物质层出不穷，材料科学与物理学、力学、化学、数学、生物学、人工智能、电子学等学科组成的相互依赖、相互制约的复杂系统从底层影响材料的发展，全社会对基础科学的认知以及对新材料保障支撑地位的认知进一步加深。

源头创新供给水平显著改善：原始创新和基础研究的“产学研用”合作平台产生成效，实现科研成果的快速转化和应用。材料领域基础研究得到进一步规划，新材料产业相对于其他各产业的先导性布局逐步完成。

制约我国材料产业发展的短板问题得到解决：现阶段我国新材料的发展面临着包括上下游原材料、辅助材料、高端装备、高端检测设备、基础软件等短板问题，随着我国新材料产业链进一步优化，先进材料与设备的技术攻关逐步完成，推动关键战略材料生产和关键零部件的国产化，摆脱国际贸易和科技制裁，材料领域“卡脖子”问题得以解决。

二、支撑经济运行的能源材料发展愿景

制约可再生能源发展的先进材料得以不断创新、推广和普及：钙钛矿太阳能电池材料、电解水制氢用膜、低电耗与长寿命高温固体氧化物电解质、高效催化材料、高压储氢材料、新一代核能先进材料实现大规模的应用，支撑能源生产绿色化转型基本完成，全面构建起支撑社会经济发展的新型能源体系。

新材料的推广和应用，促使能源的综合利用水平逐步提高：新型光电建筑材料将住宅与能量聚集的功能相结合，纳米发电与能量转化技术促使环境中随处可得的电磁波、光能、振动能等微弱能源得以聚集、转化和有

效利用，拓宽未来能量的来源。2023 年，我国可再生能源发电装机规模历史性超过火电，全年新增装机超过全球一半（李强，2024），未来可期。

能量存储的方式逐步扩宽、全社会能量的使用和调度更加智能化：加速锂离子电池技术升级，推进新一代电化学储能系统建设，突破多元相变储能技术，开展大容量长时储能前沿技术攻关；储热蓄冷、储氢、机械储能等储能技术的材料全面突破，使得不同场景下的能量存储更有针对性和适用性，全社会能量调节使用更加高效。

三、支撑经济运行的信息材料发展愿景

产业智能化转型基本完成，以物联网、人工智能、大数据、新一代通信为代表的新一代信息技术在新材料产业发展中的融合应用加速推进，新材料研发—生产—应用各环节数字化、智能化程度逐步完成。

支撑经济社会信息网络智能化的材料基础进一步夯实：信息产生、提取、转换、传输、存储、处理和显示等过程用的微电子材料、光电子材料等材料得到进一步发展。我国半导体材料呈现多层次发展格局：在衬底材料方面，硅基材料、Ⅲ-Ⅴ族化合物（砷化镓、碳化硅等）等实现规模化应用；在配套材料方面，栅介质与存储介质材料、集成电路专用材料等形成完整供应能力；在功能材料方面，半导体照明与显示材料、光电功能晶体、红外探测材料及低维光电子材料等实现技术突破。在技术创新层面，宽禁带半导体材料结合红外半导体技术应用，集成电路制造用高性能支撑材料，大功率太赫兹电真空材料与器件，智能可穿戴器件，高功率激光与非线性光学技术，量子材料体系等取得显著进展。

新材料设计制造软件实现自主创新：如计算机辅助设计（computer-aided design，CAD）/计算机辅助工程（computer-aided engineering，CAE）/计算机辅助制造（computer-aided manufacturing，CAM）等宏观尺度的新材料设计制造软件、相场模拟软件、尖锐界面模型、沉淀演化模型等微观尺度的材料结构演化和材料响应软件，蒙特卡罗方法、分子动力学等量子和原子空间尺度的材料计算软件，以及功能（如材料计算、数值模拟等）

集成的材料集成设计软件等实现自给自足和自主创新，材料基因工程与材料智能化的发展、材料大数据库的建设有力支撑材料研发新范式变革。

四、支撑社会运行的生物医用材料发展愿景

心血管医疗器械等用于诊断、预防、监护的介入医疗器械，生物电极与生物传感器、造影剂、纳米生物探针等辅助诊断的材料，脂质体、聚合物胶束等用于治疗的药物释放载体材料，水凝胶伤口敷料、组织修复及缝线材料、医用纤维和生物纺织品、烧伤敷料、分类和过滤等医用膜材料、心脏起搏器、耳蜗假体、人工晶体等辅助治疗材料摆脱进口依赖、实现自主创新。

用于替换生物体组织、器官并恢复或增进其功能的材料物3D/4D打印技术融合发展，促进骨、牙、关节等硬组织修复材料，皮肤、乳房、食道等软组织修复材料，神经修复材料，肌腱和韧带修复材料，心血管材料，人造血液替代品，以及体外人工器官等在人体的应用；血管机器人等技术的应用促进人类疾病的预防与治疗进入微纳时代。

新材料需求供给能力大幅提升人民健康品质。生物医用材料、新能源材料、环境功能材料、电子信息材料等的交叉融合应用有效减轻疾病对健康的影响、提高人民的寿命、提升生活品质，新材料的创新和发展为有效解决人口老龄化、人口出生率下降带来的社会问题提供有力支撑。

五、支撑社会运行的衣食住行材料发展愿景

人们在日常生活中对美好生活的愿景会具体落实在更好的衣食住行等方面。衣食住行是一个人最基本的生活需求，在未来具有广阔的市场前景，衣食住行行业将继续保持快速发展。随着人们对舒适、时尚和品牌的追求，服装行业将继续发展，个性化定制和智能穿戴织物等新兴业态也将得到快速发展；随着人们对健康饮食的关注不断增加，食品行业将迎来更大的发展机遇。健康食品、有机食品、天然食品和合成食品等高端产品将成为主流，满足不同营养价值和需求的合成食品也将不断涌现，并逐渐受到欢迎；随着人口增长和城市化进程的加速，住房行业

将迎来发展机遇，智能家居、绿色建筑和共享居住等新兴业态将成为住房行业的发展方向，体现在材料中主要为绿色低碳建筑材料等方面；在出行方面，随着人们生活水平的不断提高，出行需求不断增加，新能源汽车、智能驾驶和共享出行等新兴业态将推动出行行业的发展，同时需要汽车轻量化材料、能源材料等共同发展。总之，衣食住行行业拥有广阔的市场和不断的发展机遇。根据未来市场需求和消费者需求，需要衣食住行方面的材料不断创新和改进，才能满足各方需求。

六、支撑社会运行的环境工程材料发展愿景

污染物排放强度显著下降，有害物质源头管控能力持续加强，重点行业主要污染物排放强度稳步降低，能源效率稳步提升，资源利用水平大幅提高。膜分离材料、絮凝材料、吸附材料、电极材料、催化材料、生物炭材料、纳米材料、微生物菌剂等功能材料的高速发展推动污染治理与减排、资源利用等领域整体水平的提高。

在“双碳”目标的推动下，石化化工、钢铁、有色金属、建材等行业的绿色制造体系日趋完善，实现产品替代、流程再造、工艺升级，先进材料及应用走上绿色化和低碳化发展的轨道，逐步实现“双碳”目标。各类节能材料、新型建筑材料、生态材料广泛应用，人民的居住环境更加贴近自然，生态城市和乡村宜居系统逐步建立。

七、支撑社会运行的安全工程材料发展愿景

重大工程保障能力持续提升，航空航天用的高温合金、难熔合金、耐高温、耐烧蚀材料、极端条件下使用的电子信息材料、量子材料等取得突破，我国在海陆空等领域的综合实力进一步增强，国家安全保障能力进一步提升。

随着材料研究和应用水平的不断提高，我国在应对灾难性气候、突发传播疾病、生物武器入侵等方面的策略不断完善、相关支撑材料得以识别与并提前布局，人民生命安全得到进一步保障。

第十二章　中国先进材料领域工程科技技术预见与发展能力分析

第一节　先进材料领域工程科技2040技术预见

一、先进材料领域工程科技2040技术预见基本情况

先进材料领域备选技术清单沿用2035的子领域划分方法，并经过论证，将“前沿与军工材料”拆分成“前沿新材料”和“军工新材料”，因近年来材料基因工程技术发展迅速，又新增“材料基因工程”子领域，确定96项技术参与第一轮德尔菲调查；在第一轮德尔菲调查结果分析的基础上结合对开放性问题的分析，邀请专家甄别研判后，对第一轮技术进行修订、新增和删除，确定90项技术参与第二轮德尔菲调查。在调查结果的基础上，确定作为关键技术、共性技术和颠覆性技术的备选技术方向。

二、先进材料领域技术预见结果分析与关键技术选择

1. 预期技术实现时间分析

预期技术实现时间分布：在先进材料领域，中国技术实现时间集中在2028—2033年，其中2029—2031年实现的技术占86.78%，2028年、2032年、2033年这三年合计13.22%。先进材料领域技术的中国社会实现时间集中在2030—2036年，其中2031—2034年实现的技术占84.4%，2030年、2035年和2036年实现的技术合计占15.6%。

技术实现时间与社会实现时间跨度分析：将中国技术实现时间和社会实现时间进行比较发现：先进材料领域10个子领域的中国社会实现时间比中国技术实现时间滞后2—4年（平均为2.97年），最短为2年，

最长为 4 年；其中，稀土新材料、军工新材料和先进金属材料平均跨度最短，为 2 年；新型无机非金属材料、生物医用材料和材料基因工程平均跨度最长，为 4 年；中国技术实现时间均晚于世界技术实现时间 1—3 年（图 12-1、图 12-2）。

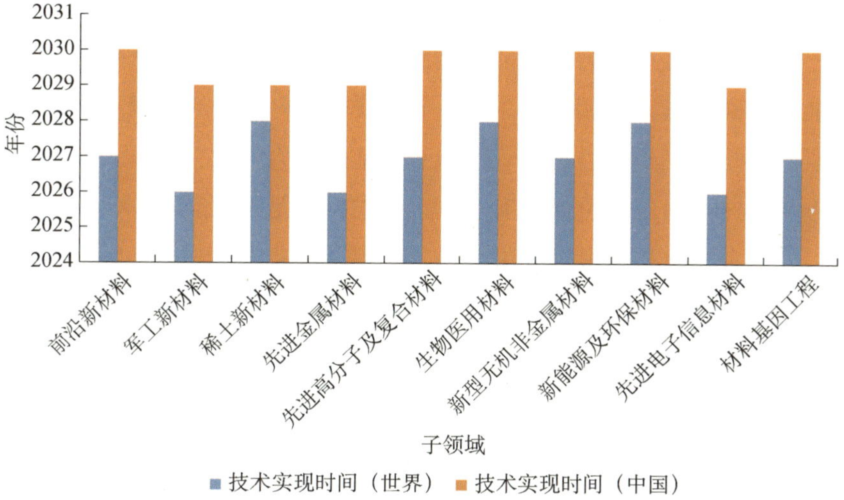

图 12-1　中国技术实现时间和世界技术实现时间

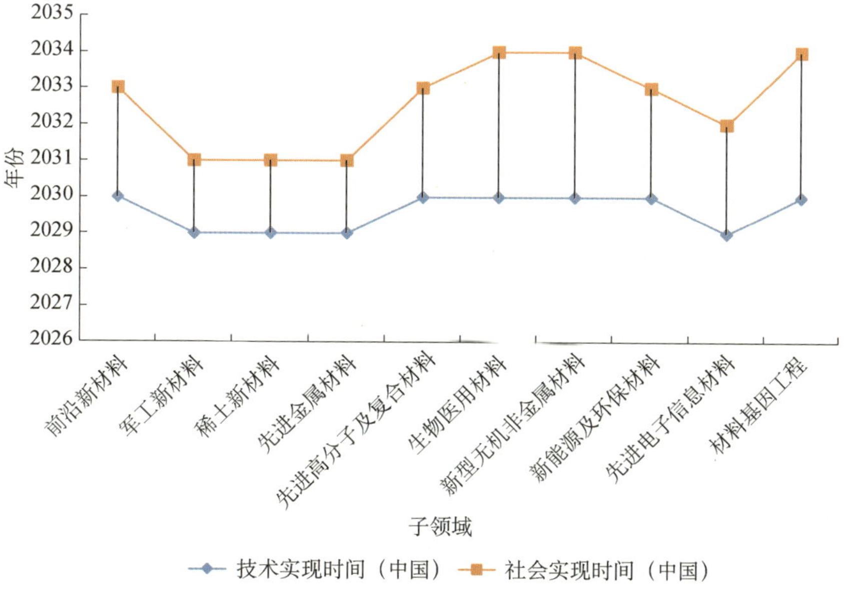

图 12-2　中国技术实现到社会实现时间跨度

2. 技术水平与约束条件分析

技术排名第一的国家为美国，领先国家为美国的技术占全部技术的 89.0%，领先国家为日本的技术占 5.5%，领先国家为欧盟的技术占 4.4%，领先国家为中国的技术占 1.1%。在先进材料领域，美国占据压倒性的领先优势。

先进材料领域排名前三的制约因素是研发投入、人才队伍和工业基础能力及科技资源（图 12-3）。10 个子领域各自的制约因素排名前三的因素同样是研发投入、人才队伍和工业基础能力及科技资源，只是在各子领域中排名前三的位次稍有不同，研发投入是军工新材料、稀土新材料、先进金属材料、生物医用材料、新型无机非金属材料、新能源及环保材料、先进电子信息材料七个子领域的第一制约因素，人才队伍是前沿新材料、先进高分子及复合材料、材料基因工程三个子领域的第一制约因素。

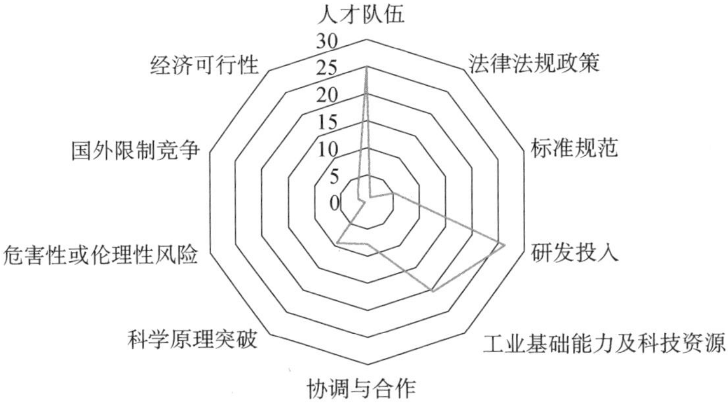

图 12-3　先进材料领域的制约因素

3. 技术重要性分析与关键技术选择

（1）先进材料领域重要技术方向

先进材料领域确定的 24 项关键技术中，生物医用材料子领域有 4 项、先进电子信息材料子领域有 3 项、军工新材料子领域有 3 项、新型无机非金属材料子领域有 3 项、先进金属材料子领域有 3 项、前沿新材料子领域有 2 项、材料基因工程子领域有 2 项、先进高分子及复合材料子领域有 2 项、稀土新材料子领域有 1 项、新能源及环保材料子领域有 1 项。表 12-1 列出了先进材料领域中前 10 项关键技术方向。

表 12-1　先进材料领域前 10 项关键技术方向

子领域	技术方向
先进电子信息材料	宽禁带半导体材料与器件
先进金属材料	高性能轴承钢、齿轮钢、模具钢等关键零部件用钢及其制备技术
新型无机非金属材料	航空航天发动机用陶瓷基复合材料研制及批量制造技术
先进电子信息材料	集成电路制造高性能支撑材料制备技术
新型无机非金属材料	基于二氧化碳直接光合作用的碳中和能源技术
材料基因工程	材料数据库技术
先进高分子及复合材料	高分子功能膜材料与技术
生物医用材料	材料诱导组织再生技术与产品
生物医用材料	生物医用传感材料及器件
前沿新材料	空间环境特种金属材料合成制备技术

（2）重要共性技术方向

先进材料领域确定了 10 项重要共性技术方向（表 12-2）。主要涉及军工新材料、材料基因工程、先进电子信息材料、先进高分子及复合材料、前沿新材料、生物医用材料等子领域。

表 12-2　先进材料领域前 10 项重要共性技术方向

子领域	技术方向
军工新材料	高性能纤维材料及其复合材料制备技术
材料基因工程	材料数据库技术
先进电子信息材料	宽禁带半导体材料与器件
先进电子信息材料	智能传感器材料制备技术
先进高分子及复合材料	特种高分子材料的设计、制备和应用
先进高分子及复合材料	高分子功能膜材料与技术
材料基因工程	材料研发智能技术
前沿新材料	纳米纤维材料
生物医用材料	细胞工程用材料与技术
生物医用材料	高分子生物医用原材料

（3）重要颠覆性技术方向

综合颠覆性指数和应用重要性的两项指数，综合调查结果和专家研判，先进材料领域确定了 8 项重要颠覆性技术（表 12-3）。

表 12-3　先进材料领域 8 项重要颠覆性技术方向

子领域	技术方向
先进电子信息材料	宽禁带半导体材料与器件
新型无机非金属材料	基于二氧化碳直接光合作用的碳中和能源技术
先进高分子及复合材料	智能高分子材料及智能纺织材料
材料基因工程	基于材料基因工程的新材料融合创新技术
新型无机非金属材料	无机塑性半导体技术
生物医用材料	细胞工程用材料与技术
生物医用材料	计算机仿生快速成型、生物 3D/4D 打印材料与技术
先进电子信息材料	存算融合高密度存储材料

三、先进材料领域（子领域）技术发展的总体特征判断

材料工程科技融合了基础学科（数学、物理学和化学）和工程学科（纳米制造、生物技术、信息技术等），新材料研发的结构功能一体化、功能材料智能化等复杂系统的学科交叉发展趋势日益显著。材料领域的深度自主创新在很大程度上依赖于学界乃至整个社会对于基础科学的认知，而这种认知亟待整体提升。

绿色发展将成为未来的发展方向，先进高分子及复合材料、先进金属材料、新型无机非金属材料及稀土新材料等基础材料子领域将绿色低碳、全生命周期理念融入材料的设计、研发、制造、应用及回收的全过程，为生态问题的解决提供方案和计划。能源转化、能源储存、能源利用等先进材料技术和新理念的提出为解决化石能源造成的环境及气候问题提供支撑和保障。

智能化发展的趋势日趋凸显：综合重要性排名前 30 的技术方向中，生物医用材料占 6 个，先进电子信息材料和材料基因工程共占 6 个；通用指数排名前 30 的技术中，生物医用材料占 6 个，先进电子信息材料

和材料基因工程共占 8 个。随着生物、电子信息相关材料和技术的进一步融合，先进材料支撑全社会智能化发展的趋势将不可逆转。

制约我国材料发展的短板问题仍未得到彻底解决：调查结果显示，研发水平指数偏低的领域集中在生物医用材料、材料基因工程、军工新材料等子领域，高性能轴承钢、齿轮钢、模具钢等关键零部件用钢及其制备技术，集成电路制造高性能支撑材料制备技术等仍然是目前制约我国发展的关键技术，亟待彻底解决。

我国先进材料领域处于“跟踪”地位：我国先进材料领域技术水平总体落后于美国、欧盟和日本，各子领域技术的中国实现时间晚于世界实现时间 2—4 年，调查显示，我国先进材料领域各项技术处于“跟踪”地位，89.0%的技术“引领”地位由美国占据。面向 2040 年，自主创新是我国在先进材料领域发展的重中之重。

第二节　中国先进材料领域工程科技体系发展能力分析

一、总体水平与优势

（1）当前，我国先进材料产业已形成了全球门类最全、规模第一的材料产业体系。

在国家政策的持续推动和产学研等各方的长期努力下，我国先进材料产业已形成了全球门类最全、规模最大的材料产业体系。材料产业已经成为我国的重要支柱产业，产值约占我国 GDP 的 23%（李元元，2023），建成了涵盖金属、高分子、陶瓷等结构与功能材料的研发和生产体系，形成了庞大的材料生产规模。钢铁、有色金属、稀土金属、水泥、玻璃、化学纤维、先进储能材料、光伏材料、有机硅、超硬材料、特种不锈钢等百余种材料的产量位居世界第一。电极材料、电解液和隔膜产能规模也已经位于全球前列，在电解液和隔膜方面，我国的产能已占据全球总产能的50%以上（中国工程院化工、冶金与材料工程学部和中国材料研究学会，2024a）。新能源材料产业的发展势头迅猛，锂离子电池材料、燃料电池材料等高技术产业的发展，突破了技术壁垒，为新能源产业的快速发展提供了重要支持。

（2）创新能力显著提升，形成了较为完整的新材料创新体系。

我国先进材料学科整体发展水平明显提升，拥有208个材料科学与工程学位授权点，32所高等院校材料学科入选国家一流学科建设，在各学科中居于首位。材料科学重大创新载体建设步伐加快，新材料行业技术创新中心、国家重点实验室、国家工程（技术）中心、产业化基地、专业化园区已接近400家，2020年新材料研发企业达到6345家（李元元，2023）。以企业为主体、市场为导向、"产学研用"相互融合的先进材料创新体系正在初步形成并逐步完善。

（3）产业集群化发展趋势明显，形成了一批特色鲜明的先进材料产业集聚区。

2020年，我国新材料生产企业达867.87万家（李元元，2023）。各地基于材料工业基础、技术人才条件、资源禀赋、市场需求、环境承载力等比较优势，大力发展区域特色先进材料产业，推动先进材料相关企业集聚化发展，涌现出一批各具特色的先进材料产业集群。总体来看，我国东、中、西部地区先进材料产业发展各有侧重，呈现"东部沿海聚集，中西部特色发展"的空间布局，区域特征明显。其中，东部地区承担着先进材料的研发创新、高端制造等功能，形成了以环渤海地区、长江三角洲、珠江三角洲等地区为代表的先进材料综合性产业集群，中西部地区钢铁、有色金属、化工、建材等传统材料工业基础扎实，资源能源优势丰富，形成了以材料深加工和资源利用为基础的特色先进材料产业基地。

（4）材料科技创新贡献度日益增强，有力支撑重大工程建设和产业结构优化。

先进材料科技快速发展不断推动产业结构优化。超级钢、电解铝、低环境负荷型水泥、全氟离子膜、聚烯烃催化剂等产业化关键技术的突破，促进了钢铁、有色金属、建材、石化等传统产业转型升级，新型能源材料、先进电子材料关键技术突破正支撑半导体照明、新能源汽车、太阳能光伏等一批战略性新兴产业实现跨越式发展。先进材料为我国航空航天、能源交通、工程建设、资源节约及环境治理等领域一系列国家重大工程的实施提供了不可或缺的物质基础和保障。例如，高性能钢材料、轻合金材料、工程塑料等产品结构不断优化，有力地支撑和促进了高速铁路、载人航天、海洋工程、能源装备的“走出去”战略；第三代铝锂合金成功实现在大飞机上的应用等。

二、短板与不足

（1）创新引领能力不足，难以抢占未来战略制高点。

由于历史原因，所有引领现代产业发展的先进材料几乎全部源自发达国家，26 项获诺贝尔奖的革命性材料，均是由国外科学家率先发现的。我国先进材料领域起步较晚，三十多年的发展主要集中在量大面广的中低端产品方面，钢铁、有色金属、化工、建材等的产量巨大，但能耗高、污染大，可持续发展能力不足。我国创新主体在先进材料产业领域虽已积累了一定数量的创新成果，但是成果质量与美国、日本、欧盟相比仍存在较大差距，特别是在前沿性、基础性创新方面，缺乏体系化。例如，自由选题较多，缺乏宏观系统整合；缺乏材料战略科学家组织重大共性科学问题系统研究；基础研究的细度、纵向深度和横向广度均欠佳。总体来讲，我国先进材料领域原始创新能力仍处于“跟跑”阶段，创新链不通畅，难以抢占战略制高点。创新体系效能不足成为我国先进材料研发中的最大短板。

（2）创新链产业链融合不足，制造和应用环节发展滞后，难以对产业形成有效支撑。

目前，我国先进材料技术创新对产业发展的支撑作用仍显不足。从科研侧看，我国材料科学高水平论文数量高居全球第一，且占比近五成（中国工程院化工、冶金与材料工程学部和中国材料研究学会，

2024b）。但从产业侧看，我国高端制造业仍有诸多先进材料依赖进口，科技研发与产业发展脱节现象在先进材料领域表现尤为明显。一方面，我国产业长期处于全球价值链中低端，过去几十年先进技术的获取过度依赖国外创新体系；另一方面，成果大多依托于高等院校和科研院所，受政策、体制、机制等诸多因素的制约，我国先进材料研发与应用脱节较为严重，先进材料成果转化率较低。

（3）先进材料短板问题突出，严重制约高端制造业发展。

截至2019年，我国在运载工具、能源动力、高档数控机床和机器人、国防军工等五大领域使用的先进材料中，有几十种材料被国外禁运，上百种材料依赖进口。以高端制造为例，铝合金、镁合金、钛合金、高温合金构件等支撑高端装备向大型化、高速化、高可靠、长寿命发展的高端先进材料的制造水平与国外存在10—20年的差距，产品性能稳定性不足、质量精准度不高、生产效率低、成本高，国产大飞机先进材料及构件的国产化率不足5%（中国工程院化工、冶金与材料工程学部和中国材料研究学会，2024c）。在集成电路、新型显示、生物医药、新能源汽车等11个重点应用领域中，我国先进材料平均自给率为50%左右（李元元，2023）。在锂离子电池的部分先进材料高端产品领域，我国技术含量不高，产品的附加值低，高端材料和电池的高精度自动化装备仍需大量进口。

（4）产业基础保障能力落后，难以支撑科技创新发展。

用于材料设计、制造、模拟的软件长期依赖进口，高端工业控制系统和数控装备基本从国外进口，高端检测仪器完全依赖进口，200万元以上科学仪器国产率仅1.5%，高端光学显微镜国产率为0；100万元以上高端表征设备全部进口（李元元，2023）。先进材料领域关键原辅料自给率严重不足，基础原材料产品在纯度、精细度控制等方面也严重不足，多种电子化学品依赖进口，材料工艺缺乏深度、细度上的突破。材料加工数字化、智能化水平长期落后，与发达国家存在较大差距。材料数据库、材料领域标准的布局和建设力度不足，难以形成竞争优势。

第十三章　中国先进材料领域工程科技发展的战略构想

中国先进材料领域工程科技发展的战略构想以基本国情、重要需求、战略目标和未来情景为导引，深入分析我国核心挑战，如材料保障、进口依赖、创新能力和国家发展，特别关注人口老龄化、环境资源约束、关键技术受制于人及创新体系构建等问题。重大需求导向推动高新技术等发展，战略目标导向依据长远规划布局，未来场景导向探讨前沿科技应用。

本章旨在为面向2040年的材料发展战略提供科学依据和思路。本章系统分析了国际环境变化、体制机制和创新能力的要素：在国际环境部分，评估了科技发展的多样性和在国家安全中的核心地位；在体制机制方面，探讨了创新资源配置的趋势和关键行业内的协同创新框架；在创新能力部分，强调了原始创新的重要性及研究方法论和科技创新平台的持续发展。这一逻辑架构为材料产业发展提供了学术和理论支持。

先进材料是高新技术、新兴产业、高端制造和重大工程科技发展的基石和关键保障，也是未来产业的引领者。它不仅决定着新兴产业的未来走向，还将成为科技创新的原创策源地，助力中国抢占全球科技创新的高地。抢抓人工智能材料的历史机遇，提出原创性的思路，并致力于发展智能材料等关键材料，解决“卡脖子”问题，在高温合金、新材料技术、芯片技术、高端发动机技术、生物医药与装备技术以及数控机床技术等方面保持领先地位。

面向2040年国家重大需求，加强物质、能量、信息的经济资源要素配置和健康、环境、安全的民生科技研发，推动先进基础材料的高端化、绿色化、智能化转型，实现物质、能量、信息的均衡发展，促进高端先进材料、关键检测设备、基础软件等战略性产业融合集群发展，形成颠覆性技术的基础平台和制度体系，加快构建与新质生产力相适应的产业新体系。

大力发展以超轻超韧超强高性能金属材料、高效安全电池材料、超导材料、稀土超磁材料、智能高分子材料、无机塑性半导体技术等为代表的关键战略材料，完成短板补强。完成高端化、绿色化、智能化转型，提升先进复合材料、生态环境材料、高性能结构材料、新型功能材料、化工新材料、新型建筑材料的精细化、高端化、绿色化、智能化制造技术。发展空间材料、低维材料、电子信息材料、生物信息材料、柔性电子材料、类脑芯片、超材料、量子材料等，集中优势资源抢占制高点，为人工智能、量子信息、生命健康、脑科学、空天科技、深地深海等前沿领域目标夯实物质基础，引领重大工程攻坚。

第一节　发展思路

一、发展任务

围绕我国建设科技强国、创新型国家及达成“双碳”目标需求，在高新技术、新兴产业、高端制造和重大工程领域形成我国自主发展的新材料支撑保障体系，在经济运行体系中全方位自主支撑关键基础材料技术、新能源技术与信息技术的发展，形成材料、能源和信息三大自主产业融合体系。在社会运行体系中自主支撑以人为本的医疗、健康、舒适、长寿、养老高质量材料保障体系，自主支撑以环境为目标的疫情防控、防灾救灾、美丽中国、国家安全、进军远洋/深空/深地的材料保障体系。最终彻底解决先进材料领域“卡脖子”问题，形成我国先进材料的“创新链”和“产业链”自主发展体系，构建先导性物质保障体系来支撑科技强国的实现；支撑创新型国家目标实现，解决“双碳”目标材料绿色高质量发展和关键核心技术突破，积极稳妥地推进“双碳”目标的实现。

面向2040年先进材料领域发展重点任务为：开展“卡脖子”技术领域重大基础研究，解决先进材料领域产业化和应用化问题，实现材料高性能、低维化、纳米化、复合化和集成化应用；构建新材料重大原创机制和体系，突破行业颠覆性技术，寻求新材料产业变革；支撑高新技术、关键领域高纯原材料产业化及应用，开发重大装备关键材料、检测仪器、软件及辅料；强化材料工程科技对新一代信息技术的支撑作用，推动材料制造迈向智能化、集聚化、极限化；推进材料结构功能一体化、功能材料智能化、材料与器件集成化及复合化进程；基于“双碳”关键材料和技术，实现材料低碳、低成本、绿色化、智能化制造。

二、基本原则

1. 坚持立足社会经济发展全局和重大需求

要紧紧围绕国民经济和社会发展重大需求，充分联动，加强规划政策引导和体制机制创新，加大新材料推广应用和市场培育力度，形成各环节畅通的新材料产业链，满足国民经济发展的材料需求。

2. 坚持绿色与高质量发展

坚持以生态文明建设重要理念作为材料领域发展的指导思想，把节能高效、绿色低碳、循环安全作为材料科技创新与产业可持续发展的着力点，完成材料领域对能源、环境、气候发展目标的有力支撑。

3. 坚持自主发展与开放合作相结合

要着力掌握关键核心技术，完善产业链条，突破制约新材料发展的核心技术和关键装备，着力提高新材料自主创新能力。充分利用全球资源和市场，深度开展产业全球布局和国际交流合作，实现“产学研用”各环节的全球融合。

4. 坚持整体推进与重点突破相结合

一方面，强调材料科技领域整体绿色创新升级；另一方面，坚持加快发展科技含量高、产业基础好、市场潜力大的关键先进材料，选择最紧迫、最急需、最有可能率先突破和做大做强的领域予以重点推进，支持有条件的地区和发展基础好的产业率先发展，先发展带动后发展，实现我国先进材料产业总体水平的提高。优先推进高端材料、智能材料和能推动产业链升级的智能化材料和技术，带动整体材料领域的发展。

5. 坚持协调推进、全面联动

坚持“产学研用”一体化发展和军民融合式发展，加强纵向产业链上中下游深度链接，完善材料领域横向学科的分工与布局、推进跨区域跨行业创新联动，在材料工业改造提升中不断催生新材料，带动材料工业升级换代，以材料产业的突破与发展提升我国整体产业经济发展水平。

第二节　战 略 目 标

先进材料不仅是制造业的重要基础，更是支撑量子技术、人工智能、半导体等领域创新的核心要素，对保障国民经济建设、国防安全及实现民族复兴具有重要战略意义。建成世界科技创新强国，成为世界主要科学中心和创新高地，为我国建成富强民主文明和谐的社会主义现代化国家、实现中华民族伟大复兴的中国梦提供强大支撑①，应立足于创新、协调、绿色、开放、共享的新发展理念基础，解决现阶段“卡脖子”问题，实现全方位自主创新发展，建立材料产业在供给水平、产业结构、绿色低碳、数字转型、产业安全等方面的新平衡，夯实美丽中国、健康中国、平安中国建设的经济基础。先进材料领域战略目标如下。

① 中共中央 国务院印发《国家创新驱动发展战略纲要》.（2016-05-19）[2024-09-30]. https://www.gov.cn/zhengce/202203/content_3635217.htm.

一、2030 年目标

2030 年，我国跻身创新型国家前列，在先进材料领域总体上扭转科技创新以“跟踪”为主的局面，基本解决关键材料领域“卡脖子”问题，初步形成我国关键材料的“创新链”和“产业链”自主发展体系，材料产业化技术和应用化水平与国际先进水平同步，部分领域达到国际领先水平，材料领域产出对世界科技发展和人类文明进步有重要影响的原创成果，全社会对材料基础理论和科学原理的认知得到提升。

在新需求和新市场的拉动下，先进材料产品质量水平与稳定性稳步提升，中高端产品所占比例不断提高，材料新技术和新产品不断涌现、材料绿色化智能化等新模式和新业态蓬勃发展，整体水平进入全球价值链中高端环节，满足经济社会的重大需求。关键高端材料、高端装备及保障国家安全的瓶颈材料自主研发水平和自主保障能力显著提升。

稳步推进高新技术、关键领域高纯原材料的基础研究及产业化应用，自主研发一系列关键新材料、检测仪器、软件及辅助材料，以保障航空航天和信息通信等重大装备工程的平稳开展；实现传统制造产业的智能化、集聚化、极限化转型升级，有序布局材料结构功能一体化、功能材料智能化、材料与器件集成化、复合化的未来新材料产业，深度融合先进制造业和现代服务业，实现大批重大产业创新成果达到国际先进水平，碳达峰碳中和关键材料和技术取得重点突破，稳步实现材料低碳、低成本、绿色化、智能化制造。

二、2040 年目标

到 2040 年，彻底解决先进材料领域“卡脖子”问题，形成我国先进材料的“创新链”和“产业链”自主发展体系，材料行业的国际竞争力和话语权全面提升，完成科技强国战略任务。

生成式大模型实现材料自主设计、研发、制造一体化。有力提升先进材料的数据算力，形成集成化智能检测系统，构建多学科集成合作环境，增强先进材料产业链和供应链的韧性和竞争力，实现从产品设计到制造、功能验证的一体化发展，拓展应用场景，促进新设计快速应用转化，基本实现战略性新兴产业融合集群发展。全面突破碳达峰碳中和技术，并实现配套材料的自主制备。

拥有一批世界一流的材料科研机构、研究型大学和创新型企业，涌现出一批材料领域重大原创性科学成果和国际顶尖水平的材料科学大师，成为全球材料领域高端人才创新创业的重要聚集地。

第三节 总体架构

总体架构可以归纳为：面向国家对高新技术、新兴产业、高端制造和重大工程的需求，以当前我国材料工程科技领域发展基础和未来场景为出发点，围绕物质、能量、信息、人和环境，重点发展先进基础材料、能源材料、信息材料、生物医用材料、衣食住行材料、环境工程材料和安全工程材料，最后彻底解决关键材料领域“卡脖子”问题，形成较完备的先进材料工业保障体系，基本满足经济社会发展的全方位需求，自主支撑高新技术、新兴产业、高端制造、重大工程的发展需求，形成先进材料自主创新发展体系，构建先进材料产业领域人才、数字、平台、标准、创新等国家结构性优势，实现先进材料的全生命周期绿色发展模式。

一、两个平台的建设

1. 新材料“用-产学研-科普”平台及数字孪生平台建设

建设以需求为牵引的“用-产学研-科普”一体化转化与资源共享平台，优化国家级生产应用示范平台，解决核心材料生产应用技术开发、应用技术服役环境评价、生产应用示范线建设、资源数据库共享等问题，推动先进材料的应用技术创新发展水平。加强先进材料资源共享平台建设，对先进材料产品、企业、集聚区、资金项目、成果奖励、学术文献、标准、专利、专家等海量数据资源进行汇聚加工，构建先进材料行业知识服务系统；搭建先进材料仪器设施共享系统，实现关键仪器设施的在线互联与服务共享等。推动先进材料领域前沿技术、创新理论向全社会的普及，实现对产学研一体化进程的全过程科学普及。

建立“用-产学研-科普”的数字孪生平台，发展材料研发智能技术、基于材料基因工程的先进材料融合创新技术等先进材料智能化技术、材料应用大数据库等。推动材料基因工程和材料智能化发展，建设材料数字化研发、制造、应用平台，加速材料人工智能技术融入先进材料的研发、设计、制造和应用全生命周期，提高创新效率，实现材料产业链的数字化转型。

2. 新材料设计-表征-标准-评价平台建设

研发国产先进材料制造设计软件、材料结构演化和材料响应软件、量子和原子空间尺度的材料计算软件、机器学习、材料集成设计软件等，形成“计算、数据、人工智能、实验”四位一体紧密结合的新材料研发基础设施的建设。

发展用于产品、工艺、测试、应用、评价等场景的具有自主知识产权的材料高通量表征仪器、材料痕量成分分析仪器、材料性能测试仪器、材料制造流程在线监测仪器等高端精密检测仪器，实现材料高端加工装备工艺、材料精密检测仪器的自主可控。

建立支撑先进材料产业高质量发展的标准体系，开展先进材料标准领航行动，加大先进基础材料、关键战略材料及前沿新材料标准的有效供给，充分发挥标准化对先进材料产业发展和质量变革的引领作用。

大力培育发展自主认证和检测品牌，提升国际竞争力。完善先进材料测试、表征、评价体系，建立国家先进材料测试评价平台，构建先进材料测试评价体系，突破先进材料测试评价的瓶颈，并对其补齐短板。普及材料全生命周期理论，实现先进材料全生命周期管理，搭建标准化、国际化的第三方性能评价平台，为绿色制造和高质量发展提供依据。

二、材料对经济和社会运行体系的基础支撑

1. 材料对经济运行体系的基础支撑

在经济运行体系中，材料起到了基本支撑和保障作用，具体体现为满足经济发展的物质、能量和信息需求。从经济资源要素维度分析，根据前沿新材料、先进金属材料、新型无机非金属材料、先进高分子及复合材料、稀土新材料和材料基因工程等子领域的发展需求，制定关键物质材料的发展战略。具体地，以能源需求为出发点，针对能源转化、输运和储存等关键环节，以材料需求为主线，制定高效能量转化材料、高比能安全储能材料、纳米能源材料与系统、核能材料和氢能材料的发展战略。站在经济运行信息需求的维度，从通信物联、高端装备及工业数字化等现代高新技术产业对材料的需求出发，制定量子材料、存算一体材料和神经交互材料的发展战略。

2. 材料对社会运行体系的基础支撑

在社会运行体系中，材料的基础支撑和保障作用体现在给予人们的生命健康、养老等舒适的环境条件方面，也是美丽中国、平安中国目标实现过程中，对新材料的基本需求。从材料对健康中国目标支撑的角度，依据健康诊疗的过程以及我国健康产业发展需求制定生物信息材料、载体与缓释材料、组织再生材料、类器官材料的发展战略，以及关涉人类健康舒适的衣食住行材料的发展战略。站在建设美丽中国的维度，从绿色低碳可持续发展，以及实现对建设资源节约型、环境友好型社会的材料和技术基础支撑的角度，制定环境功能材料和低碳材料及技术的发展战略。从建设平安中国、满足国家安全对材料需求的角度，制定航空航天用电子元器件材料、空间环境特种金属材料、军工新材料、极端条件防护用高分子及其复合材料、航空航天高性能复合材料的发展战略（图13-1）。

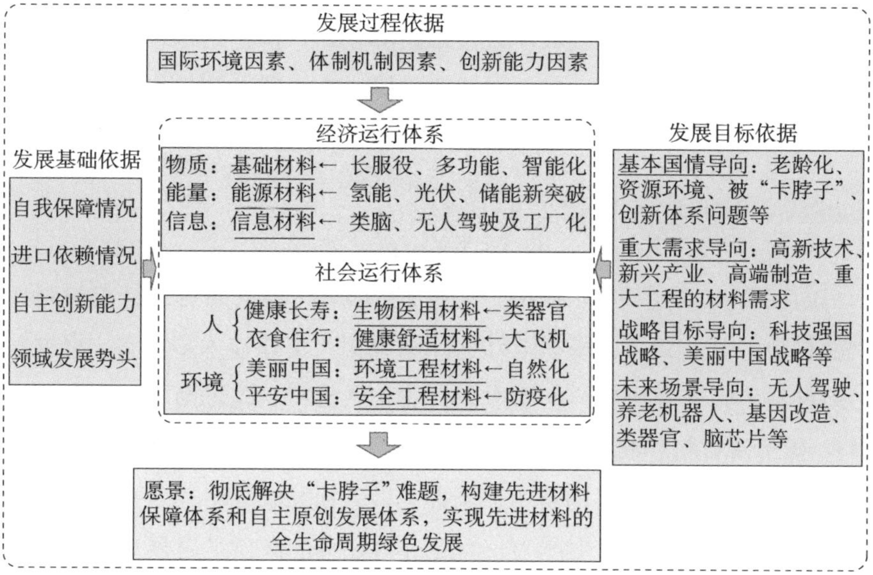

图 13-1　面向 2040 年先进材料领域总体架构

第四节　先进材料发展战略

我国在运载工具、能源动力、高档数控机床和机器人、国防军工等领域的数百种先进材料被国外禁运或形成进口依赖，在当前复杂的国际环境下，我国先进材料受制于人的局面仍未发生根本改变。关键先进材料需围绕经济发展的物质、能量和信息需求以及社会发展的健康、美丽、安全需求，将前沿新材料、关键战略材料和先进基础材料结合发展、整体布局、有序推进，发展以生物打印 3D/4D 材料、智能仿生材料、超材料、量子信息材料为代表的前沿新材料，以宽禁带半导体、高熵合金、多电子高比能电池体系及先进材料、深空深地深海和极端环境材料为代表的关键战略材料，以高端装备用结构材料、超磁功能材料、低成本易加工钛合金、结构功能一体化建筑材料、绿色全生命周期生态材料为代表的先进基础材料。先进材料的发展需将智能化、绿色化作为提升材料产业竞争力的技术基点，推进先进材料与信息、医疗、能源等领域的深度融合，推进材料与各领域新兴技术跨界创新，构建结构合理、开放兼容、自主可控、具有国际竞争力的现代材料产业技术体系，以技术的群体性突破支撑引领新兴产业集群发展，推进产业升级换代。

一、先进基础材料发展战略

面向 2040 年，经济大循环所需关键物质材料主要包括结构材料、功能材料、学科交叉领域和基础保障领域相关支撑技术和材料。根据前沿新材料、先进金属材料、新型无机非金属材料、先进高分子及复合材料[①]、稀土新材料和材料基因工程等关键物质材料产业发展的战略需求，着力提升关键物质材料的自主创新能力，引领发展战略性新兴产业和未来产业，加快形成新质生产力，为经济与社会的高质量发展奠定坚实的物质基础。

1. 前沿新材料

前沿新材料是指具有未来产业前景、性能新颖优异的颠覆性材料，如超材料、智能仿生材料、超导材料、低维量子材料等，并对航空航天、重点武器、高端装备、电子信息等产业发展具有革命性意义的新材料。

1）发展思路

前沿新材料代表着材料未来的发展方向，是先进材料领域的战略制高点，也是我国材料科技实现跨越式发展的着力点和抢占新一代信息技术、新能源、智能制造、生命健康等战略性新兴领域发展制高点的物质基础。随着未来科技革命和全球产业变革的到来，前沿新材料不断涌现，对传统产业的变革和新兴产业的引领作用日益凸显。

面向未来我国经济社会发展的重大需求，做好前瞻性顶层设计，发挥新型举国体制优势，提升前沿新材料产业科技创新基础能力、支撑保障基础能力、竞争基础能力、可持续发展基础能力，改善前沿新材料产业生态环境。针对前沿新材料多学科交叉、创新性和颠覆性强的特征，

① 其中的生物基高分子材料将会被单独提出来进行论述。

培育交叉融合创新型产业人才，充分吸纳和运用好以大数据与人工智能为代表的新技术以及以材料基因工程为代表的研发新模式，使前沿新材料的创制、共性关键技术的突破周期更短、效率更高、成本更低，并与产业发展及国家重大工程的需求更加紧密相结合，在促进新材料产业自身实现跨越式发展的同时，为我国制造业的升级与战略性新兴产业的发展提供材料科技支撑。

2）2030 年目标

到 2030 年，形成一批前沿新材料核心技术专利，超导材料、智能仿生材料、液态金属等前沿新材料产品实现量产；部分重要前沿新材料技术、标准、专利得到有效布局；石墨烯基材料、3D/4D 打印等前沿新材料实现规模化应用，部分领域达到世界领先水平。

3）2040 年目标

到 2040 年，超材料、高温超导材料、智能仿生材料等前沿新材料得到规模化应用；自主研发并制造出若干新型前沿新材料，在高温超导材料、智能仿生材料、超材料、液态金属、量子材料、极端环境材料等重要方向达到国际一流水平。

重点推进以下前沿新材料方向的发展：光信息超材料、界面超导、液滴仿生材料、非晶合金、量子点显示材料等。需要攻关的技术包括：超材料/超结构及其增材制造方法、光信息与存储及热管理材料的纳米制造技术、微纳米有序结构高分子材料及其规模化制备技术和纳米纤维材料可控制备技术。

2. 先进金属材料

先进金属材料具有增强的力学特性，可用于先进能源系统、现代交通运输、航空航天、海洋工程等高端装备，也是支撑高端装备向大型化、高速化、高可靠、长寿命发展的高端先进材料，包括高品质特殊钢、高导高强铜合金、钨钼等难熔金属、硬质合金、轻量化金属（高性能铝合金、镁合金、钛合金），以及耐高温合金等。

1）发展思路

电子信息、未来半导体技术、航空航天、国防军工、交通运输、海洋化工、能源和环保等领域对先进金属材料的战略需求主要包括特种钢、钛合金、镁合金、铝合金和其他有色金属及合金材料。

重点研发超超临界用钢、高性能轴承钢、齿轮钢、模具钢等关键零部件用钢及其制备技术。超超临界发电机组能够显著地增加燃煤效率，同时降低污染排放，这就要求高中压转子、高温气缸、高温叶片和螺栓等材料具备良好的高温持久、抗蒸汽腐蚀、焊接性和成形性。优化700℃超超临界汽轮机用耐热合金最佳成分配比，开发大型合金锭冶炼、浇铸技术，攻克大型部件锻造成形技术及大型耐热部件综合性能检测技术。制造出满足700℃超超临界汽轮机需求的转子、高温气缸、叶片及紧固件等关键部件毛坯，促进超超临界电站的性能提升与发展。增强我国轴承、齿轮、模具钢、紧固件等基础零部件的企业配套能力，解决高端主机迅猛发展与配套基础零部件产品供需矛盾和发展瓶颈问题，突破先进装备用高性能轴承钢、齿轮钢、模具钢等材料、设计、制造及应用检测等关键技术。攻克新型长寿命热处理控制技术，开发窄淬透性、渗层高韧性零部件用钢，掌握精密锻造和冷挤压技术。突破关键基础零部件及其材料的核心技术和产业化技术，形成研发和试验检测公共平台。

在轻量化、降低能源消耗、减少环境污染等方面，镁合金具有显著作用，因此大规模应用在交通工具、电子信息、航空航天和国防军工等重要领域。目前亟待解决镁合金强度和抗蠕变性能低、室温塑性低、变形加工能力较差、化学活性高、熔炼加工困难、抗腐蚀性差等难题。

微合金化是挖掘合金潜力、改善合金性能，并进一步开发新型铝合金的重要手段，但微量元素在铝合金中的存在形式及作用机制仍存在较大争议和分歧。需探索微合金化元素对不同种类及状态合金的多尺度作用机制，预测和调控铝合金微观组织结构，优化复合微合金化的作用效果，大规模推广铝合金微合金化技术，提升传统铝合金性能，研发高性能先进铝合金。

极具代表性的轻金属主要是铝、镁、钛。低成本、绿色提取高纯度铝、镁、钛轻金属对先进金属材料的可持续发展十分必要。对高纯铝，开展碳热还原技术、高铝粉煤灰提取氧化铝等技术攻坚；对高纯镁，围绕热还原法、海水/盐湖卤水提镁等技术展开研究；对高纯钛，采用电解法提钛、粉末法等先进技术来攻克难关。

有色金属化学品提纯（4 N 级以上）的综合需求，体现在未来半导体技术、宇航、无线电科技等多种高新技术发展对材料的需求方面。该领域目前朝着超高纯度的方向发展，我国已开展部分钒、钛、钼、铍、镁等超高纯金属的制造研发，但距离国际先进水平尚有一定差距。突破高纯有色金属制造技术，瞄准高电解效率、高纯度稀有金属优势电位纯化电解共性技术的研发，攻克以歧化干馏和气态精馏为代表的前沿技术体系，突破真空蒸馏、凝固、结晶、区域熔炼等物理技术的关键瓶颈，在金属靶材料制造、高精密仪器、战略武器装备等领域，保障我国高纯及超高纯有色金属材料的自主供给。

2）2030 年目标

到 2030 年，在先进金属材料领域实现航空航天材料、高性能钢材、钛合金、难熔合金和轻金属等的国产化；高纯度铝、镁、钛等金属全面实现低成本、高效提取和循环制造，高纯有色金属制造技术基本满足领域需求，关键“卡脖子”材料领域实现创新性突破。

3）2040 年目标

到 2040 年，高性能轴承钢、齿轮钢、模具钢等关键零部件用钢，以及高性能钛合金、铝合金、镁基合金产业整体达到世界先进水平，形成我国自主研发、生产应用评价体系；开发出新一代具备应用潜力的新型先进金属材料；依靠材料基因组技术和增材制造，构建金属材料的持续创新体系，实现先进金属材料的智能制造，显著加速我国新型工业化，形成独特的竞争优势。

3. 新型无机非金属材料

新型无机非金属材料主要涉及高纯超细陶瓷粉体、先进结构陶瓷材料、高性能碳/碳复合材料、耐火材料、功能陶瓷材料等基础材料，主要用于航空航天、核能、电子信息、高端装备、石油化工、钢铁和有色冶金、新能源技术、国防军工和尖端工业技术等事关国家安全和发展全局的基础核心领域。

1）发展思路

在优势产业（航天、新能源装备、轨道交通等）、战略必争产业（航空、汽车等）、重点武器装备的未来发展方面，先进无机非金属材料发挥着独特的支撑作用，是国家高技术发展水平和未来核心竞争力高低的重要标志之一。

面向2040年国家重大战略需求，研发特种陶瓷、功能陶瓷、陶瓷涂层、透明陶瓷、压电陶瓷等新型无机非金属材料，重点应用于高能激光、透明装甲、高能物理探测、高端医学装备等战略性核心领域。提升精密测量仪器和高端试验设备及所用高端无机材料的供给能力，引领从先进陶瓷及人工晶体生产大国到强国的转变，新一代特种陶瓷与器件进入世界先进行列，为我国占领新一代光通信技术、全海深、先进制造、高端医疗系统、航空航天和大科学装置等领域的战略制高点提供核心材料的全面自主保障。

高性能碳/碳复合材料是新一代载人航天与探月工程、大飞机工程、高超声速飞行器工程等国家中长期规划的急需新型无机非金属材料，亟待满足化工、核能、新能源等对低成本高性能碳/碳复合材料的需求。

2）2030年目标

到2030年，攻克先进陶瓷用高纯、超细陶瓷粉体制备技术，解决陶瓷材料成形和烧结工艺难题，在特种陶瓷和精细陶瓷、电子陶瓷、涂层等领域自主研发生产占比超过80%。建立碳/碳复合材料多元化梯次制备体系，实施碳/碳复合材料应用军民同步推进的发展路线，全面实现高性能碳/碳复合材料产业化及推广应用，自主保障比例超过80%。使我国耐火材料产业的技术水平和能力达到世界先进水平。着力发展在严酷自然环境下服役的长寿命混凝土、特种功能玻璃等材料，实现重点材料自主保障率大于 80%。

3）2040 年目标

到 2040 年，在航空航天、电子信息、核能等领域的先进材料实现完全自主可控，完善航空航天等领域用关键陶瓷及复合材料的创新及应用体系，碳/碳复合材料及新兴无机材料关键共性技术取得重大突破。高性能水泥、特种功能玻璃、陶瓷、碳/碳复合材料等先进无机非金属材料达到国际先进水平。

4. 先进高分子及复合材料

先进高分子及复合材料包括合成高分子材料（合成树脂及塑料、合成橡胶和合成纤维等）、生物基高分子材料（天然树脂、天然橡胶、天然纤维等）、高分子涂层材料、黏接密封材料、树脂基复合材料、功能高分子材料和高分子基复合材料，主要用于航空航天、信息、高端装备、生物医药、国防军工等关键领域。

1）发展思路

高性能高分子复合材料是国防与国民经济建设中不可或缺的战略性基础材料，也是《中国制造 2025》中诸多重点领域发展的材料基础。随着我国国家创新驱动发展战略的实施，以航天强国、航空强国、海洋强国为主要途径的强国策略成为国之根本。高性能、多功能、结构功能一体化的高性能先进复合材料需求日益旺盛，关键复合材料和结构制件成为制约国家重大安全工程任务的瓶颈。

2）2030 年目标

到 2030 年，通过自主创新突破国产碳纤维低成本制备技术，建立符合我国特色的碳纤维技术与产品系列。形成国防用国产碳纤维及其复合材料的持续自主保障能力。建立国产碳纤维及其复合材料产业技术创新体系，形成稳步发展的碳纤维制备与应用产业链。建立基于中大直径 6—7 μm、强度达 6.0 GPa 以上、模量高于 350 GPa 碳纤维的第三代先进复合材料和特种功能复合材料规模化制备与应用平台，实现新一代武器装备全面应用，武器装备实战化能力全面领先世界其他国家，碳纤维复合材料产业及应用形成国际竞争力，使我国复合材料技术及产业化能力达到全面超越和引领国际发展的水平。实现军用、民用国产碳纤维复合材料的完全自主保障，碳纤维复合材料达到5万t/a的工程化能力，创造直接产值1500亿元/a以上。

3）2040年目标

到2040年，通过自主创新，建立满足我国应用需求的高性能复合材料技术与产品系列，形成国防用国产高性能、多功能、结构功能一体化的高性能先进复合材料的制备与研发自主保障能力。研发适用于国家优势产业、战略产业以及新型武器装备所必需的新型高强高模高性能复合材料，通过使用环境下的规模化验证，提高产品的性能和市场竞争力。同时，针对高端领域的先进复合材料要求，提升树脂基复合材料的设计、制造与应用水平，并面向一些特殊领域的功能化应用（如低频段、全向隐身、透波、低密度、防隔热、防弹等性能），开发新型聚合物复合材料。深入研究高分子复合材料结构化设计和性能之间的相互关系及作用机制，建立新理论，指导高性能复合材料的研发和应用。

为实现2040年的战略目标，需重点推进：特种高分子材料的设计、制备和应用；面向极端环境应用的高分子树脂基元序构设计；超低密度高性能聚合物多孔材料的研制；工程纺织材料和纺织结构复合材料。

5. 生物基高分子材料

生物基高分子材料是基于可再生生物质原料，通过生物、化学及物理等方法制造的新型聚合物材料，包括可降解材料、热固性树脂、生物基塑料、木塑复合材料、生物基功能纳米材料等。生物基高分子材料的主要功能是最大限度地替代钢材、水泥、石油基塑料等不可再生材料，具有绿色环保、原料可再生、生物可降解等特性。

1）发展思路

近年来，生物基高分子材料因其绿色和可持续性得到了人们越来越多的关注。然而，原始的生物质原料通常难以直接使用，从生物质原料到生物基树脂需要一系列复杂的处理过程。从自然资源到生物质化合物，通常有三种途径——生物精炼、化学转化，以及提取和纯化。其中，不同的生物基树脂由不同结构的生物基单体原料制备，例如，酚类可用于合成苯并恶嗪和环氧树脂，羧酸可用于制备环氧树脂、不饱和聚酯等生物基热固性材料。生物基高分子材料存在的主要问题是其力学性能和热性能无法达到人工合成高分子材料的标准。

2）2030 年目标

①从生物资源中提取生物质有机单体的高效绿色制备和提纯技术；②高效的基于新型生物基单体的聚合物制备技术；③充分利用生物基化合物独特结构赋予生物基高分子材料特殊性能，如阻燃、抗菌和防污等；④突破常规生物基单体与聚合物的可控绿色合成、聚合物高效解聚、回收单体的分离纯化等关键技术；⑤实现低成本、高纯度生物质单体的可控制备，推广生物基塑料在各行业的广泛应用。

3）2040 年目标

丰富生物基高分子材料种类，拓展应用领域。提高生物基高分子材料的耐久性、可回收性和可降解性，实现生物基树脂可持续发展的目标。形成适合我国国情的独特生物基高分子材料制备体系。基于生成式大模型，逆向设计性能优异的生物基大分子结构，提高生物基材料的综合性能和耐久性。在国民经济多个行业实现生物基塑料取代传统塑料，使生物基塑料占比超过 20%，将生物基塑料从传统应用领域逐步扩展到国家战略性新兴产业应用领域。

6. 稀土新材料

稀土被誉为“工业维生素”，稀土新材料是指利用稀土元素独特的理化性质，合成制备出性能各异、品种繁多的新型材料。稀土材料包括稀土磁性材料、稀土光功能材料和激光材料、稀土催化材料、稀土储氢材料等，稀土材料广泛应用于信息通信产业、汽车工业、交通工业、医疗工业、医疗设备通信、信息储存及机械加工、环境保护等全球支柱产业和其他高新科技产业中。

1）发展思路

稀土新材料在国民经济发展与国防安全建设中具有非常广泛的应用，已成为占领未来高科技领域战略制高点不可或缺的先进材料。稀土材料工程科技发展的战略要紧紧围绕稀土材料产业链，聚焦节能照明、信息与显示、国防军工、生物医学等领域的关键应用，通过对稀土材料结构与功能的设计、形成机理的分析、制备技术的探索、形貌与缺陷的调控，实现对材料性能的剪裁与提升，揭示稀土离子4f5d电子结构与物性的关联机理，阐明稀土材料结构与功能特性的相关机制，发展高性能新材料及其关键制造技术，突破稀土材料及其制备的核心专利瓶颈，开发具有自主知识产权的稀土新材料、新工艺、新技术、新产品、新装备。充分发挥我国稀土资源优势，挖掘稀土材料的新功能，不断提高材料的功能特性，拓展稀土材料及其产品的应用领域，促进稀土在永磁材料、磁制冷材料、软磁材料、催化材料、储氢材料等的平衡和高质化利用。建立我国稀土材料产业的工程科技创新平台和评价体系，提高我国稀土材料的技术含量和档次，大幅度增加产品附加值，确保我国稀土材料产业健康、可持续发展，进而成为全球稀土材料科技的“领跑者”。

2）2030年目标

到2030年，掌握一批高端稀土新材料核心知识产权及其关键制备技术和装备，稀土永磁、发光等功能材料及其应用达到世界先进水平，完全满足第三次工业化革命、能源、环保等国民经济和国防安全领域快速发展的需要；稀土氧化物纯度达到7 N①，稀土金属纯度达到5 N②；我国稀土永磁材料成为全球的“领跑者”。稀土资源利用率大幅度提高，稀土材料制备过程实现封闭循环，生态环境友好；稀土材料产业成为国民经济的先导产业，主导全球高丰度稀土、中重稀土在信息、能源领域的

① 7 N表示其纯度为99.99999%。

② 5 N表示其纯度为99.999%。

的应用市场，实现从稀土大国向稀土强国的战略转变。稀土催化剂、白光 LED 荧光粉、稀土晶体材料、超高纯稀土金属及其化合物等关键稀土新材料国产率达到 80%以上。

3）2040 年目标

到 2040 年，在稀土材料领域取得重大突破，创新能力大幅提升，稀土材料领域的整体创新水平达到世界先进水平，整体竞争力明显加强，部分优势方向形成全球创新引领能力，全面建成世界稀土材料强国。稀土永磁材料、催化材料、发光材料、功能晶体、超纯稀土、稀土合金等稀土新材料达到国际先进或领先水平，实现完全自给，关键核心制造技术与知识产权实现自主可控，在光电子、微电子、新能源汽车、国防军工、航空航天、智能制造、医疗卫生、海洋工程等领域中形成一批具有国际领先水平的原创性稀土新材料体系并实现应用，引领稀土新材料的发展。开发出新型高强韧性、抗冲击稀土永磁材料。稀土氧化物纯度达到 7 N 以上，稀土金属纯度达到 5 N 以上；我国稀土永磁材料成为全球的“领跑者”。

研究开发出能满足新一代卫星、飞船姿态控制、轨道控制系统及精确制导武器和武器平台的惯性导航/制导系统的控制精度需求，并满足船用电驱动动力系统的降低噪声需求的稀土功能材料。探索双永磁主相或多永磁主相的新型复合材料，揭示不同各向异性常数 k 的硬磁相晶粒的相结构、晶界、界面相结构、磁结构，以及拓扑磁结构对材料整体磁性的影响规律。研究开发出能满足飞机的电传动系统、先进战机用多电发动机、时速超过 700 km 的海底隧道交通工程所需的耐高温、高稳定性新一代高磁能积稀土功能材料。研发空间探测器用离子推进系统、时速 1000 km 的真空管道磁悬浮及其使用的新型耐高温、高稳定性稀土磁性材料。研究多应力场与复合永磁基元结构及磁性能的关系，关注永磁材料的磁化放热和退磁吸热现象；研究材料在多应力场作用下的服役特性，为有效调控材料的内禀磁性与技术磁性提供依据。

为实现 2040 年战略目标，在稀土磁性材料、稀土发光材料、稀土高温超导材料、稀土催化材料、稀土晶体材料、超高纯稀土、稀土合金等领域布局，重点推进基于无碳电解精炼技术的稀土绿色低碳选冶技术、高纯稀土及有色金属制造技术、热变形/黏接取向稀土磁体的高效连续智能化制备技术、稀土发光材料及其制备技术的发展，以及新型稀土超磁功能材料体系的设计和研制。

7. 材料基因工程与材料智能化

材料基因工程发展之初是借鉴生物学上的基因工程技术，探究材料结构（或配方、工艺）与材料性质（性能）变化的关系，并通过调整材料的原子或配方、改变材料的堆积方式或搭配，结合不同的工艺制备，得到具有特定性能的新材料研发设计技术，后续发展形成材料数据库技术、材料数字化技术、材料高通量设计与仿真技术、材料全生命周期评价技术等方向。材料基因工程是可实现高速、绿色、智能化的新材料研发方法，是全球材料研发方法的革命，是当前材料科学中不可或缺的一部分。材料智能化借助数据共享、数字化技术、高通量设计、仿真、模拟等技术对先进材料的物理化学性质进行预测、筛选，从而加快新材料的合成和生产，同时实现材料的智能制造。

1）发展思路

材料基因工程的核心在于有力融合人工智能技术与材料研发和生产技术，从而形成新软件、新技术和新装备，用于材料自主计算设计、自主实验研发和智能制造等方面，智能化发展新材料研发—生产—应用全链条；这种颠覆性的研发模式和理念，构筑了全新的材料发展模式，加快了新材料研发和应用。不久的将来，材料基因工程的思想和技术，有望全面渗透在新材料的诸多领域。以材料基因工程为主要技术手段，全面构建科学设施，夯实技术基础和创新能力。开发前沿技术和软件，充分利用中国超算资源和大科学装置，发展高通量计算和实验技术，形成适合中国国情、具有中国特色的材料基因工程的发展模式和技术条件。

建设材料创新基础与研发高端制造业先进材料是材料基因工程计划的核心理念，也是加强我国制造业强国战略的科学及物质基础。材料创新基础以高通量自动流程集成计算、高通量材料组合实验、数据库及数据科学、微观结构分析及表征以及算法与软件开发为核心内涵，相互关联、相互融合，将为快速、低耗创新发展以及预测、发现新材料提供科学基础。材料基因工程将颠覆现有材料研发的范式。建设高通量自动流程集成计算系统，发展高通量组合材料实验方法与技术，建立统一规划的材料数据库与材料数据科学体系，发展微观结构实验与表征分析技术，创新发展材料基因组算法及开发自主知识产权软件；基于材料基因组变革研发模式的理念及科学内涵，预测并重点发展关系高技术、国家安全以及具有重大突破意义的高端制造业先进材料，包括：航空发动机叶片材料如镍基单晶高温合金，核武器及核能与适应极端条件的材料，新型超硬材料，稀土材料，光电材料，能源材料，生物材料，催化材料，非晶、高熵合金等高强高韧合金材料，量子材料及前沿材料等。建立国家级大型研究材料基因工程研究平台，以影响国家安全、国家经济发展重大战略需求以及具有重大突破意义的高端制造业先进材料为突破点，开展“材料基因组计划”研究。

2）2030 年目标

到 2030 年，建成 20 个以上材料基因工程专业平台。通过专业平台协同创新，建成若干材料基因工程创新中心，形成新材料协同创新网络。研发国际领先的材料基因工程前沿技术和装备，提升高端制造业先进材料的自主保障能力，构建以材料大数据与人工智能协同驱动的材料研发新模式，通过全面应用材料基因工程关键技术与平台，大幅度提升材料的研发与应用效率，在“卡脖子”的战略前沿新技术先进材料产业领域获得突破，解决高端制造业先进材料受制于人的问题。

3）2040 年目标

到 2040 年，成功构建以材料理论、大数据、人工智能协同驱动的材料研发新模式，通过全面应用材料基因工程关键技术与平台，大幅度提升材料的原始创新能力和水平，采用材料基因工程设计研发出原创颠覆性材料或者技术若干项。建成完善及共享的材料数据库系统和平台50个以上；建设材料教育新体系，培养出具有材料设计新思维，掌握材料设计新范式、新方法的创新人才队伍，人才达到5000人以上。形成以材料科学理论、材料大数据、人工智能技术有机融合的材料学科新体系和人才培养新模式，为材料科技强国的发展提供优秀人才和优势培育平台（科学研究-人才培养一体化），培养和凝聚一批高水平的人才队伍。

预计到2040年，材料将呈现结构功能一体化、智能化、器件化、集成化等趋势，前沿新材料、先进金属材料、新型无机非金属材料、先进高分子及复合材料、稀土新材料和材料基因工程等关键物质材料将会成为材料领域工程科技发展的基础保障；材料基因工程中材料数据库、基于材料基因工程的新材料融合创新、材料微观组织的三维重构等技术成为材料智能化的技术支撑体系；增材制造及3D/4D打印技术也将成为重要材料的制备手段。

二、能源材料发展战略

关键能源材料是指可再生能源开发和利用过程所需的先进材料，涵盖了能源转化、输运和储存等关键环节。按照不同的能源利用形式，分为高效能量转化材料、高比能安全储能材料[①]、纳米能源与系统、核能材料和氢能材料等。

1. 高效能量转化材料

高效能量转化材料是指转换效率高、安全性高、结构稳定性强、使用寿命长、成本低和环境负荷低的材料，有力支撑着面向人工智能、元宇宙、数字孪生、物联网的各类物理化学换能器件（如氧电极、光敏管、场效应管、压电晶体等）。

① 其中的资源丰富型电池材料将会被单独提出来进行论述。

1）发展思路

高效能源转换材料是建设重大工程、研制国防装备、构建绿色低碳社会的重要支撑和基础保障。目前，以光热材料、热电材料、电池材料为代表的高效能源转换材料，产能逐年增加，产业规模和市场占有率不断扩大，部分核心技术取得实质性突破，技术指标得到大幅提升，但因起步较晚、底子薄，在核心技术、创新能力、关键产品、产业规模、重大装备等方面仍存在明显短板，与国际先进水平存在较大差距。需进一步加大能源转化材料技术布局，推进太阳能光电/光热转换技术和大面积柔性有机太阳能电池先进材料与技术，实现光伏电池半导体材料和太阳光谱选择性吸收性涂层光学材料膜系的突破，布局多种能源转化的系统转化模式，实现光、热、电和机械高效转换。

2）2030 年目标

到 2030 年，风电、太阳能发电总装机容量达到 12 亿 kW 以上。推动开展可再生能源、储能、氢能新技术研发，新建输电通道可再生能源电量比例原则上不低于 50%。新增水电装机容量 4000 万 kW 左右，西南地区以水电为主的可再生能源体系基本建立。抽水蓄能电站装机容量达到 1.2 亿 kW 左右，省级电网基本具备 5%以上的尖峰负荷响应能力。民用运输机场场内车辆装备等力争全面实现电动化。全面提升关键能源转换材料的国际竞争力，基本建成材料自主创新体系。新能源材料产业在产业链上下游形成协同创新模式，重点攻关关键零部件、核心工艺、基础材料等难题，制定高效能源转换新材料的标准、计量、管理体系建设，研发国产高效能量转化领域材料的高精尖端产品，融入全球新材料供应体系。

3）2040 年目标

到 2040 年，全面建成能量转化材料自主创新体系，实现多种能源方式的高效转化，太阳能光电/光热转换技术和太阳能电池技术达到世界领先水平，太阳能电池利用效率达到 30%以上。

为实现 2040 年战略目标，助力实现 2040 年清洁电力目标，需重点推进能源应用科学、能源和信息科学、可持续工业相关科学发展。在能源技术（收集、储存和运输）中，材料功能发挥着重要作用。明确能源转化过程中电子、离子等载流子迁移机制，探究新型能源转化方式，关注微观和宏观复杂动态界面的表征和理解，进而研发电池组件的新材料（阳极、电解质和膜）。

需要攻关的技术包括：低成本、长寿命、高效率、大规模装机的太阳能光伏发电技术（如钙钛矿太阳能电池）及其电池板防护技术、全光谱吸收技术、高能量转换技术、长时段能量存储技术、低成本长寿命系统集成技术；高运行温度和发电效率的聚光太阳能热发电技术及其吸收与储热材料。

2. 高比能安全储能材料

高比能安全储能材料是具有高能量密度且安全可靠的储能材料，主要面向新能源交通、大规模储能、高端移动通信、航空航天等领域的重大需求。

1）发展思路

为满足工程科技对新能源材料和大规模储能的需求，应开展镁电池等多电子高比能电池体系及先进材料全技术链条的前沿技术创新和全产业链条的工程应用研发，构建不同离子和多电子储能体系，开发具有高安全性、高能量密度、高功率密度的电池系统，研发适用于动力电池和储能电池等新能源领域的先进材料，并配套开展新电池体系高端制造工艺的研究和智能制造装备的开发，占据国际领先水平，引领技术革新，有效推动高比能电池体系的发展，助力新型电池的材料设计及制备技术革新。

2）2030年目标

实现具有高能量密度的锂电池正负极材料、膜材料、电解液或者固态电解质材料的研制，解决锂金属负极的枝晶问题和硅负极的循环稳定问题，实现储能材料在电池中的安全稳定长寿命运行；突破锂离子固态电池和其他离子电池的产业化难题，并部分实现规模化应用，实现镁电池和钠电池正负极材料、膜材料、电解液的规模化应用。

3）2040 年目标

研发全固态电池中不燃、不泄漏、不挥发的固态电解质，在较宽的温度范围内具备更高的安全性、稳定性，并且大幅提升电池的能量密度；基于多电子反应机制，将金属阳极匹配高比能的转化/合金电极，构筑高比能电极材料，成功研发大于 600 W • h/kg 能量密度的电池体系，实现其他金属离子电池的高稳定性规模化生产及应用。

为实现 2040 年战略目标，需重点推进更高能量密度、效率、可靠性和可持续性的能量存储技术的发展，研发并突破全固态电池、快速充电等先进动力电池技术，开发与合成能承受电池和燃料电池服役时恶劣条件的新型聚合物电解质和电极材料，保证电池利用系统在通信设备、电动汽车和飞行器等安全稳定运行。

需要攻关的技术包括：高性能二次电池固态化技术、新型耐事故高的导热异质复合包壳材料制备技术、开展多电子高比能电池体系及先进材料全技术链条的前沿技术创新和全产业链条的工程应用研发，并配套开展新电池体系高端制造工艺的研究和智能制造装备的开发。

3. 资源丰富型电池材料

全球锂、镍、钴等资源储量有限且分布不均，大力发展钠、镁基等资源丰富型电池体系，有利于提升我国新能源产业自主保障能力以及促进电池产业链绿色可持续发展。资源丰富型储能技术主要面向大规模储能系统、电动交通工具、智能电网、家庭储能系统、应急电源、军用特种电源等领域的重大需求。

1）发展思路

为满足电化学储能领域对安全高效、成本低廉、资源丰富、环境友好的储能电池日益增长的需求，开发钠离子电池、镁离子电池等资源丰富的新型电池体系的先进材料和电解质体系，实现其能量密度和循环寿命的显著提升。开展钠离子电池、镁离子电池等新型储能电池先进材料体系构建、技术创新和工程化应用研发。开发新型电池所需的高性能、低成本和资源丰富的先进材料，推动新型电池体系和先进材料的商业化应用，拓展电池技术的多样性。这些将对实现电化学储能产业的绿色可持续发展，以及进一步提升社会效益、经济效益和环境效益起到重要作用。

2）2030年目标

开发用于钠离子电池、镁离子电池等新型电池的高容量正负极材料，提高能量密度和循环寿命。解决充放电过程中正负极电极结构、电解液以及电极表界面的稳定性问题。研究能量密度高、不易形成枝晶的金属负极界面改性技术；在钠、镁等金属负极材料的制备工艺领域进行技术创新；开发半固态、全固态等高安全高性能的新型电池体系，实现新型电池的中试生产、示范性应用以及逐步推进商业化应用。

3）2040年目标

研发新型电极材料，进一步改进电极结构，提高正负极材料的能量密度和循环寿命。通过电池规模化生产，极大地降低制造成本，增强电极材料的稳定性和安全性。推动资源丰富型电池体系先进材料相关化学原料生产技术创新优化以及电池材料生产制造过程的绿色化、安全性更高、性能更优、价格更低的新型电池材料研发；开发材料批次稳定性更高的工业化生产技术以及建立完备的产业链，实现部分新型电池的大规模商业化应用。

为实现2040年战略目标，需重点推进研究钠离子电池、镁离子电池等新型电池体系和设计开发先进材料；开发绿色可持续发展的电池材料体系，形成完备的梯次利用和电池回收再利用流程工艺技术；提升正极材料能量密度和稳定性；开发新型固态电解质以及钠、镁等金属负极材料；构建新型固态电池体系；设计开发匹配正负极材料体系的水性黏结剂和导电剂等关键辅材；设计改造电池智能制造关键设备并优化电池生产制备工艺；推动资源丰富型电池体系的多应用场景示范化应用以及先进材料的工程化大规模生产。

需要攻关的技术包括：高电压正极材料设计和制备技术，无枝晶金属负极材料开发，电解液体系适配技术，溶质盐、溶剂、添加剂等关键电解液组分材料批量制备技术，半固态和全固态电池材料制备技术，新型电池高性能正负极材料体系构建及工程化生产工艺技术，全产业链的基础前沿技术创新和工程应用研发，电池智能制造关键设备及新型电池生产制备工艺技术。

4. 纳米能源与系统

纳米能源和自驱动系统是指以纳米发电机为核心的微纳能源技术，该技术将环境中的低频机械能、光能、电磁波等转换为电能，可实现环境微弱能源的自驱动纳米发电。这些高熵能源①与新时代能源体系（王中林和李伟，2023）用于复合能源、海洋蓝色能源、自驱动传感、物联网传感器、半导体器件、医疗健康、环境保护、人工智能传感网络、环境基础设施监测、便携式电子产品等重大领域。

1）发展思路

面向小型化、多功能、自供电、用户友好的电子产品，以及分布式、高集成、智能化特性的需求，布局摩擦纳米发电机能源材料、超级铜线、超导等新电工材料，通过对环境能量进行高效采集，集成微小型能源系统，实现弱能高效利用和主动式高灵敏传感。进而实现低功耗可穿戴智能电子器件和微系统的创新发展，并在微纳能源、主动传感、自驱动系统等领域得到广泛应用。

2）2030 年目标

到 2030 年，纳米能源与系统的集成技术和产业应用全链条研发，在纳米发电与工作模式方面，深入摩擦发电机的理论模型及能量转换机制研究，实现高性能的材料-结构-应用一体化设计；在复合式发电与电路集成方面，融合摩擦与压电、电磁、光电等原理，实现高效采集多种

① 高熵能源是指散落在环境中的低密度、低质量、碎片化的机械能和热能，并可通过纳米发电机收集转换为电能。

环境能量的复合式发电机及高效电源管理与存储电路的设计，实现高效稳定地为微系统供能的电源模块开发；在自驱动智能微系统方面，在发电机与传感功能的集成上实现外界信号的传感，并为分布式传感器供能，以确保低功耗的微系统在无须人为更换电池的情况下长期稳定运行。

3）2040年目标

到2040年，实现长期稳定运行“供能+功能”自驱动一体化微系统，实现集成化生物可降解器件的产业化，将具有能量收集、能量存储、显示、交互和计算等一系列功能的电子设备产业化应用于智能可穿戴、可植入及纳米气体传感系统，低功耗、便携式、自供电传感系统，以及环境微小能源存储与转化的大规模应用，面向微纳能源采集技术领域的电路与系统学科，实现电路系统的集成化和专用化、等效电路模型提取、电路端的阻抗匹配和信号处理算法优化等。

为实现2040年战略目标，需重点推进研究和引入新型智能材料，开发适用于护理点应用的小型化传感系统；优化电子和传感单元，开发护理点传感时的低功耗和自功耗操作设置；引入人工智能来发现传感和能源应用的新材料；引入物联网来研究硬件和接口，以实现先进的传感性能；开展海洋能摩擦发电材料、海洋防腐蚀材料的基础研究和产业化关键技术研发，实现发电性能与成本的平衡；推进波浪能发电在海上分布式能源、自驱动海况监测、海上大规模发电等领域的应用。

需要攻关的技术包括：波浪能摩擦发电材料和海洋防腐蚀材料制备及应用技术、多种能量复合式发电机以及与之相适应的高效电源管理与存储电路的研发、通过技术创新和性能提升实现智能微系统长期稳定工作的关键技术，满足电子器件分布广、数量大、种类多、长期不间断工作的实际和服役性能需求。

5. 核能材料

核能材料是用于核工程（或原子能工程）的各种材料，包括核燃料及核工程材料（即非核燃料材料）。通常说的核材料主要是指用于建造

（核裂变或聚变）反应堆的各部分的材料，又称反应堆材料，主要包括核燃料、冷却剂材料、慢化剂材料、反应堆结构材料、反应堆控制材料和屏蔽材料等。随着全球第四代核能技术的快速发展和竞争加剧，人们对核能材料提出了新的要求。

1）发展思路

先进能源动力系统用特种合金代表国家高端装备核心竞争力，属于国家战略性新材料范畴，是我国抢占技术制高点的重大机遇。核聚变、油气开发等能源领域重大项目对特种合金、稀土材料、非晶材料、超导材料、智能仿生材料、石墨烯复合材料等新材料提出急迫需求。与此同时，有必要提升核电站反应堆安全性并实施“后端”计划，包括退役和放射性废物的处理和处置。

2）2030 年目标

2030 年前，我国在运核电装机规模方面有望成为世界第一。核电机组关键部件材料基本保障安全稳妥的沿海核电建设，目前，我国在建核电机组共 24 台，总装机容量约 2681 万 kW，整体规模继续保持全球第一；中国大陆商用核电机组共 54 台，总装机容量约 5682 万 kW，位居全球第三。核电总装机容量占全国电力装机总量的 2.2%。预计 2030 年，我国核电发展规模将达到 1.31 亿 kW，发电量占比达到 10.0%；全国电力装机容量达到 29 亿 kW，2030 年前保持每年 6 台左右的投产规模，高温气冷堆、小型堆、聚变堆等一批代表着当今先进水平的核能工程也将取得重大进展（张廷克等，2023）。

3）2040 年目标

到 2040 年，实现自主国产、国际领先的先进核材料体系构建。全面实现基本完备的材料保障体系，包括高压极端材料、包壳材料、芯部材料、嬗变（裂变、聚变、衰变）锕系核燃料、核燃料及吸收材料等全产业链研发体系的搭建。到 2035 年，核电发展规模有望达到 1.5 亿 kW，核能发电量在全国总发电量中的占比达到 10%左右，2050 年核电发展规模将达到 3.35 亿 kW，发电量占比达到 22.1%。2050 年每年保持 8 台左右的投产规模。未来需要研制钠冷、铅冷快堆，CO_2冷却反应堆和兼容发生器材料。

为实现 2040 年战略目标，需重点推进微型核反应堆的关键技术的发展，包括：①耐事故燃料、主回路一体化、新型热电转换、非能动安全系统、智能运维、核能与其他能源耦合等；②核岛结构材料开发（核岛用钢的损伤机制研究、核岛用钢部件的安全性能研究）；③高放射性废物安全处置，实现核能可持续发展。

需要攻关的技术包括：核用特种合金、核用材料制备技术及工艺，核岛用钢的应力腐蚀、腐蚀疲劳、流动加速腐蚀、辐照损伤与腐蚀研究，安全评价和寿命预测、延寿方法技术等。

6. 氢能材料

氢能是清洁、低碳能源，在使用过程中不产生额外污染，也不产生CO_2排放。在氢能源领域，全产业链划分为制氢、储氢、运氢、加氢等关键环节。

1）发展思路

氢能有望替代传统化石燃料能源，提供可在不同能源间灵活转换、绿色清洁、分布式的能源。根据国网能源研究院有限公司发布的《全球能源分析与展望 2020》，电能将于 2040—2045 年成为第一大终端能源，2050 年全球电力需求预计约 60 万亿 kW·h，全球发电总装机在 2050 年将达到约 251 亿 kW。可再生能源发电量占比到 2035 年前超越 50%，到 2060 年接近 90%。2023 年，我国可再生能源发电装机规模历史性超过火力发电，全年光伏新增装机量超过全球的一半，我国风电和光伏可再生能源发电量占到发电总量的 48%，太阳能电池板和储能电池平均成本也大幅下降 63%，采用光伏、风电等新能源制氢产氢产生了巨大的经济、社会和环境效益（王轶辰，2024）。但是，氢能在制备、储运、加氢利用过程中成本高昂，存在造价高、储运难、加氢站投资成本大及安全隐患等问题，需要突破氢能源材料技术，布局“绿氢”产业发展关键技术。

涉及的材料主要包括氢储运用先进材料，如镁基储氢材料、稀土储氢材料、钛系储氢材料等，以及燃料电池系统及其关键零部件，如质子交换膜、催化剂、双极板、车用燃料电池控制系统材料、储氢瓶等。

2）2030 年目标

到 2030 年，厘清氢能产业发展所需储氢关键技术的材料基础理论，全面提升氢燃料电池中的先进材料（如催化剂、质子交换膜、气体扩散层和双极板）的性能；在储氢技术方面，全力攻关低温液态储氢技术、固态储氢技术、氢的高容量长寿命固态储运技术及为车载安全长续航使用需求提供最佳解决方案，力争实现新一代氢能源燃料电池车的保有量达到 5 万辆，可再生能源制氢量在 10 万—20 万 t。通过先进制氢技术助力碳达峰的实现，满足年制氢量达 4000 万 t，在终端能源消费中占比约为 5%，其中可再生氢供给可达约 770 万 t。

3）2040 年目标

到 2040 年，全面实现氢能源经济，形成氢能多元应用生态，可再生能源制氢在终端能源消费中的比例明显提升。建立“材料+部件+装备+系统”绿氢的全链条生产、检测和评估体系，全面实现数字化、资源高效利用、充满韧性的氢能材料保障体系，进一步提升氢能在可再生能源中的比例，助力实现碳中和目标节点任务。

为实现 2040 年战略目标，在材料基础方面，需重点探究新材料在深冷、高压、临氢条件下的性能演化规律与损伤机理。在材料技术应用层面，调控服役环境下材料性能，厘清金属氢化物储氢罐服役过程中导热不均匀和易膨胀问题，提出氢储运装备设计理念与方法，开发高性能低成本抗氢材料，保障氢储运装备长寿命及安全可靠服役。

需要攻关的技术包括：开发高度适配可再生能源发电的碱性电解水技术，低成本、大规模电解水（海水）制氢技术，低成本、长寿命、高安全氢储运技术，氢分离与纯化技术，低成本、长寿命燃料电池技术，氢能技术和装备关键元器件。攻关氢能产业发展过程关键技术的材料基础理论，氢与材料相互作用力调控的科学基础和方法；材料表面及体相与氢作用钝化机理与稳定高活性表面结构构建；低成本、长寿命、高容量、高活性储氢材料创制；基于材料的高效、高稳定氢分离与纯化技术；发展镁基固态储氢材料及系统；循环高压氢环境下材料力学性能演变及其机理，临氢环境装备的先进材料创制。

三、信息材料发展战略

关键信息材料是通信物联、高端装备及工业数字化等现代高新技术产业的基础和先导，信息材料产业的发展规模和技术水平已经成为衡量一个国家经济发展、科技进步和国防实力的重要标志，在国民经济中具有重要的战略地位，是科技创新和国际竞争最为激烈的科技领域之一。依据信息产生、存储、交互方式，信息材料主要分为量子材料、存算一体材料和神经交互材料。

1. 量子材料

融合凝聚态物理与量子信息技术，量子材料是指那些具有强关联、电子序、量子效应及量子调控特性的一类新型材料体系，涵盖了高温超导等强关联体系、金属-绝缘体转变材料、磁电耦合材料、拓扑电子材料、层展电磁材料，以及量子调控集体特性的超冷原子、冷激子、极化激元等，以支撑量子通信实用化、量子计算与模拟、量子传感及精密测量等量子科技领域。

1）发展思路

量子材料为后摩尔时代开辟了巨大的可能性。随着纳米制备技术和神经形态计算的高度融合应用，有望获得具有新奇量子特性的异质结构材料，如原子级超薄厚度、层间范德瓦尔斯接触特性、超强光学非线性系数以及大幅度可调的电学性能，进而颠覆未来的信息技术与器件，使得量子材料成为我国必须保持竞争力的领域之一。

2）2030年目标

到2030年，深度开发基于低维超导、拓扑量子物理、强关联电子体系等量子信息技术的支撑新材料，包括半金属材料、新型铁电材料、过渡金属硫族化合物族低维半导体材料、拓扑电子材料等，并涉及二维超薄半导体材料制备、集成、表征及应用技术。

3）2040 年目标

到 2040 年，基本实现由原子阱、离子阱、超导体、半导体和光子等不同技术构筑的实用型量子计算机。全力保障量子密钥分发、量子比特纠缠、量子中继、量子传感与精密测量等量子通信实用化技术的新材料支撑体系。

为实现 2040 年战略目标，需紧紧围绕量子材料制备、物性研究和器件物理中的基础性重大科学前沿问题，重点推进高温超导等强关联体系、非平庸新型拓扑材料、新型磁性/多铁/光电和热电材料、二维材料及其异质结构、冷原子及软凝聚态体系等物性调控机制的研究，新型量子器件物理与技术、量子多体理论与计算方法的发展，为制备新型量子材料、研制新型量子器件提供理论和基础支撑。

2. 存算一体材料

现代信息技术要求计算系统同时实现海量数据存储与快速分析处理，需要采用新型高性能存储器跨越“存储墙”。存算一体技术是在存储器中嵌入计算能力，以新的运算架构进行二维和三维矩阵乘法/加法运算，而不是在传统逻辑运算单元或工艺上优化，这融合了计算单元与存储单元，在实现数据存储的同时直接进行计算，实现了计算存储的节能高算力性能。存算一体材料是为满足人工智能及与其交叉融合的产业发展需要而开发的新材料，具有结构多功能化、功能智能化的特点，其综合性能、对环境的感知、处理响应能力优于传统材料，可分为存算融合高密度存储材料、智能高分子材料、轻质功能化金属材料、超级电容器、半导体纳米管、机敏复合材料、用于可编程人工智能计算机的信息超材料等。

1）发展思路

瞄准超导芯片、量子计算芯片、智能电子器件等底层技术，融合神经信号存储、解码、干预与调控一体的高性能、低功耗智能芯片技术，存算一体半导体材料有望在构筑神经形态类脑芯片方面有低功耗、低延迟、高性能的应用优势。

超宽禁带半导体已经成为半导体技术领域激烈竞争的战略制高点之一，是未来高频大功率微波功率器件，高压、大电流电力电子器件，高灵敏度日盲型紫外探测器件，以及极端恶劣环境应用电子器件不可或缺的电子信息材料，对我国新型宽带雷达、多功能电子战和卫星通信系统、高功率动力系统、紫外光通信系统等的发展具有至关重要的意义，对突破国外半导体技术封锁、加快我国半导体行业的发展具有重要意义。

2）2030年目标

到2030年，面向多功能与高效能集成电路，基本解决其效能瓶颈及功能融合复杂性等挑战，构筑新型逻辑存储器件、新型计算范式、新材料和跨维度集成技术及系统-电路-工艺协同设计、敏捷设计与智能化设计等新工具，基本完成高端芯片、功能融合芯片及核心装备技术的研发，支撑未来信息系统发展，同时实现高性能功率和射频器件的自主可控宽禁带半导体新材料体系。

3）2040年目标

到2040年，综合优化器件电导调制的线性度、对称性、开关比、保持特性和耐久特性等参数，进一步提高集成密度和功能多样性，并形成忆阻器的三维集成技术，提高集成密度和功能多样性，以适用于复杂神经网络应用，结合具有感知功能的器件或开发多模态忆阻器，实现感存算一体化。在电路设计方面，优化交叉阵列结构和外围电路等，实现器件、电路和架构的协同设计研发。在芯片集成方面，将包括数字和模拟转换电路、缓冲存储器、数字处理器等在内的所有功能模块与忆阻器阵列集成到一块芯片上，设计灵活的架构与调度方案，在保证低能耗的前提下实现高算力与高灵活性，使芯片能够支持各种不同深度学习和复杂信号处理等任务。

为实现2040年战略目标，需重点推进集成电路的多梯次协同创新突破，包括：碳纳米管、二维材料、过渡金属硫属化物、氧化物半导体等新材料；环栅晶体管、垂直互补场效应晶体管、叉片晶体管等新型器件结构；晶圆级集成、芯粒技术、单片三维集成等新集成方式；存算一体、量子计算等新计算范式，为突破传统芯片在算力与能效方面的瓶颈开辟新的赛道。

3. 神经交互材料

神经交互材料属于一种类脑智能材料，主要应用于脑机接口领域，用于大脑内电信号与外界交互、脑信号处理以及施加闭环神经刺激，从而建立人脑与计算机的互联互通。这些类脑智能材料可分为类脑智能感知材料、类脑智能功能材料、类脑功能修复材料及智能强脑材料等。

1）发展思路

神经交互材料尚在研发阶段，传统传感器技术的应用范围已遍及信息、生物、能源、环境、先进制造和国防等多个领域，更智能化、微型化、高集成、低功耗、无线传输、便携式是未来传感产品的发展趋势。目前，我国在传感器产品质量和规模方面仍存在关键技术缺失、创新能力不强、产品有效供给不足、国际竞争力薄弱等问题，在拥有知识产权的新材料、关键装备软件、重大产品与系统设计、高端人才队伍等方面严重匮乏，部分关键性原辅材料被国外垄断，产业链安全存在较大隐患。

2）2030年目标

到2030年，基本实现高精细光刻技术的高端光刻胶国产化，类脑计算硬件平台、激光反射薄膜等产品达到国际先进水平。全面实现光刻机光源、光刻机镜头、脑机接口、高性能滤波器、光刻掩模版及关键原辅材料中高纯度合成有机试剂的自主可控，基于二维材料、超材料、金属有机骨架材料、柔性材料、量子材料的新材料智能传感器应用于消费电子、汽车电子、智慧城市等领域。

3）2040年目标

到2040年，全面形成触觉传感、脑机接口支撑材料、神经形态器件等自主材料体系。基于软材料、智能传感支撑实现非接触式协作机器人制造、控制与协调一体化关键技术，推动智慧机器人非接触交互体验优化、作业效能提升及服务常态化。

为实现2040年战略目标，需重点推进类脑、具身智能和交互式神经形态器件发展，实现机器与人、机器与环境之间交互，构建紧凑且节能的神经形态物联网，通过感知、计算、机器学习和处理能力解决现实事件中存在的各种复杂问题。

四、生物医用材料发展战略

公共健康和医疗保健的目的是使人们生活得更健康。医疗保健创新的目的是加速工作流程和经济模式的转变以改善健康状态。医疗健康材料、信息和通信技术，对实现这些目标十分关键。随着全球人口老龄化日益加剧，人们对自身健康的关注度不断提高，健康产业进入加速发展时期。

面向2040年，社会大循环的健康领域关键支撑材料关涉人类生命健康福祉，目的是把保障人民健康放在优先发展的战略位置，推动医疗卫生基础设施建设，切实提升社会公共健康和医疗服务水平。依据健康诊疗过程，生物医用材料主要可分为生物信息材料、载体与缓释材料、组织再生材料和类器官材料。目前这些材料具备生物活性和可降解性，未来将是性能兼具可调智能一体化新材料，并有望带动相关医疗器械产业的发展，包括心血管、骨科、眼科、牙科、伤口护理和肾脏系统方面。这将在疾病快速诊断、人体器官修复移植方面为人类带来福祉，对人民健康产生至关重要的影响。

1. 生物信息材料

生物信息材料是指能够对环境酸碱度、温度、生物分子、力、光、电磁等外界刺激产生响应的智能材料，具有形状记忆功能的生物材料，以及可以感知环境变化并响应而恢复到预先设定状态的材料。该类材料可实现生物学检验、表征、宿主反应和评价等连续和实时医学诊疗分析，快速获得针对个体和人群的最有效的照护方式。

1）发展思路

针对智能化诊疗模式对不同化学传感器、仿生机器人、血管微纳机器人、疾病预测等领域新材料的重大需求，亟待研发出保障超分辨及可视化医学成像、病理分子诊断、纳米模拟、医用植入/介入体，以及基于多模态影像的个体化手术规划导航等医用工程材料，为新型诊疗技术开发及器械研制提供有力保障。下一代日用电子设备如柔性纺织品、电子皮肤、神经传感器及长期植入系统等也急需一批具有高环境适应性、高性能、多功能化、高集成化的生物信息材料。发达国家已纷纷制定了针对柔性电子的相关重大研究计划，我国在该领域研究起步晚，目前急需发展柔性电子材料的理论与方法，以推进柔性电子产业落地。

2）2030 年目标

到 2030 年，可以实时监测、动态示踪及可视化监测重大传染病、肿瘤、心脑血管疾病，研发出具有重大疾病微环境刺激响应性或重大疾病标志物的新型探针、传感材料与传感技术，形成健康监测、疾病筛查、液体活检、生化痕量检验等一系列应用技术。规模推广柔性纤维电子材料与器件，实时监测人体运动生理与生化信号，提升安全性、耐用性及与人体接触舒适性并降低成本，保障推进健康监测、疾病预警、远程治疗等健康管理。

3）2040 年目标

到 2040 年，研发并量产用于陪伴老年人的机器人，基本实现在家远程医疗服务。具备新一代生物电子芯片与微系统技术，形成生物医学传感与影像数据的高灵敏、跨尺度信息检测和处理能力，为提升国民健康水平提供信息技术支撑。

为实现 2040 年战略目标，需要重点突破生物与医学电子信息获取和处理技术，提升生物电子系统微型化和信息多样化；需重点研究分子、细胞和生物系统信息融合交互方式以及光遗传分析等新方法，探索生物信息的本质及演化规律以及医学信息新技术；需要重点量产医学监测与诊断用传感材料与器件，智能高分子诊断材料、智能纺织材料、生物医用纺织材料及器件、植入介入高分子材料，以及柔性电子功能材料如凝胶软体传感、柔性滤波电容器可集成系统及其导电聚合物等。

2. 载体与缓释材料

载体与缓释材料应用于疾病治疗药物及生物活性分子运输系统。药物靶向控释载体是对组织器官或病灶具有识别功能，可装载和控制释放药物或生物活性物质的生物医用材料及其制品，其与药物构成了药物控释系统，可将药物或生物活性物质定向输运至特定组织，并按要求定时定量或随生理环境变化智能性释放。

1）发展思路

药物和基因靶向控释系统是精准治疗中极具发展前景的给药方式，以解决诸多难治愈疾病的治疗问题。生物材料在体内与生物活性分子细胞和组织之间相互作用时的理化特性决定了生物微环境表界面的关键蛋白和细胞行为与功能调控，生物材料表界面改性技术决定了心脑/外周血管系统相容性，以及控释生物活性物质的载体系统效率，心血管微纳机器人已成为个性化精准医疗保健系统必争的战略高地。

2）2030年目标

到2030年，载体与缓释材料可用于特定功能医疗任务的软机器人、在体内导航的医疗设备及纳米机器人、搜救任务脱氧核糖核酸（deoxyribonucleic acid，DNA）机器人；研发配套的驱动器及其控制系统材料，探究软机器人运动或变形动力和理化机制，基本实现临床定时缓释给药系统，并且用在手术治疗心血管等重大疾病方面。

3）2040年目标

全面建成生物活性物质靶向输运和控释载体等新材料产业发展体

系，基本实现按需个性化纳米药物、生物传感、护理点传感以及卫生保健监测一体化医疗保障体系。

为实现 2040 年战略目标，需重点推进生物医用材料表界面及其改性技术，药物靶向控释载体和系统软物质材料，以及纳米生物技术及纳米药物载体输运系统的发展；重点研究材料与细胞相互作用和信号传导规律以及调控细胞行为的分子机制，纳米材料的体内过程归趋、代谢路径及安全性等科学基础问题。

3. 组织再生材料

组织再生材料是基于医用无机材料如生物陶瓷、生物玻璃和碳素材料，制成硬度高、耐磨性能和生物相容性较好以及化学性质稳定的新材料。经过特殊处理天然生物组织而形成的高分子生物医用材料、生物陶瓷和活性玻璃，广泛应用于齿科、骨修复和植入器件及生物降解型聚合物支架等组织工程再生医学领域。

1）发展思路

我国生物医用材料产业发展明显落后于发达国家，高端生物医用材料和医疗器械大量依靠进口，迫切需要发展医用无机材料及其器械以满足我国日益增长的临床需求。骨修复材料需聚焦医用关键原材料制备、骨关节修复等高端植入式医疗器械和诊疗一体化智能材料技术，将多尺度复合、仿生构建及增材制造先进技术引入生物活性材料中，实现病变损伤组织器官的修复和功能重建，满足精准、个性化临床治疗需求，打破欧美等国家的技术和专利垄断，形成技术创新和产业发展新的增长点。

2）2030 年目标

到 2030 年，突破硬组织修复用关键原材料规模化可控制备、医用无机材料微纳多级复合、梯度仿生构建及增材制造等关键核心技术，实现高端原材料国产替代；解决活性材料/干细胞多体复合的生物应答协同作用及对创伤微环境的调控机制、医疗器械中医用无机材料组成和结构仿生与生物效应间构效关系及材料与机体免疫响应的协同作用机制等共性科学问题，建立分子水平上材料生物相容性评价系统，实现按需调控材料生物活性、力学适配性及组织再生诱导性功能化，高性能植入医疗器械和诊疗一体化智能材料的精准个性化临床应用。

3）2040 年目标

到 2040 年，基本具备生物智能材料研发、制造、应用一体化产业体系，明确细胞工程用材料与技术与细胞命运调控之间的构效关系，提升细胞活性、归巢效率和实际临床应用治疗效果，全面形成以心血管材料、骨再生材料、可诱导组织或器官和再生重建类器官、表界面改性及神经形态与脑接口植入芯片器件等为主体的组织工程应用领域，可规模化制备生物可降解材料及多层级复合材料，重点解决植入材料降解性能和韧性不足且生物降解与组织再生速率不匹配的问题，全面提升第三代生物医用材料寿命和装置性能，以满足快速增长的临床需求。

为实现 2040 年战略目标，重点推进新一代生物医用材料再生医学产品、功能性植入/介入材料、心血管材料的高端介入耗材及导管心脏瓣膜等支撑材料的研发。除骨科和心血管两大类应用产品外，组织工程材料还包括伤口敷料、整形外科植入物、人工晶状体、口腔修复材料，以及血液相容性材料等。

4. 类器官材料

类器官是基于 3D 体外细胞培养系统，复制出体内组织器官的高度相似模型。在结构和功能上，类器官可以更好地模拟来源器官或组织的生理功能。相较于动物模型，类器官构建成功率高、操作简单、培养速度快且成本更低，更适合用于疾病病理研究和药物高通量筛选，应用于精准医疗、再生医学、药物筛选和疾病建模等诸多领域。类器官细胞工程材料主要包括软物质，即由高分子网络和水分子形成的弹性混合物（如聚合物、凝胶等），其技术体系包含生物医用材料的仿生设计与智能调控技术，以及面向细胞工程的专用材料研发与应用技术。

1）发展思路

为满足生命健康领域对细胞工程用材料和高端纺织生物医用材料的重大需求，亟须实现关键材料的国产化替代，包括国产化如用于人工关节的超高分子量聚乙烯和用于人工心脏瓣膜的生物瓣膜材料等，以解决我国相关医疗器械发展“卡脖子”问题。从高分子材料和生命软物质体系特点出发，跨越软物质从微观分子结构到宏观聚集态功能之间较长的时间尺度和多重的空间维度，我国需发展生物仿生制造技术，构建由干细胞/软物质支架组成的类器官，力争在药物开发、疾病诊断和再生医学等领域达到国际先进水平。

2）2030 年目标

到 2030 年，实现天然来源的仿生软物质水凝胶制备技术，用于干细胞生长、增殖、定向分化，基于生物仿生制造技术，构建模拟肝脏、肾脏、视网膜等器官功能的类器官，实现类器官在抗肿瘤等药物开发和疾病诊断方面的应用；全面提升生物医用纤维产业关键原材料（如生物可降解性能的聚乳酸纤维）品质，用于手术缝合线、血管支架、医用过滤材料基础原料（高端茂金属 PP 纤维料）等领域，力争攻克驻极熔喷非织造布和静电纤维滤棉等“卡脖子”关键核心技术。

3）2040 年目标

到 2040 年，实现生命体的精准设计、改造与模拟，基于仿生软物质水凝胶，制造类生物组织的多层级结构、多重理化性质的组织工程支架。利用干细胞扩增技术和精确诱导分化技术，精准制造个性化类器官，实现多功能干细胞的功能细胞分化时空调控。

为实现 2040 年战略目标，需重点推进自组装型人工肌肉软材料、癌症治疗的磁性纳米载体、疾病诊断的生物信息材料、模块类器官的芯片材料、生物抗菌材料及细胞打印生物材料等的研究。重点研究软物质功能体系、类器官培养基成分和基质胶及药物筛选技术、多维度分析表征检测技术，实现组织工程、组织器官 4D 打印、类器官构建、器官芯片等技术的交叉融合及临床应用。

五、衣食住行材料发展战略

衣食住行材料发展战略关涉就业、医疗、养老、教育等民生基本需求，其创新发展对人类实现健康舒适生活目标十分关键。

面向2040年，社会大循环的健康舒适主要涉及衣食住行方面，目的是提高人民生活健康水平。衣食住行材料发展战略涉及的材料有纤维材料、合成食品、低碳建筑材料、汽车轻量化材料等。

1. 纤维材料

纤维纺织是关乎国计民生、国家战略的基础材料，是纺织产业链稳定发展和持续创新的核心支撑，是国际竞争优势产业，也是新材料产业的重要组成部分。我国纤维产业的发展自中华人民共和国成立后起步，经历了20世纪50—80年代的常规合成纤维、80年代至21世纪初的差别化纤维时代，目前已经进入了功能化智能化纤维时代。中国化学纤维产量自1996年超过美国，位居世界第一后便一直高速发展并成为化学纤维生产大国；2020年产能已经超过了6000万t，占全球纤维总产能超过70%，稳居全球第一，成为国防军工、国家安全中不可或缺的行业（中国工程院化工、冶金与材料工程学部和中国材料研究学会，2024a）。规模优势和全产业链闭环的创新生态，加速我国纤维材料创新，从“跟跑”进入“跟跑、并跑、领跑”并存的发展阶段。纤维材料向着多结构、多功能、超性能、差异化方向发展。

1）发展思路

面向服装与家纺领域对纤维材料的重大需求，以高质量发展为主题，以深化供给侧结构性改革为主线，以科技创新为动力，加快关键核心技术装备攻关，推动纤维产业高端化、智能化绿色化转型，实现高质量发展。需要实现常规纤维高品质、智能化、绿色化生产，开发超仿真、原液着色等差别化、功能性纤维产品，提升功能纤维性能和品质稳定性，拓展功能性纤维在服装家纺中的应用比例，满足消费升级和个性化需求；需要推进化学纤维绿色低碳转型，提高石油基化学纤维循环利用水平，加快生物基化学纤维和可降解纤维材料发展。需要提升生物基化学纤维单体及原料纯度，推动废旧纺织品高值化利用的关键技术突破和产业化发展，加快稳定、高效、低能耗成套技术与装备集成，实现规模化、低成本生产，引导下游应用，支撑“双碳”目标实现。

2）2030 年目标

化学纤维产量在全球占比基本稳定，创新能力不断增强。纤维功能化比例与绿色制造体系不断完善，功能与绿色纤维占比提高到三成以上，到 2025 年，生物基化学纤维和可降解纤维材料产量年均增长 20%以上，废旧资源综合利用水平和规模进一步发展，行业碳排放强度明显降低[①]。形成一批具备较强竞争力的龙头企业，构建高值化、绿色化现代产业体系。

3）2040 年目标

中国化学纤维产量在全球占比基本稳定，创新能力不断增强。绿色制造体系不断完善，绿色纤维占比提高到六成以上，废旧资源综合利用水平和规模进一步发展，行业碳排放强度降低四成。形成一批在国际上具备较强竞争力的龙头企业，构建高端化、智能化、绿色化现代产业体系，全面建设化学纤维强国。

为实现 2040 年战略目标，重点推进纤维高效高品质柔性化产业化技术，高端聚酯、聚酰胺纤维产业化技术，以及高效纳米杂化纤维产业化技术等的发展。同时需要关注节能低碳，重点攻克莱赛尔纤维的专用浆粕、4-甲基吗啉-*N*-氧化物（4-Methylmorpholine *N*-oxide，NMMO）溶剂制备技术，攻克高光纯、高化学纯乳酸、丙交酯等重要生物基原料的国产化低成本制备技术，此外前沿纤维产品比如纳米纤维、智能纤维、石墨烯改性纤维等也需要积极攻克技术瓶颈，实现新阶段的发展。

2. 合成食品

合成食品是指基于生物、化学、物理等多学科技术交叉融合，创新

① 工业和信息化部，国家发展和改革委员会. 2022. 两部委关于化纤工业高质量发展的指导意见. https://wap.miit.gov.cn/zwgk/zcwj/wjfb/yj/art/2022/art_a01b7532a39a41e891d2540da6981d72.html [2022-04-21].

蛋白质、碳水化合物、脂肪等食品合成，从耕地资源生产食物转变为全方位、多途径开发食物资源，向植物、动物、微生物等要热量和蛋白质，创新蛋白质来源、食品原料和食品工业配料，开发用于食品生产的细胞工厂，以科技手段赋能食品产业，拓展食品边界，运用新技术将更多的生产场景引入食品生产制造领域。

1）发展思路

人口的持续性增长和生活品质的提升，对我国供给总量和结构提出了更高需求。同时，过度工业化生产造成的气候劣变、生态环境破坏等问题使得食物生产系统变得越发脆弱。仅依靠传统的种植、养殖食物生产方式，难以满足未来食物供给需求。我国依然面临着严峻的粮食安全问题。依托食品科技创新，不断拓展食品新资源，创新食品合成新路径，优化食物供给结构、提高未来食物供给效率，是保障国家粮食供给安全的物质基础。

面向2040年，需注重合成路径创新及变革食品主料资源生产模式，创新蛋白质、碳水化合物、脂肪等食品主料的合成新路径。定向挖掘与高效制造植物、动物、微生物替代蛋白，探索其蛋白质成分与功能特性，开发感官拟真、风味强化、营养均衡的替代蛋白加工新技术，推动替代蛋白高效低成本智能制造；通过截断、重构或引入基团等酶法和化学法手段，实现碳水化合物的结构改性，开展一碳分子生物转化的捕获、转运、还原、转化利用等研究，实现碳水化合物的人工合成；开发高活性和稳定性脂肪酶制备关键技术，对天然脂质分子结构进行修饰和高效转化，精准设计脂质结构和调控脂肪酸组成，创制符合不同人群需求的结构脂质产品。

通过细胞工厂合成技术解决食品配料资源“卡脖子”问题，基于基因工程和蛋白质工程定向挖掘和创制新型食品酶，研究关键酶的人工设计、高效表达与分泌、修饰调控、适应性改造及合成途径优化，开展工业宿主菌的设计合成与重编程等细胞底盘技术，建立食品酶高效表达合成系统平台；基于合成生物技术如基因编辑技术和代谢工程手段，设计、合成及优化微生物“智能”细胞工厂，建立细胞生长与产物合成的代谢流程重构、催化单元替代、合成过程强化等调控方法和策略，实现核心配料的定向、高效、精准制造；开发具有特定功能的新型益生菌菌种选育、定向改造、代谢调控、遗传背景解析、基因组学研究，发展益生菌高生物量、高活性和高稳定性制备关键技术，构建具有自主知识产权的核心益生菌菌库。

2）2030 年目标

在食品主料合成创制领域，研究植物、动物、微生物替代蛋白的安全和高效生产关键技术，解决替代蛋白的风味、营养、质构拟真问题；构建多糖高效制备关键技术 1—2 项，解析阿拉伯聚糖等功能多糖的精细结构 5 种，完成食源性新型多糖的结构表征 30 个；鉴定 3—5 种适用于我国婴儿成长的母乳特征脂质成分，实现 1,3-二不饱和脂肪酸 2-棕榈酸甘油三酯（1,3-diunsaturated fatty acid-2-palmitoyl-glycerol，UPU）、中长碳链甘油三酯油（Medium- and long-chain triacylglycerol oil，MLCT）等 1—2 种结构脂质的高效合成。在核心食品配料制造领域，解决我国核心配料和菌种效价低、稳定性差、严重依赖进口等问题，创新高效的生物细胞合成工厂系统理论方法，实现核心酶制剂和食品配料进口率由 85%下降至 70%，以及 10 株以上自主知识产权益生菌菌株的国际推广应用。

3）2040 年目标

在食品主料合成创制领域，替代蛋白实现产业化，我国蛋白质原料进口量减少 50%；创建复杂碳水化合物精细结构表征与功能评价理论体系 1—2 套，挖掘新资源复杂碳水化合物 3—5 种；实现 UPU、MLCT 等新型母乳结构脂在多个品牌婴儿配方奶粉中应用，自主化产品占国内市场份额 20%以上；植物蛋白与真实动物制品具有 90%以上相似程度，细胞培养肉实现产业化，成本降至每千克 10 元级。在核心食品配料领域，创新细胞工厂合成新路径，解决我国食品配料“卡脖子”问题，益生菌种、母乳低聚糖、母乳结构脂等核心配料的生物制造自主化，核心配料与菌种自主化产品市场占有率超过 50%。

3. 低碳建筑材料

低碳建筑材料是为了保证建筑全生命周期低碳排放的建筑材料，同时从生产、使用到废弃循环全过程保持低环境负荷。低碳建筑材料的发展，关系到人居环境舒适健康等民生问题，对实现建筑和工业领域的“双碳”具有重要意义。

1）发展思路

在满足建筑全生命周期低碳排放的同时，还要保证居住的舒适健康，重点突破结构工程用大宗基础材料生产过程的低碳低环境负荷关键技术，加快研发保证建筑运维节能的轻质保温的围护功能材料、室内相变调温材料、外装饰隔热一体化热反射涂料等，超前布局能够吸收转化或储存太阳能的建筑材料，为建筑零碳运维奠定基础。

2）2030 年目标

到 2030 年，全面提升低碳建筑用材料研发和应用技术水平，基本建成低碳建筑材料全生命周期生态设计理论与技术创新体系，形成建筑材料及构件部品生产、建筑建造及运维、拆除回收循环利用全流程绿色低碳协同创新模式。重点攻关各类建筑材料生命周期碳足迹与建筑不同阶段（物化、运维、拆除）碳排放协同优化关键技术，研发以建筑全生命周期低碳为目标的建筑材料制备核心工艺和应用技术，开展低碳建筑材料相关标准、计量、管理体系建设，满足国家低碳战略和人民居住舒适对建筑材料的需求。建筑碳排放降低 10%以上。

3）2040 年目标

到 2040 年，全面建成低碳建筑材料全生命周期生态设计理论与技术创新体系，实现建筑材料及构件部品生产、建筑建造及运维、拆除回收循环利用全流程绿色低碳协同创新。按照建筑节能低碳和舒适度目标，精准选用或设计制备各类建筑材料，发展结构功能一体化、装饰调温一体化、防水隔热一体化等多功能协同的新型建筑材料。降低建筑碳排放 20%以上。

为实现 2040 年战略目标，需重点推进材料与资源、能源、环境、信息学科的交叉科学研究。建筑材料设计要综合考虑其生产阶段的环境负荷（包括资源能源消耗和碳污排放）和应用阶段对建筑节能低碳的贡献及作用，有针对性地进行性能设计和工艺技术研发。明确生产阶段资源能源转化过程的材料结构/性能演变及碳排放关联机制，关注微观和宏观复杂动态界面的表征和理解，为研发低碳舒适型建筑用新材料（保温、隔热、相变调温、太阳能利用供能）奠定基础。

需要攻关的技术包括：面向全生命周期的低碳材料筛选与设计、建筑运维节能的轻质保温围护功能材料、室内相变调温材料、外装饰隔热一体化热反射涂料等设计与制备技术，面向未来建筑零碳运维的太阳能吸收转化或储存利用的建筑材料设计与制备技术。

4. 汽车轻量化材料

1）发展思路

以节能减排、提升驾乘人员舒适度为最终目的，攻克镁合金铸件强度较低、耐蚀性差、塑性变形能力差等难题，推动镁合金材料在汽车和新能源汽车上的规模化应用，形成镁合金在汽车、大飞机等领域的轻量化技术体系。

2）2030 年目标

到 2030 年，发展超高纯度镁及镁合金及其制备技术，发展抗拉强度 600 MPa 以上的变形镁合金、抗拉强度 450 MPa 以上铸造镁合金、耐蚀性与铝合金相当的镁合金制造工艺，发展高性能镁合金的先进铸造技术和塑性加工技术及成套装备，发展高室温成形性镁合金板材、具有高效塑性加工能力的镁合金型材，突破高性能轻量化镁合金的高质量设计与制备技术，实现高纯度镁及镁合金、超高强韧、高成形性、高耐蚀镁合金及大型结构件的可控制备加工，以及在新能源汽车、大飞机上的大规模应用，单车用镁量突破 200 kg，形成完整的镁合金制备加工技术体系和专用装备体系。

3）2040年目标

到2040年，实现镁及镁合金的智能化精准设计和按需设计，发展低成本高效制备加工技术，满足交通工具、电子信息、航空航天和国防军工等关键领域的更大规模应用需求，实现制备加工过程的超低能耗和碳排放，镁及镁合金在汽车和大飞机的主承力构件上的规模化应用。

六、环境工程材料发展战略

1. 环境功能材料

环境功能材料主要是指具有独特的物理、化学、生物性能，并具有优良的环境效应的新型材料，包括吸附材料、催化材料、膜材料、能源技术与功能材料等。

1）发展思路

以改善生态环境、保障生态可持续发展和人类健康为最终目的，加强水、大气和土壤污染防治，危险废弃物处理处置，以及环境监测与环境应急技术相关材料和技术的研发应用，推动环境功能材料的高端化转型，完成低成本、高性能、绿色、智能-功能一体化的材料开发，形成以环境功能材料为核心的应用技术模式，探清材料介导污染物去除机制及材料自身的环境影响。通过材料和器件的开发和应用，促进资源利用循环化转型，建立支撑现代水资源综合利用体系的材料体系和材料应用方法，发展支撑绿色再制造和资源循环利用、废弃物资源化利用的材料和技术体系。

研发生物质材料及高附加值化学品制备技术、低热值生物质燃料的高效燃烧关键技术；研发生物可降解纤维材料、生物质材料及复合材料的回收再利用技术。

2）2030年目标

到2030年，实现针对特异性环境污染物的高效环境污染净化材料的定向设计和可控制备，通过材料组成和结构的调控，实现污染物的高效、选择性去除；分别针对水、土、气等环境介质，实现可原位使用的功能材料的规模化制备和配套技术模式开发；通过理论计算结合实验结果，揭示高效环境污染净化材料的构效关系以及环境材料与污染物之间的界面作用机制，开发具有低成本和宏量生产工艺的高效环境污染净化材料，在实现高度国产化和污染物去除自主可控的同时实现资源化利用；开发具有吸附、环境响应及生物相容性的高性能膜分离材料，适用于水中低浓度挥发性有机物分离的分子筛膜材料，以及高性能气体净化膜材料；建立分子筛膜材料结构设计方法，突破膜材料成形、制备工艺和分离机制等关键技术，揭示材料结构、成膜过程机理与分离性能的调控规律，增加分离膜材料调控维度。

3）2040 年目标

探清人工纳米材料在介质中的环境行为；评估环境材料对环境和生态的影响机制及使用后的次生环境污染与生态破坏，阐明环境材料的安全性；探明环境材料的生物毒性效应及对人体健康的影响；建立环境材料尤其是纳米材料毒理学和生态毒性的评价体系和标准。

开发生物可降解环境功能材料的合成及提取技术，提高生物可降解环境功能材料的生产效率及产品质量；开展以农业废料作为发酵原料生产可降解材料的研究；研究生物可降解材料在复杂环境中服役性能及结构性能变化规律；解析生物可降解材料在复杂环境中结构性能演变规律并实现有效调控，揭示生物可降解材料降解过程的“材料-微生物-环境”耦合机制，阐明该类材料的生物降解过程及其降解产物在环境中的归宿。

2. 生态环境材料

生态环境材料的发展旨在通过研制新型材料，改善生态环境，实现可持续发展，并解决能源和资源短缺等全球性问题。

1）发展思路

生态环境材料将专注于以下关键领域：生物可降解纤维材料、生物质材料及复合材料的回收再利用技术，基于二氧化碳直接光合作用的碳中和能源技术，复合材料高效化学回收循环与生物降解，生物质高分子的可控降解，稀土绿色循环冶金技术，以及材料生命周期工程。

2）2030年目标

生物可降解材料的技术突破：研发生物可降解纤维材料、生物质材料及复合材料的回收再利用技术，实现材料的可持续生命周期管理，减少资源浪费。

碳中和能源技术的实现：推动基于二氧化碳直接光合作用的碳中和能源技术，将太阳能直接转化为可用的碳基燃料和原料，为解决全球变暖和能源短缺问题提供创新解决方案。

3）2040年目标

到2040年，我们的远景是实现以下目标。①复合材料的循环与降解：开发复合材料高效化学回收循环技术，实现材料的高效再利用，同时确保其可完全生物降解，减少塑料污染问题。②生物质资源可持续利用：推动生物质高分子的可控降解技术的发展，将生物质转化为有价值的产物，为可持续资源利用贡献力量。③稀土绿色冶金技术的推广：发展稀土绿色循环冶金技术，实现稀土元素的高效清洁冶炼和分离，减少环境负担。④材料生命周期管理：将材料生命周期工程纳入实际应用，从设计、生产、使用到处理，全面考虑环境影响，实现材料的可持续循环利用。

3. 低碳材料及技术

低碳材料及技术是指“双碳”目标实现过程所涉及的先进材料以及转型过程所涉及的一系列关键技术。

1）发展思路

面向钢铁、水泥、化工、有色金属等重点工业行业绿色低碳发展需求，深度融合大数据、人工智能等新兴技术，引领高碳工业流程的零碳和低碳再造和数字化转型。瞄准产品全生命周期碳排放降低，加强高品质工业产品生产和循环经济关键技术研发，加快跨部门、跨领域低碳零碳融合创新。面向国家“双碳”目标和国际碳减排科技前沿，加强前沿和颠覆性低碳技术创新。围绕驱动产业变革的目标，聚焦二氧化碳捕集综合利用、新能源开发、前沿储能等重点方向基础研究和交叉学科的突破，引领实现产业和经济发展方式的重塑。

2）2030 年目标

到 2030 年，基本实现钢铁、水泥、化工、有色金属行业的低碳与零碳流程再造，研发全废钢电炉流程集成优化技术、富氢或纯氢气体冶炼技术、钢铁-化工一体化联产技术、高品质生态钢铁材料制备技术并建设示范应用工程；研发低钙高胶凝性水泥熟料技术、水泥窑燃料替代技术、少熟料水泥生产技术及水泥窑富氧燃烧关键技术等并建设示范应用工程；研发针对石油化工、煤化工等高碳排放化工生产流程的可再生能源规模化制氢技术、原油炼制短流程技术、多能耦合过程技术、绿色生物化工技术以及智能化低碳升级改造技术并建立示范应用工程；研发新型连续阳极电解槽、惰性阳极铝电解新技术、输出端节能等余热利用技术，金属和合金再生料高效提纯及保级利用技术，连续铜冶炼技术，生物冶金和湿法冶金新流程技术并建立示范应用工程；开展系统的资源循环利用与再制造研究，研发废旧物资高质循环利用、含碳固废高值材料化与低碳能源化利用、多源废物协同处理与生产生活系统循环链接、重型装备智能再制造等技术，并建立示范及应用工程；推广 CCUS 技术，研发并推动基于二氧化碳综合利用的生物制造技术，包括二氧化碳直接光合作用、二氧化碳制造甲烷、甲醇燃料技术及其应用；研发并推动低成本、绿色提取高纯度铝、镁、钛轻金属应用；研究并推动高效薄膜电池、叠层电池、低成本碳纤维风机叶片、小型模块式反应堆和超高温气冷堆等先进材料、低温超导材料、核反应堆包覆材料、绿氢制备技术、高温吸热传热储热先进材料等材料和技术的应用；推动材料生命周期工程理念的社会面普及。

3）2040 年目标

到 2040 年，钢铁、化工、有色金属、建材等基础材料的转型升级逐步完成，智能制造和绿色制造转型产生成效，新能源材料推动新能源综合利用的比例逐步攀升，全社会碳排放水平进一步下降，为实现碳中和奠定坚实的基础。

到 2040 年，钢铁、水泥、化工、有色金属行业的低碳与零碳流程再造技术得到大规模推广和应用，重点推进全废钢电炉流程集成优化技术、富氢或纯氢气体冶炼技术、钢铁-化工一体化联产技术、高品质生态钢铁材料制备技术；低钙高胶凝性水泥熟料技术、水泥窑燃料替代技术、少熟料水泥生产技术及水泥窑富氧燃烧关键技术；可再生能源规模化制氢技术、原油炼制短流程技术、多能耦合过程技术、绿色生物化工技术以及智能化低碳升级改造技术；新型连续阳极电解槽、惰性阳极铝电解新技术、输出端节能等余热利用技术，金属和合金再生料高效提纯及保级利用技术，连续铜冶炼技术，生物冶金和湿法冶金新流程技术；实现工业资源的全面循环利用与再制造研究；二氧化碳综合利用技术得到广泛使用；低成本、绿色提取高纯度铝、镁、钛轻金属实现规模化应用；高效薄膜电池、叠层电池、低成本碳纤维风机叶片、小型模块式反应堆和超高温气冷堆等先进材料、低温超导材料、核反应堆包覆材料、绿氢制备技术、高温吸热传热储热先进材料等材料和技术广泛应用并实现智慧调度；在社会面普及材料生命周期工程理念。

七、安全工程材料发展战略

平安中国最重要的是国家安全，国家安全是指国家政权、主权、统一和领土完整，人民福祉、经济社会可持续发展和国家其他重大利益相对处于没有危险和不受内外威胁的状态，以及保障持续安全状态的能力。材料工程科技涉及的国家安全主要体现在军事安全、生态安全、资源安全、核安全、太空安全、极地安全、深海安全等层面。材料工程科技关键支撑材料应满足国防安全重大需求，满足解决重大疫情、自然灾害等重大需求。安全工程材料发展战略涉及的材料包括航空航天用电子元器件材料、空间环境特种金属材料、军工新材料、极端条件及防护用高分子及复合材料和航空航天高性能复合材料。

1. 航空航天用电子元器件材料

电子元器件是构成航空航天装备的基本单元，是保证航空航天装备可靠性的基础。航空航天用电子元器件需要满足各种辐射环境、原子氧、高真空、大范围温度、力学环境（力学作用、冲击、离心加速度）等使用环境，具有工作可靠、尺寸小、重量轻、高强度等特点。

1）发展思路

用于航空航天的各种电子元器件在服役过程中受到各种辐射环境（如中子、质子、电子等各种辐照）、原子氧、高真空、大范围温度变化、强烈振动等的影响，应用于高抗辐照等恶劣空间环境的半导体材料以及功能介电材料是深空探测的重要支撑材料，是各国在空间应用领域激烈竞争的战略制高点之一。随着航空航天装备不断向高集成度、多功能、低功耗方向发展，迫切需要小型化、高性能、高效率、高可靠性的电子元器件。

以氮化镓、碳化硅、金刚石、氧化锌、氮化铝、氧化镓等为代表的半导体材料在功率密度、功率载荷比以及抗辐照能力上展示了极具潜力的应用优势，对研发深空探测器、压电控制系统、卫星激光通信技术有重要意义。同时，适应于高抗辐照等恶劣空间环境的压电、铁电、热释电、微波等介电材料（如氧化铪）及其谐振器、滤波器、介质天线、移相器、存储器、传感器、介质导波回路等元器件的规划探索是卫星移动通信和军用雷达领域的必经之路，对保障未来太空军事安全和信息安全具有战略性的意义。

近年来，随着新品等项目的牵引和国内各元器件研制单位的技术攻关，国产电子元器件的性能取得了长足发展，部分国产电子元器件的性能已接近或达到了国际先进水平；但大规模集成电路、大功率器件、光电器件等元器件仍有部分依赖进口。因此，需要完善顶层管理，建立新型电子元器件的研制、生产、鉴定和应用验证指导性文件规范，实现电子元器件在设计、工艺、加工等方面的全面突破。

2）2030年目标

到2030年，形成一批半导体材料、功能介电材料和特种金属材料核心技术专利，突破应用于各种辐射环境、原子氧、高真空、大范围温度变化、强烈振动等条件下的半导体材料及功能介电材料的制备技术，并使其达到世界领先水平；基本建立新型电子元器件的研制、生产、鉴定和应用验证指导性文件规范。

3）2040年目标

到2040年，航空航天电子元器件用半导体材料及功能介电材料能够自主供应，满足卫星移动通信和军用雷达使用需求，保障太空军事安全和信息安全。

为实现2040年战略目标，须重点突破空间应用电子材料及其器件制备技术和空间环境特种金属材料合成制备技术。

2. 空间环境特种金属材料

空间环境特种金属材料是指在具备微重力、超真空等特点的空间环境下，通过特殊成形方法或成分设计而制成的特种金属材料。

1）发展思路

空间材料科学技术领域迅猛发展显著加快了中国空间站建设进程。由于传统材料合成制备技术始终受地面重力场的无形作用，特种金属材料技术的发展始终难以取得突破，空间环境所特有的“长时微重力、悬浮无容器、真空超洁净、熔体深过冷”环境条件是材料制备技术发展所需的高新资源。因此，面向2040年，开展空间环境特种金属材料合成制备技术的研究，具有重要的战略意义和工程价值。聚焦“空间环境-材料制备-地面模拟”这一主题，在10^{-3} g的微重力环境下，开展空间环境下高温和难熔合金熔体的振荡和传热过程研究；获取空间环境特种金属材料合成制备必不可少的热物理性质（如密度、表面张力、黏度、比热、发射率）；实现特种微观结构、特殊应用性能的特种金属材料空间环境合成制备，形成特种金属材料的空间合成制备技术，将在大飞机、先进战机、深海航行器、空天武器等领域形成规模化应用。

2）2030 年目标

到 2030 年，形成一批关于特种金属材料空间合成技术的核心专利；基本探索出飞行器用 1500℃高温合金、高超武器用 2000℃难熔合金、初生晶粒尺寸小于传统铸造 1/10 的均质合金等材料空间制备技术，部分材料达到中试应用水平。

3）2040 年目标

到 2040 年，特种金属材料的空间合成制备技术取得重大突破，在大飞机、先进战机、深海航行器、空天武器等领域形成规模化应用。

为实现 2040 年战略目标，重点推进空间环境特种金属材料合成制备技术的研发。

3. 军工新材料

军工新材料是与民用新材料相对的概念，通常是指由前沿新材料发展到应用阶段的各类材料，其主要特征为设计理念新、性能要求严格、控制精度高、使用环境苛刻、应用范围小。军工新材料包括耐极端温度材料、防热隔热材料、高性能涂层材料、耐烧蚀材料、超长周期服役材料、极端环境下非可见光成像材料等。

1）发展思路

面向 2040 年平安中国对军工新材料的需求，需要在高温合金、超高温合金、碳化硼装甲陶瓷材料、碳/碳复合材料、高性能特种纤维和含能材料等方面攻关。

为实现新型高温结构材料的开发和高效制备，需从以下几个方面加以攻克：开发新型轻质化、耐高温合金的成分设计；研究工艺参数对高温合金球化规律的影响，实现耐高温合金粉末球体的高效能制备；开发新型雾化技术，用于超高熔点难熔高熵合金粉末球体制备；开发新型激光增材制造工艺，实现难熔高熵合金构件的直接制备，突破激光增材制造为高温合金叶片等损伤部件的修复技术，关注修复再制造工艺与杂晶形成的关系、基体取向对单晶外延生长方向的影响、修复过程中裂纹产生的机制与抑制，结合模拟技术研究激光熔覆过程中的热场、溶质场以及应力场分布。通过原料配方优化、冶金过程行为控制、显微组织调控、相图预测等策略，利用激光增材制造成功制备出性能优异的大型复杂超高温合金构件。突破军用超高速飞行器发动机耐高温部件用难熔高熵及高温合金球形金属粉末制备技术和修复技术以及超高温合金制备工艺。

在碳化硼抗弹陶瓷中引入金刚石或立方氮化硼等超硬组元，有望大幅提高抗弹材料的硬度和综合性能。然而第二组元的引入对其综合性能的影响尚不清楚。为了开发新一代超硬抗弹陶瓷复合材料，必须从以下几点出发：金刚石和立方氮化硼等超硬组元的引入对碳化硼基复合陶瓷材料硬度的影响；第二相在碳化硼基体中的分布方式对其硬度的影响规律；第二相对碳化硼基复合陶瓷材料的强化机理研究；探索兼具高硬度与高韧性的层状陶瓷结构设计方法；优化制备工艺，探索高性能碳化硼陶瓷制备新方法、新技术。

随着航空航天技术的发展，新型航天装备对隔热、承载、多功能材料和结构提出了新的需求，对碳/碳复合材料的工艺、性能、成本等提出了更高要求，后续发展重点包括以下几个方面：进一步提高碳/碳复合材料的使用温度和在复杂环境中使用的可靠性；发展兼具多种功能一体化的新型碳/碳复合材料；开发可重复利用的高特种碳/碳复合材料；开发新型制备技术，降低高性能碳/碳复合材料制造成本。

高性能纤维材料的开发关涉国家安全建设保障，极大地拓展了特种材料的发展空间，在生命科学、医疗卫生、航空航天、电子行业和建筑工业领域发挥着越来越大的作用。高性能纤维正朝多样化、系列化、复合化、高性能化、功能化、标准化和低成本的方向发展。

在保障国家安全方面，含能材料发挥着不可替代的作用，也是国防力量的重要组成部分。传统含能材料制备工艺存在高污染、高毒性、高能耗和低安全性的缺点。新一代含能材料的开发应包括以下几方面：理论设计与数值模拟；化学合成开发、制备新工艺，以及使用过程中的装药、成形与加工制造技术；燃烧、爆炸、冲击理论；含能危险物质的理化分析、毒理特性、环境化学与绿色无害化处理技术等。

2）2030 年目标

到 2030 年，突破军用超高速飞行器发动机耐高温部件用难熔高熵及高温合金球形金属粉末制备技术，并实现大规模应用；高硬度与高韧性碳化硼陶瓷抗弹材料综合性能进一步提升；超高温合金满足高超飞行器和航空涡轮叶片使用；碳/碳复合材料、高性能特种纤维、含能材料达到国际先进水平。

3）2040 年目标

到 2040 年，先进材料摆脱国际贸易和科技制裁，全面解决材料领域"卡脖子"问题，实现先进国防用特种关键战略材料开发与制备工艺升级；碳/碳复合材料、高性能特种纤维、含能材料实现自给。

4. 极端条件及防护用高分子及复合材料

极端条件及防护用高分子及复合材料是指用于航空航天、疫情防控、国防军工等关键领域的高分子材料及其复合材料。涉及支撑平安中国建设的先进高分子及复合材料主要包括飞行器、运载火箭等极端条件新型高性能高分子复合材料，日常防护、专业化防护、军用防护等高分子纤维及其复合材料。

1）发展思路

先进高分子及复合材料作为航空航天、生物战争、疫情防控的支撑材料，发挥着重要的作用。针对未来空间探索与人类长时间深空旅行的需求，开发适合制造超高速、超长航程、大型宇宙飞行器及其重载火箭、应用于极端条件下的新型高性能高分子复合材料（短期耐热 1000℃，耐 −200℃低温，拉伸强度≥3000 MPa，抗宇宙射线穿透，耐辐射，深空环境下寿命≥10 000 000 h），完成该类材料的深空环境可靠性验证，实现复合材料微观结构的自修复与空间环境下结构制件的在轨快速制造与替换。

精准对接日常防护（抗菌、抗病毒、阻燃等）、专业化防护（防生化、辐射、切割、防毒）、军用防护（防弹、防割刺、防火）等相关领域防护需求，研究不同纤维材料体系和不同纤维集合体结构对电子、电磁、热、生化防护等应对特点，开展纤维-结构-性能一体化设计研究。研究纺织制品在大温差、高光热辐射、化学与生物污染、高频电磁波、核辐射、高冲击等极端条件下的服役与失效机制，开发有机/无机纳米杂化、纺织品表面结构设计与构筑、生化阻隔膜及其与纺织品复合等技术，制备高等级阻燃、防毒、抗生化、防辐射、防弹等军民两用防护材料，构建防护纺织制品与服装设计、加工与应用体系。研发防护纺织品与服装动态评价关键技术，模拟防护服穿着者面临的各种环境，建立评价和预测虚拟实验室，评估穿着舒适性和防护性能，提升消防服、抢险救援服、电焊防护服、医用防护服、核电工作服等防护服装的制备与应用水平。

2）2030年目标

到2030年，基本建立高性能复合材料树脂基体产业技术创新体系，形成满足国家战略需求的高性能树脂基体；明确纺织制品在大温差、高光热辐射、化学与生物污染、高频电磁波、核辐射、高冲击等极端条件下的服役与失效机理，使军民两用防护材料实现国产化。

3）2040年目标

到2040年，极端条件下的新型高性能高分子复合材料（短期耐热1000℃，耐−200℃低温，拉伸强度≥3000 MPa，抗宇宙射线穿透、耐辐射、深空环境下寿命≥10 000 000 h）实现批量生产，并完成环境验证及小规模示范应用；防护用纺织材料能够在大温差、高光热辐射、化学与生物污染、高频电磁波、核辐射、高冲击等极端条件下长期服役。

为实现2040年战略目标，须重点推进面向深空旅行的先进热塑性树脂基复合材料及其外延技术和防护用纺织材料与制品制造技术的发展。

5. 航空航天高性能复合材料

航空航天高性能复合材料涉及支撑平安中国建设的新型无机非金属材料，主要包括航空航天发动机用高温陶瓷基复合材料、空间光学部件碳化硅陶瓷。

1）发展思路

耐高温材料是制备高性能航空航天发动机的关键，研制航空航天发动机用陶瓷基复合材料及其批量制造技术是该方向的目标。目前，欧美、日本等发达国家已采用新型陶瓷材料陆续研制并生产出航空航天发动机的喷管、燃烧室、火焰筒、密封片、调节片等关键高温部件，发动机燃烧温度和燃烧效率提高、质量降低，有效地提高了发动机的推重比。我国在此方面基础薄弱，相关技术还基本处于试验研制阶段。因此，大力开展航空航天发动机用复合材料研究和批量制备技术研发，对促进我国航天器、大飞机的发展具有十分重要的意义。相关技术和产品在军用和民用领域具有应用前景。

可实现多空域穿梭和重复使用的高速飞行器是保障国家安全和未来人类外太空探索的核心技术系统，轻量化和实现广域工况耐用性是该系统工程中材料科学所需要解决的核心问题，其中陶瓷及陶瓷基复合材料均需要针对这两个核心技术发展出新的设计理论和制备技术。未来要突破的科学技术难题主要包括：在不降低构件功能需求的前提下实现高性能陶瓷大于 50%的轻量化极限减重；通过主动冷却技术实现高温陶瓷使用温度的大幅度提高；通过宏观结构强化与结构增韧理论及制备技术来解决陶瓷脆性和疲劳寿命不可靠的核心痛点；建立电磁性能结构调控理论，研发设计软件和制备技术；从根本上解决飞行器内外功能部位均需要采用不同特性的高性能陶瓷材料问题。这些问题的攻克很大程度上需要高性能陶瓷的增材制造技术作为底层制备手段，需要大力发展微米级结构单元精度的新一代多材料体系增材制造技术体系。我国应加强系统性工程的引导作用，大力支持高性能、高温陶瓷性能结构调控设计理论的突破和验证，大力支持未来军民两用陶瓷增材技术的按需发展，为今后的智能制造时代做好技术储备。

兼具高比刚度、高热导、低热膨胀系数等优异性能的碳化硅是空间光学部件的主流材料，如国际迄今为止地球同步轨道最高分辨率的光学遥感卫星“高分十三号”搭载的目前国际在轨最大口径的＞1.5 m 量级 SiC 光机构件，其制造工艺采用传统成形烧结结合精密加工来实现。3D/4D 打印快速成型技术则是实现新一代超大口径、超轻型碳化硅及其复合材料光学部件快速可靠制造的重要手段。为满足我国空间遥感技术发展对下一代超大口径、超轻量化空间光机系统的需求，亟待开发满足特殊服役条件的新材料和新工艺。

2）2030 年目标

到 2030 年，航空航天领域的先进材料基本实现完全自主可控；开发出口径为 4 m 超轻光学部件材料及其一体化快速制备技术。

3）2040 年目标

到 2040 年，航空航天领域的先进材料实现完全自主可控；航空航天发动机用陶瓷基复合材料实现批量制备；利用主动冷却技术大幅度提高高温陶瓷适用温度；实现陶瓷材料高强、高韧、大尺寸制造，开发出口径为 8 m 超轻光学部件材料及其一体化快速制备技术。

预计 2040 年，除了以上成就，平安中国将会出现机器人代替人类参与未来战争、抢险救灾等来保卫国家安全，也将会出现超人类功能的辅助可穿戴装备，而这些需要材料工程科技多领域的交叉支撑。

第十四章　中国先进材料领域工程科技重点任务和发展路径

第一节　重点任务

前沿新材料发展的重点任务，核心在于实现从跟踪仿制向原始创新的根本性转变，旨在打造中国的科技创新高地，牢牢把握第四次工业革命的宝贵机遇。在此背景下，大力发展智能材料，将其作为引领未来科技和产业变革的先导力量，力求在这一领域走在世界前列。智能材料的研发与应用，将深刻改变制造业、医疗健康、信息技术等多个行业的面貌。同时还应该积极布局空间材料、电子信息材料以及低维材料等前沿领域，抢占科技发展制高点。空间材料作为新兴的战略性材料，对航空航天、国防科技等具有重大意义；电子信息材料则是信息技术发展的基石，对提升国家信息化水平至关重要；而低维材料，包括二维材料、纳米材料等，其独特的物理化学性质为新材料革命开辟了广阔空间。

关键战略材料发展的重点任务在于突破当前面临的“卡脖子”问题，实现关键材料的自主可控和国产化替代。关键战略材料聚焦碳纤维、汽车铝板、聚酰亚胺（polyimide，PI）、SiC 纤维、硅片、半导体溅射靶材、电子陶瓷、光学膜、光刻胶等方向，需加强技术研发和创新能力，突破核心技术瓶颈，提高国产化率和产品质量，减少对进口的依赖。同时，依托国家实验室和重点科研机构的建立，汇聚顶尖科研人才，开展关键战略材料的深入研究，并建设区域性新材料基地，形成“产学研用”一体化创新体系，促进新材料技术的产业化和规模化应用。此外，还需要加强表征仪器、智能制造装备等关键配套技术的研发和应用，提高新材料研发和生产效率，完善原辅料配套体系，确保关键战略材料的稳定供应和质量安全。为推动新材料快速推广应用，我们需加强上下游企业之间的合作与协同，形成紧密联系的产业链生态体系，鼓励材料开发与下游应用企业间的“共生共融、协同发展”，确保新材料能够满足市场需求，推动新材料产业与下游应用领域的深度融合和发展。

先进基础材料发展的重点任务在于推动其高质量化、绿色化以及智能化的转型与升级，从战略高度引领产业创新发展。首先，聚焦高质量化发展，通过技术创新和工艺优化，提升材料的纯度、稳定性和耐久性，满足高端市场对高品质先进基础材料的迫切需求，同时加强质量监管和标准化建设，确保其在全球市场中的竞争力。其次，积极推动绿色化发展，研发和应用环保型原材料，降低生产能耗和排放，减少对环境的影响，同时推广循环经济和资源综合利用，提高先进基础材料的回收利用率，构建绿色、低碳的产业发展模式。最后，加速智能化发展，利用人工智能、大数据等先进技术，优化生产流程，提高生产效率和产品质量，同时加强产业互联网和数字化建设，实现供应链的高效协同和智能化管理，为先进基础材料产业的高质量发展注入新动力。

一、先进基础材料重点任务

（一）前沿新材料

把握前沿新材料自主创新机遇，掌握合成与制备的自主权和主动权，在前沿新材料领域的发展重点及发展方向主要包括3D/4D打印材料、超导材料、智能仿生材料、石墨烯等二维材料、超材料等方面。

1. 重点任务

1）3D/4D打印材料

（1）3D/4D打印金属材料。形成较为完善的3D/4D打印金属材料设计、制备、生产与应用的技术体系，基于现有金属材料体系，构建超过百种合金牌号、具有良好工艺性能和使用性能的3D/4D打印金属材料库；在钛合金、铝合金、低熔点合金、高温合金、铁基合金等体系中，实现近百种合金牌号的3D/4D打印专用合金成分设计；形成具有自主知识产权的高品质细粒径球形金属粉末和均匀化丝材的规模化、低成本生产技术与装备；在国家重大需求中，3D/4D打印结构件的综合性能普遍达到或超过传统制造技术水平；实现金属3D/4D打印不仅应用在高端装备和医疗植入体等高附加值产业中，也在汽车和普通机械工业等成本敏感产业中得到应用。

（2）3D/4D打印有机高分子材料。完备高端3D/4D打印装备和工艺相配套的材料和技术体系，实现新型3D/4D打印有机高分子材料的批量应用、3D/4D打印的高端制造装备90%以上实现国产化，3D/4D打印有机高分子材料普遍满足高质量、大规模稳定生产要求，以应用于研发、文创、教育、工装和备件等领域，并拓展到包括铸造、模具、汽车、注塑等大规模产业领域，如航空航天、医疗、电子信息等高附加值产业。

（3）生物3D/4D打印材料。面向不同临床应用的多种生物3D/4D打印材料设计与制备技术，建立完善的生物3D/4D打印材料评价体系；掌握结构-功能仿生的3D/4D打印组织修复技术，实现生物3D/4D打印材料植入医疗器械在口腔科、骨科、神经外科、普外科等多领域的临床应用。开发出针对干细胞、免疫治疗、再生医学等前沿新领域应用的生物3D/4D打印材料体系和工艺技术；构建多种材料-细胞复合体系，掌握功能性生物材料、智能响应生物材料等生物活性材料的设计方法和制备技术体系；构建微生理系统、异质肿瘤模型、组织/器官芯片、体外微型肝、人工皮肤等功能性组织模型并获得应用；实现膀胱、软骨等基本功能性的组织和器官构建，为组织器官移植奠定材料与技术基础。

（4）3D/4D打印无机非金属材料。建立3D/4D打印陶瓷、水泥、玻璃与碳材料的设计方法和制备技术体系。满足各种陶瓷3D/4D打印工艺所需的高质量陶瓷粉材、树脂、助剂、浆料、膏体和前驱体等原材料，系统掌握陶瓷3D/4D打印的全流程工艺技术；3D/4D打印工艺要求的高质量专用水泥及其辅助材料和全流程 3D/4D 打印工艺技术，达到 3D/4D 打印建筑设计国家标准要求；陶瓷 3D/4D 打印工艺应用于牙齿假体、航空发动机和燃气轮机涡轮叶片陶瓷型芯等领域，掌握太空环境 3D/4D 打印建筑的材料、工艺与装备技术。

（5）3D/4D 打印复合材料。针对金属基、非金属基复合材料与不同形态的增强相和功能相，突破面向不同 3D/4D 打印技术的复合材料设计原理和工艺方法；瞄准工业应用领域，开发出适用性强的不同 3D/4D 打印技术，形成系列化的金属基和非金属基 3D/4D 打印复合材料体系；建立在性能/功能上具有颠覆性的复合材料增材制造新原理与新方法，掌握超轻质超高性能结构件、具有特殊优异性能的材料-结构-功能一体化构件、各种类型和功能的超材料和高度智能化结构件的打印技术，在代表性的工业领域，如连续纤维增强树脂基复合材料结构件、颗粒增强（包括纳米颗粒增强）金属基复合材料和铸造砂型 3D/4D 打印等领域实现规模化工业应用。

2）超导材料

（1）强磁场用高性能超导线材。突破面向 30 T 的大型超导磁体应用的高性能超导线材结构设计及批量化加工控制技术，掌握加速器、单晶硅制造等领域急需的超导磁体制造技术。

（2）高性能低成本的千米级 Bi2223 和钇钡铜氧（yttrium-barium-copper oxide，YBCO）高温超导涂层导体。突破低成本 Bi2223 和 YBCO 涂层导体核心前驱体制备、织构化技术和专用装备制造技术。

（3）超导强电应用装备。突破强磁场超导磁体设计制造技术，掌握高容量超导电缆和高电压等级超导限流器的电磁设计、超高压绝缘、装配结构与挂网运行等关键技术。

（4）超导电子装备。突破大型高效长寿命制冷机和低漏热低温容器制备技术，开发出面向不同波段和频率的超导电子装备。

3）智能仿生材料

（1）资源利用智能仿生材料。重点发展淡水采集、雾气富集、油气开采等资源富集与有效利用的智能仿生材料与技术。

（2）环境保护用智能仿生材料。重点发展可用于油水分离、污水处理、化工废液分离、自清洁建筑涂料及纺织品等领域的智能仿生材料，以及抗海洋生物黏附、仿生海水淡化、仿生减阻降噪、仿生防覆冰、高效农药肥料制剂等环境保护用智能仿生材料与技术。

（3）能源利用智能仿生材料。重点开发可用于新型能源转化的先进材料，如仿生浓差发电膜材料、高效光能利用仿生材料、高效热功转换材料等；新型节能材料，如智能建材涂层材料、热能捕获材料、抗垢节能材料、仿生隔热节能材料等。

（4）生命健康用智能仿生材料。重点开发可用于促进生命健康的智能仿生材料，如仿生免疫癌症检测、仿生黏附材料（湿态黏合剂、医用微针、伤口敷料等）、药物筛选及分离、柔性仿生感知材料与器件、仿生器官、肿瘤诊疗、人工透析滤膜与器件等。

（5）仿生材料与智能集成。集成仿生功能材料，形成柔性仿生智能可穿戴器件与微系统、仿生手、仿生足、仿生眼及水下机器人等一系列智能化仿生产品。

4）石墨烯等二维材料

（1）新能源领域用石墨烯材料。开发出高效石墨烯电极材料、石墨烯集流体等新能源产品。拓展高效石墨烯锂电池在动力电池等领域的规模化应用。突破石墨烯太阳能电池、石墨烯超级电容器等关键技术并实现基本应用。形成多样化能源采集及存储系统关键技术突破，并开发相关应用产品。

（2）航空航天领域用石墨烯材料。加速研发石墨烯橡胶、石墨烯芳纶等高分子材料，石墨烯碳纤维、玻璃纤维等复合材料，以及石墨烯金属基复合增强材料。突破石墨烯复合材料规模化制备与应用技术。全面推进石墨烯复合材料在基础设施建设、航空航天、交通工具等领域的规模化应用。

（3）绿色低碳领域用石墨烯材料。在污水净化、智能采暖等绿色低碳领域，突破石墨烯核心应用技术，在大气治理、海水淡化等领域，规模化应用石墨烯。

（4）信息电子领域用石墨烯材料。石墨烯导热、散热材料在LED器件、消费电子、通信基站、服务器相关产品等信息电子领域实现全产业链条规模化应用。突破石墨烯柔性电子、光电子探测、传感器、碳基芯片、自旋电子器件、场效应晶体管、射频及电磁屏蔽等关键技术，实现石墨烯材料的示范应用。

（5）医疗健康领域用石墨烯材料。推动石墨烯在药物/基因传递、抗菌材料、生物成像、电化学传感器、肿瘤光热治疗等领域的关键技术研究。突破石墨烯药物/基因传递、抗菌材料、生物成像、电化学及生物传感器、组织工程、肿瘤光热治疗、脑机接口等系列关键技术并实现部分示范性应用。

（6）现代农业领域用石墨烯材料。在种植养殖、设施农业、生态修复、沙漠治理等现代农业，推动石墨烯材料的示范性及推广应用。

石油化工领域用石墨烯材料。在重防腐涂料、润滑油等石化、功能化纤维复合材料等纺织领域，实现石墨烯规模化应用的核心技术突破。

5）超材料

（1）电磁超材料。攻克电磁隐身超材料、电磁吸收超材料、太赫兹电磁超材料等各类电磁超材料的结构设计与工程化制备关键技术，在涉及成像、雷达和探测的新一代信息技术、生物等战略性产业和国防安全等领域得到应用，满足国家战略需求。

（2）声学超材料。突破声隐身超材料、声波吸收超材料、声波聚焦超材料等各类声学超材料的结构设计与工程化制备关键技术，在航空航天、海工装备等高端装备制造、绿色低碳等战略性产业和重大工程等领域得到应用，满足国家战略需求。

（3）热学超材料。掌握热流控制超材料、热隐身超材料、热辐射超材料等各类热学超材料的结构设计与工程化制备关键技术，在核能等高端装备制造、新能源汽车等战略性产业和国防安全等领域得到应用，支撑相关产业发展。

（4）机械超材料。发展吸能超材料、负泊松比超材料、最大体模量超材料等各类机械超材料的结构设计与工程化制备关键技术，在航空航天等高端装备制造战略性产业和国防安全等领域得到应用，满足国家战略需求。

典型的超材料如左手材料、“隐身斗篷”、完美透镜等，已在光学、通信、国防等领域获得应用；多种电磁超材料、力学超材料、声学超材料、热学超材料及基于超材料与常规材料融合的新型材料相继出现，形成了新材料的重要增长点。面向未来产业发展，还应提前布局光学超透镜技术、超材料电磁隐身技术、超材料天线技术及超材料全光开关技术，推动超材料减震技术研究及其在精密机械和重大工程中的应用，研发出用于声呐、噪声抑制及声学信息技术方面的新型超材料，以及用于热能利用及转换、热管理等领域的新型超材料（赵鸿滨等，2024；周济和于相龙，2024）。

2. 需要突破的关键核心技术

1）3D/4D 打印材料

①高端 3D/4D 打印金属材料和有机高分子材料制备国产化装备；②3D/4D 打印件材料缺陷及性能检测技术和装备；③具有核心自主知识产权的 3D/4D 打印专用无机非金属材料、复合材料、生物材料制备技术和装备。

2）超导材料

①低成本高性能千米级 Bi2223 和 YBCO 高温超导涂层导体制备技术；②面向强磁场应用铁基和 Bi2212 超导线材批量化制备技术；③大尺寸半导体级单晶硅用超导磁体、高效节能超导感应加热装备；④大功率超导同步电机、高温超导电缆和高温超导限流器制备及应用技术。

3）智能仿生材料

①智能仿生材料的设计、制备、加工技术；②智能仿生材料的测试

评价方法与关键技术；③智能仿生材料制备加工用相关装备制造技术；④智能仿生材料表征评价用仪器设备制造技术。

4）石墨烯等二维材料

①高品质石墨烯核心原材料制备与应用技术；②石墨烯制备与检测装备制造技术。

5）超材料

①全光芯片超材料的设计方法；②高品质光学超材料及超构工程化制备技术；③电磁、声、热及力学等性能的结构调控技术；④高品质超材料器件的设计与制造技术；⑤量子时变超材料和非厄米超材料。

（二）先进金属材料

围绕航空、航天、交通运输、海洋化工、能源和环保等重要领域对高强韧、高服役温度部件结构材料的需求，我国基础零部件对耐高温、抗腐蚀和高韧性钢材的需求以及有色金属、轻金属的高效提纯加工制备需求，未来半导体技术、宇航、无线电科技等多种高新技术对4 N级以上高纯有色金属化学品需求，加强包括特种钢、钛合金、镁合金、铝合金和其他有色金属及合金材料等先进金属材料的技术攻关。

重点任务：完善关键材料领域内创新、应用评价体系，开展下一代具备应用潜力金属材料共性技术。

针对航空、航天、兵器、海洋和化工等领域对钛合金使用需求，以高温钛合金材料成分设计技术为基础，突破钛合金宽幅板材和钛合金管材的制备技术，攻克大型钛合金工业铸锭洁净均匀化制备技术、大型钛合金板坯、棒材、管坯的锻造制备技术和热处理技术、高温钛合金锻造和热处理技术、整体叶盘和整体叶环零件机械加工技术。建立700℃长期服役的高温钛合金体系，进一步提升航空发动机的推重比和高温钛合金700℃长期服役性能。掌握优质钛合金粉末的制造工艺和制造装备，攻克松装密度低、粉末流动性差、粒径波动性大、杂质含量高的难题。利用激光增材制造实现超常冶金下非平衡组织、强化相的设计与调控。

研发高屈服强度、高延伸率的增材制造专用超高强钛合金，为新一代航空航天等领域的高端装备实现跨越式发展奠定基础。通过综合应用钛合金的强韧化技术，研制出具有高强韧、抗疲劳、耐损伤、抗冲击等综合性能良好的新型高性能钛合金，实现激光增材制造技术的突破以支撑航空航天高端装备整体化、轻量化设计，扩大钛合金在高端领域的用量与应用水平，逐渐应用于先进发动机的关键部件，推动我国航空发动机技术发展，实现产业升级转型应用目标。

针对镁合金，提高其强度、抗蠕变性能、室温塑性、变形加工能力、抗腐蚀性，降低化学活性，改善熔炼加工工艺。攻克镁基材料涂层转移精密铸造技术、超大型复杂薄壁镁合金构件高压压铸技术、大型镁基铸件低压铸造技术、镁板差温拉深工艺、镁合金深度塑性变形工艺、镁合金板型材和锻件制备加工等技术。具体强化机制包括固溶强化、时效强化、结构强化、细晶强化、形变强化、固溶强化增塑、新型非对称加工等，加速开发高性能镁基结构材料与能源材料，为大规模生产应用奠定基础。

研发高性能先进铝合金，需要从根本上开展微合金化技术的多尺度作用机理研究。对不同种类及状态合金，探索其微合金化元素的作用机制，实现复合微合金化的最优化效果，预测和调控铝合金微观组织结构，提升工业铝合金性能，大规模推广铝合金微合金化技术。

攻克高纯铝碳热还原、高铝粉煤灰提取氧化铝等技术；研究高纯镁热还原法、海水/盐湖卤水提镁等技术；攻克电解法提取钛、粉末法制备高纯钛技术。在金属靶材料制造、高精密仪器、战略武器装备等领域，钒、钛、钼、铍、镁等超高纯金属发挥关键作用。为实现自主供给高纯及超高纯有色金属材料，亟待突破相关制造技术，如高电解效率、高纯度稀有金属优势电位纯化电解共性技术，以及以歧化干馏和气态精馏为代表的前沿技术体系，需解决物理技术关键瓶颈（如真空蒸馏、凝固、结晶、区域熔炼等），形成具有完全自主知识产权的整体装备体系，从而铸就特色集中化的龙头企业和高端产品。

需要突破的关键核心技术包括：高强韧宽幅板材、高强管材的钛合金制备技术，700℃长期服役的高温材料制备技术，增材制造用低成本钛粉及超高强度钛合金设计与制备技术，超超临界用钢及其制备技术，高性能轴承钢、齿轮钢、模具钢等关键零部件用钢及其制备技术，铝合金的微合金化技术，低成本、绿色提取高纯度铝、镁、钛轻金属及高性能镁基材料制备加工技术，高纯有色金属制造技术，以及高熵功能合金材料开发及制备技术等创新和突破。

（三）新型无机非金属材料

随着我国全天时、全天候、全方位对地精细化观测卫星发展战略的不断推进，我国空间遥感对超大尺寸、超轻型、半刚性、轻量化光学部件及其支撑结构材料的需求日益迫切；航空航天发动机和燃气轮机对材料的低密度、抗高温、耐烧蚀性能要求越来越高，未来微电子装备和半导体行业对高模量、轻量化、高可靠的精密陶瓷材料的需求将与日俱增，实现在航空航天、电子信息、核能等领域的关键无机非金属材料的自主可控。

重点任务：完善以陶瓷为基体与各种纤维复合的复合材料，在继承单相陶瓷耐高温的优点基础上，通过增韧机理设计，达到增加材料韧性的目的，有效解决陶瓷的脆性问题，在航空、航天、国防等领域得到广泛应用，前瞻性地布局一批“双碳”及新兴无机材料领域未来关键共性技术。

突破特种陶瓷及人工晶体在基础理论、制备技术和规模化生产等方面的瓶颈问题，彻底摆脱高端无机材料依赖进口的现状，实现从先进陶瓷及人工晶体生产大国到生产强国的转变，引领新型特种陶瓷及人工晶体的发展，为我国占领信息技术、先进制造、高端装备、航空航天和大科学装置等领域的战略制高点提供核心材料自主保障，新一代特种陶瓷与器件进入世界先进行列。

突破高纯度、高精度、高比刚度、高硬度抗侵彻与高耐热长寿命服役等特种陶瓷与部件的高效精密制造，高储能密度、极端使用温度与超高分辨率的功能陶瓷设计和制备，超高温热防护、高承载耐磨抗蚀与宽频段抗激光等陶瓷涂层的多功能一体化设计和可控制备，以及极端尺寸透明陶瓷在高能激光、透明装甲、高能物理探测、高端医学装备等领域的应用技术。

突破超高 Q 值微波介质材料、高储能密度反铁电介质陶瓷、超高耐电强度介质陶瓷、超高温压电陶瓷和高精度微位移驱动器等设计与批量稳定制造技术，并达到国际领先水平，引领多层无源集成新技术发展；掌握新一代功能陶瓷材料与器件大尺寸、异形、3D/4D 打印、低温绿色制造等关键技术。

攻克大尺寸异形碳/碳复合材料快速增密技术、碳/碳复合材料基体改性技术和涂层技术、碳/碳复合材料高温长时耐烧蚀涂层制备技术、碳/碳复合材料结构功能一体化制备技术。

需要突破的关键核心技术包括：用于半导体镀膜、热加工装置的高纯致密六方氮化硼陶瓷制备技术；航空航天发动机用陶瓷基复合材料研制及批量制造技术；多空域高速飞行器适用的高性能陶瓷功能系统设计理论与制备技术；基于二氧化碳直接光合作用的碳中和能源技术；无机塑性半导体技术；超大尺寸、超轻量化碳化硅及其复合材料光学部件一体化快速制造技术。

（四）先进高分子及复合材料

围绕航空航天和海洋强国的重大战略，研发新一代高性能、多功能、结构功能一体化的高性能先进复合材料在战略导弹、新型装甲、海洋船舶、大飞机、新一代战机、轨道交通以及卫星领域的应用，突破关键复合材料和结构制件等制约国家重大安全工程任务的瓶颈。引领材料技术革命的升级和换代，开发新一代绿色环保可持续的高性能高分子复合材料，实现我国先进高分子复合材料产业由大变强，并在部分材料领域达到或领先世界先进水平。

重点任务：开发碳纤维高端产品，实现千吨级规模及产业化稳定生产，质量价格与国外产品相当，并在工程领域实现成熟应用；开发新型高性能纤维复合材料树脂基体。建立高性能复合材料树脂基体产业技术创新体系，形成满足国家战略需求的高性能树脂基体；开发满足特殊需求的多功能复合材料的制备技术。

需要突破的关键核心技术包括：碳纤维的低成本和高质量制备技术；基体树脂的结构化设计和合成技术；复合材料结构控制和功能化制备方法；适用于我国工程需求的高强高模高耐热高分子复合材料的开发技术；高分子复合材料的多功能和智能化。

（五）生物基高分子材料

突破常规生物基单体与聚合物的可控绿色合成、聚合物高效解聚、回收单体的分离纯化等关键技术，实现低成本、高纯度生物质单体的可控制备，利用生物基塑料促进农业、生物化工、高分子化工及加工等诸多领域协同发展，实现生物基塑料在各行业的广泛使用。针对生物基高分子材料成本高、品种单一的问题，通过自主创新，建立符合我国国情的生物基化学原料提取技术和生物基高分子材料制备发展路线，开发新型生物基单体，利用材料基因组新技术和新方法，逆向设计性能优异的生物基大分子结构，以提高生物基材料的综合性能和耐久性；表征生物基高分子材料降解和长期使用性能，揭示其联系和相互作用机制，指导生物基材料产品的开发和应用。最终实现生物基塑料单体来源稳定化、品种多元化、高性能化目标，在国民经济多个行业取代传统塑料，占比超过20%，逐步将生物基塑料的应用从传统领域扩展到国家战略性新兴产业领域，为实现国家“双碳”目标做贡献。

重点任务：突破常规生物基单体与聚合物的可控绿色合成、聚合物高效解聚、回收单体的分离纯化等关键技术；开发更多新型生物基单体种类，以及生物基聚合物合成、聚合物解聚回收单体的制备技术。

需要突破的关键核心技术包括：农林生物质的高效利用技术、弹性体材料及应用、生物质单体的提取技术、生物质材料的合成工艺技术、生物基高分子材料的结构设计和高性能化材料的结构化设计及制备技术。

（六）稀土新材料

针对我国稀土材料工程科技面临的问题和挑战，从建设创新型国家的战略全局出发，瞄准国际发展趋势，大力发展新能源汽车、智能机器人、风力发电、高速列车、城市轨道交通、节能家电、3D/4D 打印、医疗器械及康复机器人等新兴节能和低碳经济，满足智能机器人、康复机器人、智慧城市、星际交通、新概念武器装备，以及老龄化社会对稀土材料功能特性的新要求，缩小我国在稀土永磁材料、软磁材料及特种功能材料等工程科技和应用上与发达国家的差距，力争在有优势的新技术、新材料研究及其应用产品方面，突破稀土材料工程科技前沿、共性关键科学理论和技术，使其在更大范围内达到或超过世界先进水平，掌握核心技术及其自主知识产权，形成从冶炼提纯优势向高技术材料与器件延伸的完整产业链，打破稀土催化、发光、晶体、磁性、合金等材料的国际垄断局面，实现国产替代和自立自强。促进工程科技成果转化，满足低碳经济、高新技术产业和国防尖端应用的需求。充分利用我国稀土资源优势，加强人才队伍建设，实施稀土材料专利与标准战略，建立和完善保障体系，确保国家稀土材料产业的国际主导地位，促进相关高技术产业可持续发展，如满足飞机、导弹需要的隐身材料、导航控制系统用的稀土永磁材料，电动汽车及风力发电、家用电器、计算机等需要的永磁、磁制冷和多种电子专用材料，磁悬浮高速列车、城市轨道交通需要的磁致伸缩、永磁和超导材料等。

重点任务：基于稀土材料科技重大战略目标，重点发展新型稀土材料及其制备技术，着力发展稀土磁性、稀土发光、稀土催化、稀土晶体功能、稀土合金、高纯稀土等先进材料。重视稀土元素在稀土材料中的平衡、高质化利用技术，提高资源利用率，降低消耗和制造成本。

重点研发高磁能积、高矫顽力、高服役稳定性的烧结钕铁硼永磁材料的可控制备与应用技术。开发新型高强韧性、抗冲击稀土永磁材料，高性能烧结磁体综合磁性能 MGOe+kOe≥90，磁能积大于 55 MGOe。重点开发大磁熵变和超大磁致伸缩材料的工程化生产关键技术。解决镧铁硅基磁制冷工质的加工工艺、稳定性、耐腐蚀性等与材料使用密切相关的问题；研发大尺寸、高可靠性、高一致性稀土超磁致伸缩材料，实现其在潜艇水声换能器等方面的应用。

打破稀土发光材料领域“低端产品产能严重过剩、高端产品严重依赖进口”的尴尬局面，新一代激光武器、智能控制与检测、信息传输与显示用光功能晶体、陶瓷材料行业亟须的超纯稀土、纳米稀土材料全部替代进口，促使我国稀土发光材料产业的转型升级及新型照明和平板显示完整产业链的形成。开发新型高性能氮化物/氮氧化物及其常压低成本、连续化的规模化制备共性技术及装备，取得自主核心知识产权，实现氮化物荧光粉的可控制备；开发稀土光功能陶瓷和人工晶体低成本制备技术，重点突破高纯稀土卤化物及透明陶瓷产业化制备关键技术。

开发高活性、高稳定性、低成本石油裂化、机动车（汽油车、柴油车）尾气[①]净化催化剂及相关先进材料，充分发挥稀土的催化作用，发展以催化剂为核心的催化技术，提高相关反应过程的效率，促进稀土催化材料和相关领域的技术创新和技术进步，逐步缩小与国外产品之间的技术差距，核心产品达到世界先进水平。

需要突破的关键核心技术包括：超高性能稀土永磁材料制备及稀土高效平衡利用关键技术，高磁能积、高矫顽力、高服役稳定性的烧结钕铁硼永磁材料的可控制备与应用技术，大磁熵变和超大磁致伸缩材料的工程化生产关键技术，高端稀土发光材料及其关键制备技术和装备，环境治理用稀土催化材料关键制备技术，先进稀土功能晶体及其产业化制备技术，超高纯稀土批量制备技术。

---

① 主要针对挥发性有机化合物（volatile organic compound，VOC）。

（七）材料基因工程与材料智能化

建设材料创新体系，提升原始创新能力，构筑材料研发新模式，加速新材料的研发与应用，大幅度降低材料研发成本、缩短研发周期。材料基因工程将通过前沿技术与先进装备的研发、专业平台和创新中心建设，构筑材料协同创新网络；通过材料基因工程技术的推广应用，构筑新的材料研发理念和文化，培养和造就一大批高素质的综合型创新型人才，提升新材料的原始创新能力，从根本上解决高端制造业材料受制于人的问题，引领新材料的国际发展。

重点任务：建设创新平台，构建协同创新网络，研发国际领先的材料基因工程前沿技术和装备，通过集成，建成 30 个以上材料基因工程专业平台；通过专业平台协同创新，建成若干材料基因工程创新中心，形成新材料协同创新网络。提升高端制造业先进材料的自主保障能力，构建以材料大数据与人工智能协同驱动的材料研发新模式，通过全面应用材料基因工程关键技术与平台，大幅度提升材料的研发与应用效率，在“卡脖子”的战略前沿新技术先进材料领域获得突破，解决高端制造业先进材料受制于人的问题。构筑材料研发新模式，提升原始创新能力，构建以材料理论、大数据、人工智能协同驱动的材料研发新模式，通过全面应用材料基因工程关键技术与平台，大幅度提升材料的原始创新能力和水平。

建设材料教育新体系，培养高层次人才队伍，形成材料科学理论、材料大数据、人工智能技术有机融合的材料学科新体系和人才培养新模式，为材料科技强国的发展提供人才基础和优势。平台建设-科学研究-人才培养一体化实施，培养和凝聚一批高水平的人才队伍。

需要突破的关键核心技术包括：基于大科学装置的材料原位表征与评价技术、材料微观组织的三维重构技术、基于材料集成计算与高通量自主计算的材料设计技术、材料数据库技术、极端环境下关键新材料性能预测及高效测试评价技术、数据驱动的长服役周期材料的等效加速评价技术、材料微观参数和服役性能的多维多尺度高通量表征与评价技术、材料研发智能技术、材料高通量自动智能实验技术与装备、金属材料高通量增材制造设计与跨尺度仿真技术、数据驱动材料-组织-性能一体化结构设计与金属增材制造精确调控技术、基于材料基因工程的新材料融合创新技术。

二、能源材料重点任务

1. 高效能量转化材料

高效能量转化材料的发展重点及发展方向主要包括光电光热材料、热电材料、压电材料、电致发光材料、化学能–电能转换材料、磁能–机械能转换材料制备加工技术和应用。

重点任务：突破太阳能光电/光热转换技术，布局硅基材料（单晶、多晶、非晶）、无机化合物半导体、染料敏化太阳能电池材料、薄膜材料、有机光电材料等前沿材料的研发。研究其他形式包括光电、光热、光化学（光催化）、光生物能的转化机制，并实现能源稳定的高效转化。

太阳能光电/光热转换技术领域，需要突破的关键核心技术主要包括：光伏电池半导体材料和太阳光谱选择性吸收性涂层光学膜材料、低成本和光电转换效率的太阳能电池材料、光热吸收利用核心材料、太阳能的中高温热利用的聚焦热发电技术、大面积柔性有机太阳能电池先进材料与技术，及其他能量转化用（热电、压电、光电、化学能转化电能）材料和器件制备技术。

2. 高比能安全储能材料

为满足不同领域对能量密度储能材料的需求，开发构建大于600 W·h/kg的高能量密度电池体系，达到国际领先水平并引领技术发展，我国应开展多电子高比能电池体系及先进材料全技术链条的前沿技术创新和工程应用研发，并配套开展新电池体系高端制造工艺的研究和智能制造装备的开发。

重点任务：重点推进更高能量密度、效率、可靠性和可持续性的能量存储技术的发展，研发并突破镁电池、全固态电池、快速充电技术等先进动力电池技术，开发和合成新型聚合物电解质和电极材料，保证燃料电池在恶劣工况下的正常运行，电池利用系统如通信设备、电动汽车和飞行器等安全稳定运行。

需要突破的关键核心技术包括：高性能二次电池固态化技术、新型耐事故高导热异质复合包壳材料制备技术、电池先进材料前沿技术，开展镁电池等多电子高比能电池体系及先进材料全技术链条的前沿技术创新和全产业链条的工程应用研发，并配套开展新电池体系高端制造工艺的研究和智能制造装备的开发。

3. 资源丰富型电池材料

开发构建资源丰富型电池体系，引领全球下一代电化学储能技术的发展。为满足不同应用领域对于低成本、绿色环保储能电池的巨大需求，同时避免新能源电池产业飞速发展带来的资源匮乏和环境影响，我国应开展资源丰富型电池体系及先进材料的前沿基础研究，以及新型电池材料、设备、工艺等各领域的技术创新，积极推进新型电池的规模化生产、示范化应用和全产业链先进材料技术发展。

重点任务：研发高电压平台、高能量密度的资源丰富、安全环保以及可持续发展的新型电池体系及关键电极材料。基于电化学性能优异的材料体系，开发先进的材料制备工艺和电池制造技术。

需要突破的关键核心技术包括：低成本、高容量正极材料的开发和制备工艺技术，无枝晶金属负极材料的低成本、大规模制备技术，新型电解液关键成分材料制备及体系适配技术，半固态、全固态新型电池制造技术，钠离子电池、镁离子电池等新型电池高性能正负极材料体系构建及工程化生产工艺技术，全产业链的基础前沿技术创新和工程应用研发，电池智能制造关键设备及新型电池生产制备工艺技术。

4. 纳米能源材料及系统

摩擦纳米发电技术是指多种不同材料在机械力的作用下接触和分离时产生正负静电荷，相应地在材料的上下电极上产生感应电势差，从而驱动电子通过外电路在两个电极之间流动，进而将机械能转变为电能的技术。纳米能源与系统能够收集人体自身和所处环境中无处不在的多源环境能量并将其转化为电能的摩擦纳米发电技术应运而生。它能够为穿戴式电子、电子皮肤、柔性电子等器件和系统提供可持续、无人值守、清洁的能源供给，是一种稳定可靠、高效的能量来源，可应用于健康监测、生物传感、环境监测、人工智能等领域。全世界海洋能的总储量约760亿kW，相当于全世界发电装机总功率的10倍，波浪能是一种易于直接利用、取之不竭的可再生清洁能源形式之一。为此，需要有序开展海洋能摩擦发电材料的研究。

重点任务：一体化集成纳米发电机与传感等功能，实现长期稳定运行的“功能+供能”自驱动智能微系统。基于新材料的研发与结构设计，制备新型复合式多能量采集器，高效、耐久、柔性、生物兼容性有效集成电源管理、能量存储、混合能源采集，实现低能耗发电单元与组网策略的自充电电池包，用于集成到织物/生物体等柔性可穿戴器件中。

需要突破的关键核心技术包括：波浪能摩擦发电材料和海洋防腐蚀材料关键技术、高准度高精度的自驱动式力学传感器制备技术及集成大数据分析，最终实现智能/低能耗人机交互界面；自驱动式化学/生物传感，提升稳定性与耐久性，可扩展性系统集成，实现设施/环境/交通/车况监测；自驱动式声学/磁学传感器，构筑微小型化与阵列化结构，实时精准检测生理水平等相关健康信息；柔性自驱动式传感器，增强便携性与安全性能，系统集成传感网络，实现体内植入式生物医疗传感。

5. 核能材料

第四代核电机组先进材料包括堆芯材料、一回路材料、钍基燃料；可控核聚变的关键材料包括激光钕玻璃、第一壁材料。先进核能材料还包括等离子体约束材料等。

重点任务：研发以金属陶瓷弥散型、锆合金为主的核燃料组件，金属合金氮化物及碳化物燃料，量产四氟化碳（CF_4）核燃料，超高温1800℃难熔金属快堆包壳及芯部材料，镧系稀土元素中子吸收材料，反应堆屏蔽材料等。

需要突破的关键核心技术包括：难熔金属如钼钽铌等新型耐事故\高导热异质复合包壳材料及制备技术，以大尺寸且高质量无色化学气相沉积（chemical vapor deposition，CVD）金刚石基为主体的超宽禁带半导体材料及制备技术，金属半导体场效应晶体管、具备高温气密稳定性及抗高剂量辐照性能的高温合金和碳纤维中子吸收材料及制备技术，以及新型结构-功能一体化碳/碳复合材料等。

6. 氢能材料

氢能主要涉及氢燃料电池和储氢两个关键技术领域。其中氢燃料电池汽车是一种用车载燃料电池装置产生的电力作为动力的汽车。在碳中和背景下，氢能有望加快能源转型升级。而在储氢方面，则需要考虑在深冷、高压及临氢条件下极端环境材料的制备，并调控服役环境下材料的性能。

重点任务：突破氢燃料电池中的先进材料性能，系统优化催化剂和载体的稳定性，增强质子交换膜机械力学性能，提高膜电极的抗腐蚀能力，提高扩散层的耐腐蚀特性；研制 70 MPa 高压气态储氢、低温深冷液态储氢和固态材料储氢技术，满足未来车载长续航使用需求。

需要突破的关键核心技术包括：超薄石墨双极板及一体化膜电极关键核心制备技术、固态储氢材料及系统的均一性稳定制备技术、金属氢化物储氢容器、低膨胀稳定化制备技术、输氢管道内氢侵入金属内部的氢鼓包溶胀机制及其对材料氢损伤行为的影响规律及调控方法、贵金属催化剂 Pt 负载用量指标控制在 0.1 mg/cm^2 及 11 g/辆。

在储氢技术方面：①提升氢储运装备材料在极端服役条件下（如

−253℃液氢、30 MPa以上高压氢气）基础性能测试与评价能力，支持氢储运装备相关的新材料开发、零部件测试与产品认证。②金属氰化物储氢容器与输氢管道，厘清储氢罐服役过程导热不均匀和易膨胀问题，探明氢侵入金属内部的机制及其对材料氢损伤行为的影响规律；研发复合材料轻量化储氢容器与柔性输氢管道，研究氢气环境下聚乙烯、尼龙、橡胶等非金属材料微观组织及力学性能演化机制，探明材料、力学与高压氢耦合作用下非金属材料的氢鼓包、溶胀等损伤规律及调控方法，为氢储运装备选材、设计、制造、维护提供依据。③开发氢能装备和应用终端的风险状态评价与预警工具，建立储氢罐综合储氢性能与安全性能评价体系，健全氢能装备的性能检测、试验方法、标准规范、基础设施。④固态储氢材料及系统，弄清固态材料与氢的相互作用行为，探明储氢系统快速吸附和脱附氢的机制及其影响规律，为低成本、长寿命、高安全固态氢储运提供技术支撑。

三、信息材料重点任务

1. 量子材料

量子材料是指具有一定量子关联特征或具有特定量子序（如超导性、磁序/铁性序）的材料体系，以及电子性质呈现“反常”量子效应的材料，如拓扑绝缘体、狄拉克电子系统。此外，集体行为呈现量子特征的系统（如超冷原子、冷激子、极化子等体系），同样归属于量子材料的范畴。衍生概念是量子材料研究的共同特征。

重点任务：突破非常规超导体（铜基/铁基、重费米子）的电子配对机制并探索室温超导；聚焦强关联物态调控与非平衡态动力学；实现磁性拓扑绝缘体的低能耗器件应用，及拓扑超导体中马约拉纳费米子的编织操控以服务容错量子计算；通过激子输运优化光伏效率，并调控热电材料的声子−电子量子干涉效应；聚焦拓扑量子比特集成与超冷模拟平台扩展，攻克室温量子存储器和多场量子传感芯片。

需要突破的关键核心技术包括：开发大面积、低缺陷的原子级精准制备技术，制备室温常压超导量子器件；设计位错/畴壁诱导新奇量子相变，揭示强关联体系微观机制并实现物性按需裁剪；突破双曲拓扑光源的室温量子相干长度，优化磁性拓扑绝缘体异质结的磁电耦合效率，实现手性边界态的可控传输；开发激子精密操控及量子态原位追踪技术，实时追踪激子扩散路径，揭示其量子相干输运机制；开发晶圆级量子比特材料，利用超冷原子晶格及二维材料莫尔超晶格构建量子相变模型，实现可扩展容错量子计算，推动量子技术实用化进程。

2. 存算一体材料

以存算一体高端芯片材料为核心的电子信息材料，用于实现机器智能的信息处理，正在引领类脑智能技术的发展和新一轮的科技革命。

重点任务：突破宽禁带第三代半导体材料及硅芯片异质集成制造与封装技术，研制基于相变材料的相变存储器、基于反常铁电效应的铁电存储器、基于电子自旋的磁阻存储器以及基于金属氧化物的阻变存储器等，研发存算融合类脑计算技术及存算一体化碳基高端芯片材料。

需要突破的关键核心技术包括：存算融合高密度存储材料（如超级电容器）、集成电路制造高性能支撑材料制备技术、宽禁带半导体材料与器件、红外半导体材料制备技术、高功率激光和非线性光学晶体、器件及应用技术、大功率太赫兹电真空材料与器件制备技术、可编程人工智能计算机的信息超材料、高性能半导体碳纳米管高端芯片材料。

3. 神经交互材料

以支撑脑机接口为基准平台的神经交互材料，涉及高端传感材料、高性能滤波材料、信号采集与处理，以保障神经形态器件的智能化、微型化、高集成、低功耗、无线传输、便携式等形态与材料特性，为万物智联的智能社会提供硬件支持。神经交互材料是让人工智能“机制类脑、行为类人”、智能水平达到或超越人类的智能强脑材料。

重点任务：优先发展下一代物联通信的高性能低损耗电磁介质陶瓷、多铁磁性半导体等超构拓扑材料，以及具有神经形态特征的多模态、低功耗和高稳定灵敏度的具身神经形态智能的交互式器件，解决物性表界面尺寸缩小和信号域转换传感系统和突触器件之间兼容集成问题，突破中红外及远红外超晶格材料难以直接泵浦高效电光发射的技术瓶颈，以及超高清高效率胶体量子阱及印刷量子点显示材料和器件集成技术。

需要攻关的技术包括：智能传感器材料制备技术、新型显示材料及其制备技术，以及面向超高清显示胶体量子阱及其发光二极管、量子点红外材料及器件。

四、生物医用材料重点任务

1. 生物信息材料

生物信息材料是结合了信息、传感技术的脑机融合材料，应用在植入性微电子器械、智能型植入材料、新型诊断及治疗仪器等领域。分子印迹技术用于肿瘤等重大疾病的分子诊断，纤维及织物传感器用于微纳机器人驱动系统及医疗保健监测，以导电高分子为生物探针的生物传感器感知探测新陈代谢物质及生物受体的光热电化学信号，其灵敏度、选择性和制造成本具有无可比拟的优势。

重点任务：研发对目标物拥有选择性特异吸附功能的分子印迹材料及其构建技术，突破高灵敏、多功能、原位和实时诊疗试剂及化学传感成像材料与器件的技术瓶颈，实现具有重大疾病微环境刺激响应性或重大疾病标志物的新型微纳生物探针、神经传感材料与传感技术体系，并将其用于电子皮肤、柔性可穿戴器件、人工肌肉、具身机器人等领域。

需要攻关的技术包括：医学监测与诊断用传感材料与器件、智能高分子材料及智能纺织材料、可降解形状记忆材料、无机塑性半导体关键技术、可降解金属薄膜制备光电器件及生物传感器、刺激治疗器及具备多元化诊断治疗功能的能源器件、导电高分子复合材料基生物探针及其电子传输材料制备与集成技术。

2. 载体与缓释材料

基于药物靶向控释载体，可实现药物的精确送达，提高药物的疗效，并减少药物副作用。心血管纳米机器人具有体积小、可自主运动与可精确操控等优势，长期驻留在血管内来清理动脉血管斑块以维护保养血管通畅，并按程序收集注射进血管的药物以实现精准缓释治疗。

重点任务：研发生物兼容性给药材料与心血管纳米机器的靶向递送、表界面功能、远程驱动系统和显影诊断影像技术的分子化智能化集成系统，调控蛋白质吸附动力学并决定生物大分子优势构象的手性表面，以及生物微环境触发响应性材料与微纳尺度拓扑图案化表界面。

需要突破的关键核心技术包括：药物靶向控释载体和系统；生物医用材料表界面及其改性技术；心血管纳米机器人的主动给药技术所需结构-驱动-导航-感知-控制一体化主动变刚度材料制备及生物体安全性评估体系；开发大面积、低功耗、低成本、高迁移率的柔性电子印刷制造技术。

3. 组织再生材料

再生是细胞生长和分化以及组织形态发生的协调过程。原位组织工程和组织诱导性生物材料的研究，旨在通过优化支架材料的设计来募集内源性干细胞，进而促进缺损组织原位修复与再生。

重点任务：研究材料诱导组织器官形成的分子机制，建立较完整的无生命材料诱导有生命的组织再生科学理论体系，设计调控软物质功能体系，制备生物降解锌基聚合物支架，推进以人工心脏瓣膜、心脏支持和心血管系统修复材料及原位诱导组织再生为主的临床应用，实现规模化量产非骨组织诱导性生物材料，突破高活性、高仿生、智能响应性智能生物材料及制备技术。

需要突破的关键核心技术：材料诱导组织再生技术与产品、细胞工程用材料与技术、植入支架及生物衍生骨支架的免疫原性消除和防钙化等关键工程技术、人造血管与血液透析新纤维材料、可吸收医用缝合线、植入型生物医用纺织材料制备关键技术。须重点研究按需调节生物物理和生物化学特性的动态生物材料、微创递送的可注射生物材料以及矿物基生物材料。

4. 类器官材料

类器官为免疫系统与肿瘤细胞的相互作用提供了一个全新、可靠的模型系统。这一新技术可用于探索肿瘤免疫异质性机制，有助于肿瘤异质性的临床评估，从而促进更有效的个性化治疗的发展。

重点任务：面向人体组织器官复杂异质性结构与功能，利用计算机三维仿生快速成型技术，开发钛及钛合金植入体、含细胞或生物活性物质的个性化活体器械或器官，并发展高度仿生组织/器官微环境兼具复杂生物学功能和刺激智能响应功能的我国自主知识产权的新型打印材料，建成完备的多重、多元、多尺度结构精细化与智能可控成形加工关键技术及装备优化系统，并创建国际领先的高分子生物医用原材料及制品供应保障体系。

需要突破的关键核心技术：高分子生物医用原材料，计算机仿生快速成型及生物3D/4D打印材料与技术，生物医用材料的仿生与智能化技术，自主可控的类器官、人工血管、人工软骨产品纺织材料加工与成形技术，人体典型部位修复补片、植入器官等材料的产业化工艺路线。

五、衣食住行材料重点任务

1. 纤维材料

纤维是服装家纺产业稳定发展和持续创新的核心支撑，是国际竞争优势产业，也是新材料产业重要组成部分。当前纤维材料向着多结构、多功能、超性能、差异化方向快速发展。其重点任务如下。

1）纤维高效高品质柔性制备

①研发纤维高效柔性制备技术，包括功能纤维原位聚合、多组分高

比例共聚、在线添加、柔性化纺丝、熔体直纺等技术；②差别化、功能化新品种开发，包括阻燃、抗菌抗病毒、导电、相变储能、温控、光致变色、原液着色、吸附与分离等功能性纤维品种；③关键辅料助剂研发，包括功能纤维用关键辅料以及阻燃剂、改性剂、母粒、催化剂、油剂等添加剂。

2）纤维材料全生命周期循环

①生物基化学纤维原料及纤维成形技术，包括莱赛尔纤维专用浆粕、溶剂、交联剂以及纤维级 1,3-丙二醇、丁二酸、1,4-丁二醇、2,5-呋喃二甲酸等单体和原料高效制备技术，提升莱赛尔纤维、聚乳酸纤维、生物基聚酰胺纤维、生物基聚酯纤维等品质；②提高废旧纺织品利用水平，包括化学法再生涤纶、锦纶、丙纶、黏胶等规模化、低成本生产，推动废旧纺织品高值化利用的关键技术突破和产业化发展。

需要突破的关键核心技术：功能纤维原位聚合、多组分高比例共聚与在线添加技术；高效柔性纺丝熔体直纺技术；高功能纤维杂化改性技术；生物基单体和原料高效制备技术；纤维素纤维绿色制造技术；化学法再生化学纤维的规模化、低成本生产技术。

2. 合成食品

合成食品作为食品科技领域的创新方向，正在成为食品产业稳定发展和持续创新的核心支撑，以满足不断变化的消费者需求。在当前食品产业中，合成食品正朝着多样化、高营养、可定制、环保等方向迅速发展。

1）重点任务

（1）高效高品质合成食品制备：开发高效的合成食品制备技术，包括原位合成、多组分高比例合成、在线添加等；创新开发差异化、功能化合成食品，涵盖营养增强、定制化口味、特殊功效等领域的产品；研究关键配料和添加剂的开发，包括营养增强成分、口感改善剂、防腐剂、营养素载体等。

（2）合成食品全生命周期可持续性：开发生物基合成食品原料及成形技术，包括专用浆粕、溶剂、交联剂等，提高合成食品的品质和可持续性。提高合成食品包装、运输、消费后的处理可持续性，减少对环境的影响。

2）关键核心技术

合成食品需要突破的关键核心技术包括以下几个方面。

（1）功能成分原位合成、多组分高比例合成与在线添加技术：实现在制备过程中将多种功能性成分直接纳入合成食品，提高食品的多样性和功能性。

（2）高效合成食品制备技术：提高制备效率，保证食品品质，推动合成食品制备的高效化。

（3）高功能合成食品杂化改性技术：将不同的成分融合，创造具有多种功能和特性的合成食品。

（4）生物基原料高效制备技术：开发生产合成食品所需的生物基原料的高效制备方法，促进合成食品的可持续发展。

（5）合成食品绿色制造技术：开发环保的合成食品制造技术，减少对环境的影响。

（6）可持续合成食品全生命周期技术：研究合成食品包装、运输、消费后的处理，实现合成食品的全生命周期可持续性。

3. 低碳建筑材料

低碳建筑材料领域重点任务主要包括结构工程用大宗基础材料低碳低环境负荷制备关键技术、轻质保温围护功能材料、室内相变调温材料、外装饰隔热一体化热反射涂料、支撑建筑零碳运维的能够吸收转化或储存太阳能的新型建筑材料。

需要突破的关键核心技术包括：面向建筑全生命周期低碳的材料选用与设计方法及技术，结构工程用水泥混凝土等大宗建筑材料的低碳设计与制备技术，满足节能舒适需求的轻质保温围护功能材料、室内相变调温材料、外装饰隔热一体化热反射涂料及制备技术；开展面向未来建筑零碳运维的太阳能吸收转化或储存利用的建筑材料设计与制备前沿技术创新，形成工程应用技术标准规范，推动产业变革。

低碳建筑材料与规划设计：研发天然固碳建材和竹木、高性能建筑用钢、纤维复材、气凝胶等新型建筑材料与结构体系；研发与建筑同寿命的外围护结构高效保温体系；研发建材循环利用技术及装备；研究各种新建零碳建筑规划、设计、运行技术和既有建筑的低碳改造成套技术。

4. 汽车轻量化材料

重点任务：开发盐湖绿色电解镁等低排放原镁新技术，发展高强韧车用镁合金材料、零部件的材料与结构一体化轻量化设计及高效制备加工，发展超大型一体化镁合金铸件，发展大尺寸板材、型材和管材等镁合金变形材料，开发高效铸造技术、塑性加工和成效成形技术，发展高耐蚀镁合金及低成本绿色表面处理技术，发展镁合金材料制备加工的专用装备。

需要突破的关键技术：盐湖电解金属镁的大规模绿色制备技术，低能耗硅热还原金属镁制备技术，镁及镁合金的纯净化技术，高强韧、高耐蚀镁合金智能设计与高效制备加工，超大镁合金构件的高效铸造、塑性加工和高精度成形技术以及相应的专用装备技术，大型构件的轻量化评价，镁及镁合金的全寿命周期能耗和碳足迹评价技术。

六、环境工程材料重点任务

1. 环境功能材料

高效环境污染净化材料可控制备：针对特异性环境污染物，进行高效环境污染净化材料的定向设计和可控制备，通过材料组成和结构的调控，实现污染物的高效、选择性去除；分别针对水、土、气等环境介质，实现可原位使用的功能材料的规模化制备和配套技术模式开发；开发高效环境污染净化材料的低成本、宏量生产工艺。

高活性催化材料开发及制备：针对有机新污染物，进行高活性催化材料的设计、可控制备。探究在光、电、热协同下生产活性物质的机理机制，探明活性物质攻击降解有机污染物的路径和脱毒及矿化路径。开发高活性催化材料的低成本、宏量生产工艺。

环境功能材料-污染物界面反应的理论：材料-污染物吸附过程界面作用机制；材料-污染物光催化过程界面作用机制；材料-污染物非均相高级氧化过程界面作用机制；材料-污染物膜分离过程作用机制；理论计算解析材料-污染物界面作用机制；材料驱动有机物降解活性位点数据库建立。

人工纳米材料环境行为、毒理与健康效应评价：重点探究人工纳米材料在水、土、气、生物中的行为；评估环境功能材料对环境和生态的影响机制及使用后的次生环境风险，阐明环境功能材料的安全性；探明环境功能材料的生物毒性效应及对人体健康的影响；建立环境功能材料尤其是纳米材料毒理学和生态毒性的评价体系和标准。

高分子材料的长期稳定服役寿命预测：高分子材料的长期稳定服役寿命预测是材料领域的一个世界难题，涉及凝聚态物理、力学、化学、高分子科学、数学方法和人工智能等多学科领域，需要重点布局，长期研究和积累。现有高分子材料老化失效研究仍以模拟实验和经验判断为主，需开展如下工作：基于短期人工室内选择性加速老化实验，实现长期自然服役条件下的准确寿命预测和验证，建立和掌握高分子材料服役寿命的预测理论方法和技术。

高分子功能膜材料：推动膜产业模式向更高级、更合理的方向发展。加快构建自主完善的创新体系，全面升级膜产业结构，加快形成新质生产力。

可降解高分子材料：建立和发展可控降解材料（不局限于生物降解）、拓展降解材料种类、降低可降解材料成本、推广可降解塑料在下游的应用是未来发展的重要方向。加速相关基础研究和产业化关键技术研发，实现可降解材料的大规模产业化，为有效治理不可降解塑料包装制品污染提供解决方案。

生物质高效利用：我国具有丰富的农林生物质资源，仅农业秸秆每年可收资源量达 7 亿 t，其中麦秆、稻秆及玉米秆可收集资源量约为 5 亿 t。应研究农林生物质组分的清洁高效分离、各组分的高效高值化利用最佳技术以及功能材料和功能产品的制备技术，促进农林生物质资源的高效充分利用，解决秸秆等生物质材料对大气、水体等造成的污染的重大问题，实现资源的循环再利用。

需要突破的关键技术：系列金属有机骨架及新型有序多孔材料宏量生产及性能评价、环境功能材料性能评估体系构建及实践、环境功能材料毒理学和生态毒性的评价体系和标准、环境功能材料全周期评价。

解决废旧纺织品、塑料等带来的污染问题，攻克生物可降解聚酯规模化连续聚合与纺丝工程化关键技术；开发特定物理、化学、生物环境中（特定自然环境中、动物体内、人体内）的可控降解技术，实现可控降解和全生命周期生态化。

2. 生态环境材料

生态环境材料具有重要的战略地位，通过其独特的物理、化学、生物性能，能够高效净化污染物、促进资源循环利用、实现碳中和能源、降低塑料污染、维护生态平衡、保护人类健康以及支持可持续发展。这些材料不仅有助于改善环境质量，还能推动创新、减少资源浪费，在各领域为解决全球环境问题和促进社会可持续发展作出重要贡献。

重点任务如下。①研发环境友好型材料：开发具有高效吸附、催化、分离和降解能力的环境功能材料，用于污染物的去除和资源循环利用。②促进可持续利用：设计可降解（如生物可降解）的材料，以减少塑料和其他废弃物对环境的影响，促进资源的可持续循环利用。③推动碳中和能源技术：突破基于二氧化碳直接光合作用的碳中和能源技术，实现太阳能到碳基燃料的高效转化，解决气候变化和能源问题。④加强循环经济发展：开发复合材料高效化学回收技术，使材料的循环利用成为现实，降低资源消耗。⑤提高稀土资源利用效率：推动稀土绿色循环冶金技术的发展，降低稀土资源开采和加工对环境的影响。

需要突破的核心技术如下。①生物可降解材料合成技术：研发生物可降解纤维材料、生物质材料及复合材料的制备方法，实现高性能材料的可控合成。②基于二氧化碳直接光合作用的碳中和能源技术：解决效率和稳定性问题，实现太阳能到碳基燃料的高效转化。③复合材料循环回收技术：开发高效的复合材料化学回收技术，实现材料的高纯度回收和再利用。④生物质高分子降解技术：突破生物质高分子的可控降解机制，实现生物质的高效降解和资源转化。⑤稀土绿色冶金技术：开发低能耗、低排放的稀土绿色循环冶金技术，提高稀土资源的利用效率。⑥材料生命周期工程技术：建立全面的材料生命周期评价体系，从设计、生产、使用到处理，全程考虑环境和资源影响。

3. 低碳材料及技术

重点任务如下。低碳与零碳工业流程再造：针对钢铁、水泥、化工、有色金属等重点工业行业绿色低碳发展需求，以原料燃料替代、短流程制造和低碳技术集成耦合优化为核心，深度融合大数据、人工智能、5G 等新兴技术引领高碳工业流程的零碳和低碳再造和数字化转型。

二氧化碳高值化转化利用：研究基于生物制造的二氧化碳转化技术，构建光-酶与电-酶协同催化、细菌-酶和无机-有机材料复合体系二氧化碳转化系统，制备淀粉、乳酸、乙二醇等化学品；研究以水、二氧化碳和氮气等为原料直接高效合成甲醇等绿色可再生燃料的材料和技术。

低成本、绿色提取高纯度铝、镁、钛轻金属：铝、镁、钛等轻金属为最具代表性的高性能结构材料，其全使用寿命周期的能耗低、循环利用性好，是绿色环保的材料。但是，目前铝、镁、钛金属一次生产过程的能源消耗依然较大，导致生产成本过高，限制了其推广应用。应加快铝、镁、钛低成本、绿色提取技术开发，实现轻金属的绿色、低碳、循环发展。

新能源及储能材料：高效硅基光伏电池、高效稳定钙钛矿电池先进材料、碳纤维风机叶片、高温吸热传热储热先进材料、高安全性的多用途小型模块式反应堆和超高温气冷堆等先进材料的研发与应用。发展低成本、更安全、更长寿命、更高能量效率储能技术，如液态和固态锂离子电池储能、钠离子电池储能、镁离子电池储能等先进材料的研发与应用等。

材料生命周期工程的普及和推广：材料生命周期工程是有效缓解资源匮乏和环境污染的有效途径，2019 年被中国工程院选为全球工程研究前沿。研究表明，80%的资源消耗和环境影响取决于产品设计阶段（工业和信息化部等，2013），在设计阶段充分考虑现有技术条件、原材料保障等因素，通过材料的设计、制备、回收等一系列环节的技术革新，减少材料产品在整个生命周期中对环境的影响。目前我国在材料生命周期工程领域开展了基本探索，在生命周期评价理论与方法、材料环境负荷数据库建设等方面取得突破。

基于二氧化碳直接光合作用的碳中和能源技术：通过光热协同催化机制可大幅提高二氧化碳的光合作用能效，实现超过 10%的能源转化效率和甲烷及甲醇的高选择性太阳能燃料制备，未来需要大力拓展更多的高效协同催化系统，实现二氧化碳和水的直接人工光合作用，力争太阳能燃料成本接近目前的石化燃料，为中国乃至世界的可持续发展提供终极解决方案。

低成本、绿色提取高纯度铝、镁、钛轻金属：①主要围绕碳热还原技术、高铝粉煤灰提取氧化铝技术等方面展开铝低成本、绿色提取技术；②主要围绕热还原法、海水（盐湖卤水）提镁等方面展开镁低成本、绿色提取技术；③主要围绕电解法（Fray-Farthing-Chen，FFC）提钛、国际钛粉公司的粉末法（international titanium powder，ITP）等方面展开钛低成本、绿色提取技术。

新能源材料及技术：①新型高效光伏电池技术，研究可突破单结光伏电池理论效率极限的光电转换新原理，研究高效薄膜电池、叠层电池等基于新材料和新结构的光伏电池新技术；②风能先进材料，低成本碳纤维风机叶片；③新型核能发电技术，研究小型模块式反应堆和超高温气冷堆等先进材料、低温超导材料、核反应堆包覆材料等；④新型绿色氢能技术，研究基于合成生物学、太阳能直接制氢、镁基固态储氢等绿氢制备技术。

材料生命周期工程：①开展低环境负荷材料的生命周期设计技术、材料生命周期性能-资源-环境等多维评价技术的研究；②完善基础材料生产基础材料工业大数据获取、甄别和聚类汇集技术等材料生命周期工程技术，是我国材料产业可持续发展战略的重要支撑，应作为材料领域未来绿色生产与智能制造的关键储备技术；③针对如矿产资源、合成材料、制品等不同类型的材料和器件进行针对性研究工作，形成材料全生命周期循环利用技术体系。

需要突破的核心技术如下。①低碳与零碳工业流程再造技术：针对钢铁、水泥、化工、有色金属等重点工业行业绿色低碳发展需求，以原料燃料替代、短流程制造和低碳技术集成耦合优化为核心，深度融合大数据、人工智能、5G等新兴技术，引领高碳工业流程的零碳和低碳再造和数字化转型。②低碳零碳钢铁：研发全废钢电炉流程集成优化技术、富氢或纯氢气体冶炼技术、钢铁-化工一体化联产技术、高品质生态钢铁材料制备技术。③低碳零碳化工：针对石油化工、煤化工等高碳排放化工生产流程，研发可再生能源规模化制氢技术、原油炼制短流程技术、多能耦合过程技术，研发绿色生物化工技术以及智能化低碳升级改造技术。④低碳零碳有色金属：研发新型连续阳极电解槽、惰性阳极铝电解新技术、输出端节能等余热利用技术，金属和合金再生料高效提纯及保级利用技术，连续铜冶炼技术，生物冶金和湿法冶金新流程技术。⑤资源循环利用与再制造：研发废旧物资高质循环利用、含碳固废高值材料化与低碳能源化利用、多源废物协同处理与生产生活系统循环链接、重型装备智能再制造等技术。

七、安全工程材料重点任务

1. 航空航天用电子元器件材料

围绕航空各种电子元器件在高抗辐照等恶劣空间环境下对半导体材料以及功能介电材料的需求，满足卫星移动通信和军用雷达使用需求。

重点任务：突破应用于各种辐射环境、原子氧、高真空、大范围温度变化、强烈振动等条件下的半导体材料及功能介电材料制备技术，从而达到世界领先水平。

需要突破的关键核心技术包括：空间应用电子材料及其器件制备技术。

2. 空间环境特种金属材料

充分利用空间环境所特有的“长时微重力、悬浮无容器、真空超洁净、熔体深过冷”条件，突破空间特种金属材料技术。

重点任务：突破空间环境特种金属材料合成制备技术，并达到应用水平。探索出飞行器用1500℃高温合金、高超武器用2000℃难熔合金、初生晶粒尺寸小于传统铸造1/10的均质合金等材料技术，并在大飞机、先进战机、深海航行器、空天武器等领域形成规模化应用。

需要突破的关键核心技术包括：空间环境特种金属材料合成制备技术。

3. 军工新材料

围绕国防军工领域对新型耐高温结构部件低成本化、精准化、一体化制备与修复技术需求，打破技术封锁，实现在国防领域系列材料制备的重大突破，实现环境友好型、资源节约型材料制备工艺，最终实现先进材料摆脱国际贸易和科技制裁，全面解决材料领域“卡脖子”问题。

重点任务：推动先进国防用特种关键战略材料开发与制备工艺升级；阐明材料开发和制备的基础理论。

需要突破的关键核心技术包括：军用超高速飞行器发动机耐高温部件用难熔高熵及高温合金球形金属粉末制备技术、航空发动机用增材制造与修复再制造材料、超硬抗弹陶瓷复合材料的设计与制备技术、性能可控阶跃防热材料技术、高性能纤维材料及其复合材料制备技术、含能材料安全、绿色制备及高效利用技术、超高熔点金属复杂构件及其高效高性能增材制造方法。

4. 极端条件及防护用高分子及复合材料

重点任务：极端条件下的新型高性能高分子复合材料批量制备技术开发及应用（短期耐热 1000℃，耐−200℃低温，拉伸强度≥3000 MPa，抗宇宙射线穿透、耐辐射、深空环境下寿命≥10 000 000 h）。长期服役防护用纺织材料攻关，以满足大温差、高光热辐射、化学与生物污染、高频电磁波、核辐射、高冲击等极端条件。

需要突破的关键核心技术包括：面向深空旅行的先进热塑性树脂基复合材料及其外延技术和防护用纺织材料与制品制造技术。

5. 航空航天高性能复合材料

围绕航空航天发动机用陶瓷基复合材料及其批量制造，高速飞行器轻量化用陶瓷及陶瓷基复合材料，超大口径（4—8 m）、超轻量化超轻光学部件用碳纤维增强碳化硅复合材料等新型无机非金属材料攻关。

重点任务：航空航天领域的先进材料陶瓷基复合材料国产化批量制备；陶瓷材料高强、高韧、大尺寸制造，开发出口径为 8 m 超轻光学部件材料及其一体化快速制备技术。

需要突破的关键核心技术包括：航空航天发动机用陶瓷基复合材料研制及批量制造技术，多空域高速飞行器适用的高性能陶瓷功能系统设计理论与制备技术，超大尺寸、超轻量化碳化硅及其复合材料光学部件一体化快速制造技术。

第二节　发展路线图

面向 2040 年的重大战略需求，我国将着力在高新技术、新兴产业、高端制造和重大工程领域构建自主发展的新材料支撑保障体系。这一体系将全方位自主支撑新能源技术与信息技术的发展，形成基础材料、能源材料和信息材料三大自主产业融合体系；同时，将自主支撑以人为本的医疗、健康、舒适、长寿、养老等高质量材料保障体系，以及以环境为目标的疫情防控、防灾救灾、美丽中国、国家安全、进军远洋深空深地的材料保障体系，并形成突破颠覆性技术的基础平台和工业化体系，加速形成新质生产力。

在新发展格局中，彻底解决先进材料产业领域“卡脖子”问题，我国材料领域工程科技发展的目标是抢占科技创新制高点、支撑经济建设“主战场”、满足国家重大需求、保障人民生命健康；形成较完备的先进材料产业保障体系，基本满足经济社会发展的全方位需求，自主支撑高新技术、新兴产业、高端制造、重大工程的发展需求，高新技术跻身创新型国家前列、新兴产业能够引领全球发展脉络、先进制造业自主把控全球产业链格局、重大工程进入世界一流发展水平；形成先进材料自主创新发展体系，实现先进材料领域人才、数字、平台、标准、创新等国家结构性优势，建立先进材料“用-产学研-科普”平台及数字孪生平台和先进材料评价-表征-标准平台，夯实物质基础，实现材料精细化、高端化、绿色化、智能化制造；实现先进材料的全生命周期绿色发展模式。发展路线图从需求、目标、重点任务、关键技术、基础研究方向、重大工程、重大工程科技项目和发展措施等方面展开，如图 14-1 所示。

一、先进基础材料发展路线

1. 前沿新材料

前沿新材料是指具有颠覆性意义及优异性能的材料，支撑着航天航空、重点武器装备、高端装备、电子信息等产业发展，目前主要涉及纳米材料、超材料、智能材料、仿生材料、超导材料、低维材料、量子材料等。我国率先提出并创制出若干新型前沿新材料，为助力前沿新材料达到规模化应用，前沿新材料具体的发展路线如表 14-1 所示。

<table>
<tr><th>时间
类别</th><th>至2025年</th><th>2026—2030年</th><th>2031—2035年</th><th>2036—2040年</th></tr>
<tr><td rowspan="3">需求</td><td colspan="3">在高新技术、新兴产业、高端制造和重大工程领域形成我国自主发展的新材料支撑保障体系</td><td></td></tr>
<tr><td colspan="4">在经济运行体系中，全方位自主支撑新能源技术与信息技术的发展，形成基础材料、能源材料和信息材料三大自主产业融合体系</td></tr>
<tr><td colspan="4">在社会运行体系中，自主支撑以人为本的医疗、健康、舒适、长寿、养老高质量材料保障体系，及以环境为目标的疫情防控、防灾救灾、美丽中国、国家安全、进军远洋深空深地的材料保障体系</td></tr>
<tr><td rowspan="3">目标</td><td colspan="3">彻底解决先进材料领域“卡脖子”问题，形成“创新链”和“产业链”自主发展体系</td><td></td></tr>
<tr><td colspan="4">构建先导性物质保障体系，支撑科技强国的实现；支撑创新型国家目标的实现</td></tr>
<tr><td colspan="2">解决“双碳”目标材料绿色高质量发展和关键核心技术突破，积极稳妥地推进“双碳”战略目标的实现</td><td></td><td></td></tr>
<tr><td rowspan="7">重点任务</td><td colspan="2">解决“卡脖子”技术领域重大基础研究</td><td>构建材料重大原创机制和体系</td><td></td></tr>
<tr><td colspan="3">解决关键材料领域重大装备、检测仪器、软件及辅料</td><td></td></tr>
<tr><td colspan="3">支撑新一代信息技术、关键领域高纯原材料基础研究、产业化及应用</td><td></td></tr>
<tr><td colspan="3">材料结构功能一体化、功能材料智能化、材料与器件集成化、复合化</td><td></td></tr>
<tr><td colspan="2">突破行业颠覆性技术</td><td>寻求新的产业变革</td><td>引领新一轮科技革命</td></tr>
<tr><td colspan="4">材料制造领域实现智能化、集聚化、极限化、低碳、低成本、绿色化</td></tr>
<tr><td colspan="4">解决材料领域产业化和应用化问题，实现高性能、低维化、纳米化、复合化和集成化</td></tr>
<tr><td rowspan="9">关键技术</td><td colspan="2">材料数据库技术</td><td></td><td></td></tr>
<tr><td colspan="2">高性能轴承钢、齿轮钢、模具钢等关键零部件用钢及其制备技术</td><td></td><td></td></tr>
<tr><td colspan="2">航空或航天发动机用陶瓷基复合材料研制及批量制造技术</td><td></td><td></td></tr>
<tr><td>宽禁带半导体材料与器件</td><td></td><td></td><td></td></tr>
<tr><td colspan="2">集成电路制造高性能支撑材料制备技术</td><td></td><td></td></tr>
<tr><td>高分子功能膜材料与技术</td><td colspan="2">基于二氧化碳直接光合作用的碳中和能源技术</td><td></td></tr>
<tr><td colspan="2">材料诱导组织再生技术与产品</td><td></td><td></td></tr>
<tr><td colspan="3">生物医用传感材料及器件</td><td></td></tr>
<tr><td colspan="4">空间环境特种金属材料合成制备技术</td></tr>
<tr><td rowspan="11">基础研究方法</td><td>材料人工智能技术基础</td><td colspan="3">基于人工智能范式的变革性材料设计</td></tr>
<tr><td>超纯稀有稀土金属提纯及应用</td><td colspan="2">4D打印超结构设计与制造原理</td><td></td></tr>
<tr><td colspan="2">反常铁电材料及其存储器件基础研究</td><td colspan="2">基于涡旋拓扑结构的极性材料新物态与新物性研究</td></tr>
<tr><td colspan="3">面向垂直纳米环栅动态随机存储器位线形成和ALD金属材料生长机理研究</td><td></td></tr>
<tr><td colspan="2">大晶格失配下的无缺陷原子级界面接触及应用</td><td></td><td></td></tr>
<tr><td colspan="3">极端环境使役轻质柔性杂化功能材料</td><td></td></tr>
<tr><td colspan="2">新型多模态多效应软组织修复材料</td><td colspan="2">人工智能引导新一代生物材料设计与评价</td></tr>
<tr><td colspan="2">多电子高比能金属二次电池及关键材料</td><td></td><td></td></tr>
<tr><td>电池原位无损检测与智能管理</td><td colspan="2">新型电池材料绿色设计与资源再生技术</td><td></td></tr>
<tr><td colspan="4">难熔金属基超高温承载合金的设计与制备</td></tr>
<tr><td colspan="2">氢能产业发展所需储氢关键技术的材料基础理论</td><td>“绿氢”产业发展关键技术基础</td><td></td></tr>
</table>

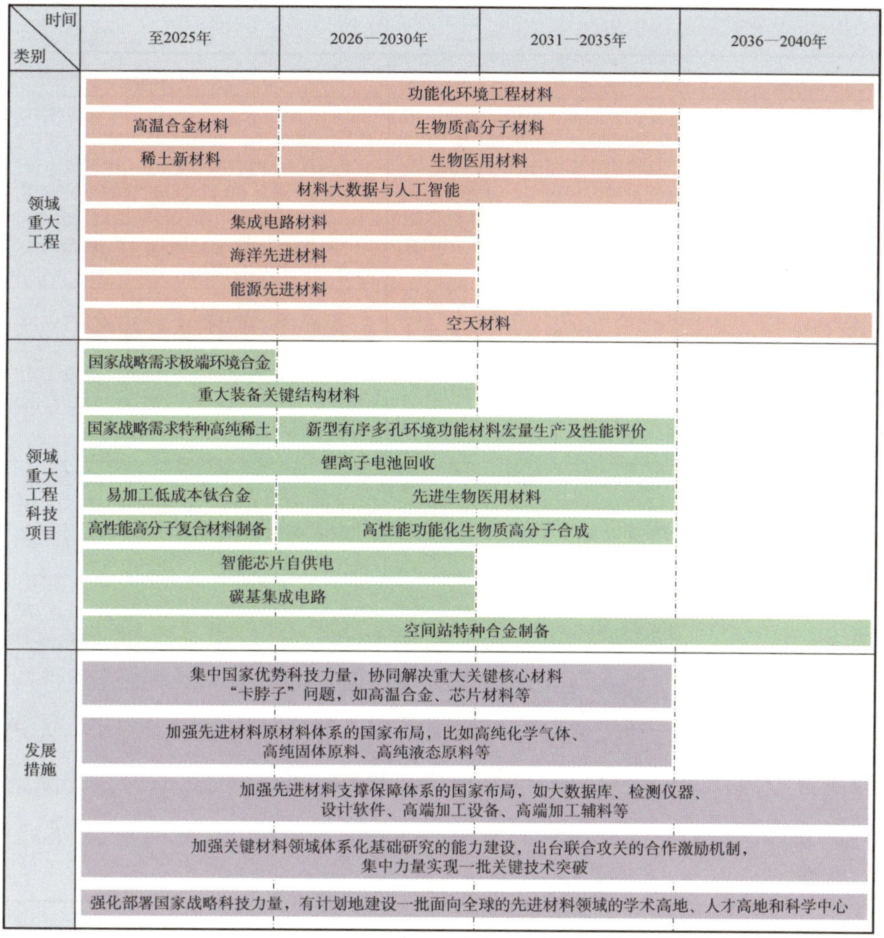

图 14-1　面向 2040 年的先进材料领域工程科技发展路线图

表 14-1　前沿新材料发展路线

内容	2020—2030 年	2031—2040 年
需求	航空航天、新能源、智能制造、光电信息和生命健康等重大战略产业发展需求	战略性新兴产业和未来产业的变革性技术需求
目标	突破低维材料、智能仿生材料和超材料的规模化制备技术；构建 3D/4D 打印专用材料设计方法体系；低成本、高性能高温超导材料全面实现产业化	实现低维材料、智能仿生材料和超材料的示范应用；探究时变超材料和超表面等交叉融合领域；全面实现超导应用装备产业化

续表

内容	2020—2030年	2031—2040年
重点任务	突破低维材料、智能材料和超材料的结构设计和工程化制造技术；量产3D/4D打印生物材料，材料成本降低50%；万安培级高温超导直流电缆实现应用，强磁场用高性能超导线材满足25 T大型超导磁体制造需求；5—15 T加速器超导磁体年产量达到500台	实现石墨烯等低维材料的规模化应用；攻克以超表面为载体的芯片算力技术；完善4D打印材料标准体系，材料成本降低85%；满足30 T大型超导磁体制造需求；大容量直流电缆年产能达到百公里；5—15 T加速器超导磁体年产量达到千台并投入规模化应用
关键技术	高品质石墨烯核心原材料制备与应用技术；柔性仿生智能可穿戴器件与微系统等系列；超材料结构设计、性能调控和工程化制造技术；3D/4D打印件材料缺陷及性能检测装备研发；面向强磁场应用铁基和Bi2212超导线材批量化制备技术	石墨烯制备、超材料设计、3D/4D打印材料装备实现国产化，达到国际领先水平；基本实现超透镜产业化应用；实现大功率超导同步电机、高温超导电缆和高温超导限流器的应用
基础研究方向	低维材料新奇物性调控机制及新方法；超材料结构设计理论及性能调控机制；新型超导材料探索和表征；弱相互作用双稳态协调效应	低维材料异质界面设计及制备；基于超表面的超透镜成像技术；超材料及超构工程化制造体系；智能响应性分子的设计与合成；量子时变超材料及非厄米理论

2. 先进金属材料

先进金属材料要实现先进金属材料在航空航天材料、高性能钢材、钛合金、难熔合金和轻金属领域的国产化，创新性突破“卡脖子”先进材料，形成我国稀土材料的自主研发、生产应用评价体系，开发出新一代具备应用潜力新型先进金属材料，具体的发展路线如表14-2所示。

表14-2 先进金属材料发展路线

内容	2020—2030年	2031—2040年
需求	空天领域对高强韧、高服役温度抗腐蚀和高韧性结构材料的需求	高新技术产业对有色金属和稀土新材料的高效提纯加工制备需求
目标	关键零部件用钢、钛合金、铝合金、镁基合金产业整体达到世界先进水平，高纯度铝、镁、钛等金属全面实现低成本、高效提取和循环制造，高纯有色金属制造技术基本满足领域需求；超高纯稀土金属及其化合物等关键稀土新材料国产率达到80%以上	全面国产化先进金属材料（航空航天材料、高性能钢材、钛合金、难熔合金和轻金属）形成自主研发、生产应用与标准评估体系；稀土新材料达到国际先进或领先水平，实现完全自给，关键核心制造技术与知识产权实现自主可控
重点任务	基于数据驱动自主实验和增材制造，开展下一代应用潜力的金属材料共性技术；构建连续化的规模化制备共性技术及装备体系	完善材料-器件-装备的成套工程化技术；构建稀土高效清洁冶炼分离产业化体系
关键技术	关键零部件用钢及其制备技术；铝合金的微合金化技术；超高性能稀土永磁材料制备及稀土高效平衡利用关键技术	高熵功能合金材料开发及制备技术；高端稀土发光材料及其关键制备技术和装备；超高纯稀土批量制备技术

续表

内容	2020—2030 年	2031—2040 年
基础研究方向	超超临界用钢及其制备技术；铝合金的微合金化技术的多尺度作用机理研究；镁基材料强化工艺和服役环境中抗腐蚀机理研究	稀土离子 4f5d 电子与稀土新材料物性关联机制研究；增材制造钛合金非平衡组织、强化相的设计与调控
领域重大工程	稀土新材料重大工程	空间站特种合金制备重大工程
领域重大工程科技	钛合金低成本易加工制备；镁合金超大型构件的高效制备	超高纯稀土材料与高端稀土材料的工程化制造技术与装备

3. 新型无机非金属材料

新型无机非金属材料要突破新型无机非金属材料在基础理论、制备技术和规模化生产等方面的瓶颈问题，彻底摆脱高端无机材料依赖进口的现状，引领新型无机非金属材料发展，为我国占领信息技术、先进制造、高端装备、航空航天和大科学装置等领域的战略制高点提供核心材料自主保障，具体的发展路线如表 14-3 所示。

表 14-3　新型无机非金属材料发展路线

内容	2020—2030 年	2031—2040 年
需求	半导体芯片领域对超高纯、高导热、低热膨胀系数材料需求	空间遥感对超大尺寸、超轻量化、超精密化部件的需求，航天器极端条件高速飞行需求
目标	攻克先进陶瓷用高纯、超细陶瓷粉体制备技术，自主研发生产比率超过 80%。建立碳/碳复合材料多元化制备技术体系，实现高性能碳/碳复合材料产业化及推广应用	完善航空航天等领域用关键陶瓷及复合材料的创新及应用体系；碳/碳复合材料及新兴无机材料关键共性技术达到国际先进水平；发展严酷环境下长寿命特种功能玻璃等材料，实现重点材料自主保障率≥80%
重点任务	完善航空航天、半导体等领域用关键陶瓷及复合材料的创新及应用体系	前瞻布局“双碳”及新兴无机材料领域一批未来关键共性技术
关键技术	光刻机与半导体生产装备关键陶瓷部件与高端耗材批量制造技术；无机塑性半导体技术；航空航天发动机用陶瓷基复合材料研制及批量制造技术	高纯致密六方氮化硼陶瓷制备技术；超大尺寸、超轻量化碳化硅及其复合材料光学部件一体化快速制造技术；多空域高速飞行器用高性能陶瓷设计与制备技术
基础研究方向	无机材料在烧蚀、导热、辐照环境中的服役行为与防护机理	多元材料高温界面反应热力学和动力学及润湿熔渗行为研究
领域重大工程	超轻型天基光学部件及重大装备关键结构陶瓷材料重大工程	

4. 先进高分子及复合材料

先进高分子及复合材料包括合成树脂及塑料、合成橡胶和合成纤维等合成高分子材料，天然树脂、天然橡胶、天然纤维等生物基高分子材料，高分子涂层材料，黏结密封材料，树脂基复合材料，功能高分子材料以及高分子材料基复合材料。生物基高分子材料包括但不限于可降解材料、热固性树脂、生物基塑料、木塑复合材料、生物基功能纳米材料等。生物基高分子材料有望最大限度地替代钢材、水泥、石油基塑料等不可再生材料，具有绿色环保、原料可再生、生物可降解等特性，须实现高性能化和多功能化，满足多场景应用需求。先进高分子及其复合材料具体的发展路线如表14-4所示。

表14-4 先进高分子及其复合材料发展路线

内容	2020—2030年	2031—2040年
需求	航空航天、高端装备等国民经济重大领域的可持续发展对高性能和功能化先进高分子材料的需求	塑料制品难回收所造成的资源浪费和环境污染问题，迫切需要研发可持续生物基材料
目标	碳纤维制备与应用技术达到世界先进水平；建立高性能复合材料树脂基体产业技术创新体系	实现低成本、高纯度生物质单体的可控制备合成，成功应用生物基塑料占比超过20%
重点任务	实现碳纤维高端产品的千吨级规模及产业化稳定生产；开发新型高性能纤维复合材料树脂基体	开发更多新型生物基单体种类，实现聚合物高效解聚
关键技术	高强高模高耐热高分子复合材料制备技术；高分子复合材料的多功能和智能化制备技术；生物质单体的提取技术	生物质材料的可控绿色合成工艺技术；生物基高分子材料的结构设计和可控降解
基础研究方向	高性能树脂基体的设计和制备方法；低成本、高纯度生物质单体的制备技术	高性能、多功能生物质高分子及其复合材料的制备及可循环降解回收
领域重大工程	碳纤维高性能化制备技术；高性能和多功能复合材料制备工程	高性能可回收生物质高分子复合材料重大工程
领域重大工程科技	高性能高分子复合材料的制备	高性能功能化生物质高分子合成

5. 材料基因工程与材料智能化

主动学习和人工智能驱动的智能自主实验，要求实验过程高度标准化，实验状态参数全程可监控、可溯源，从而实现“计算、数据、实验”的一体化研发，大幅提升新材料的研发效率。材料基因工程与材料智能化这一新材料研发范式，旨在实现高速、绿色、智能化的新材料研发，并借助数据共享、数字化技术、高通量设计、仿真和模拟等技术对先进材料的物理化学性质进行预测、筛选，有力加快新材料的合成和生产，同时实现材料的智能制造。为尽快构建材料研发、生产与应用技术平台，形成新材料协同创新网络，具体的发展路线如表 14-5 所示。

表 14-5　材料基因工程与材料智能化发展路线

内容	2020—2030 年	2031—2040 年
需求	计算、数据和实验一体化新材料研发需求	人工智能驱动的智能化自主化实验室需求
目标	建成 20 个以上材料基因工程平台，提升高端制造业先进材料的自主保障能力，提升材料的研发与应用效率	建成完善及共享的材料数据库系统和平台 50 个以上；构建以材料理论、大数据、人工智能协同驱动的材料研发新模式
重点任务	建成若干材料基因工程创新中心；构建以材料大数据与人工智能协同驱动的材料研发新模式	形成新材料协同创新网络；全面应用材料基因工程关键技术
关键技术	材料数据库技术；数据驱动的长服役周期材料的等效加速评价技术	基于材料基因工程的新材料融合创新技术；材料高通量自动智能实验技术
基础研究方向	材料大数据技术平台；基于人工智能的材料高通量计算设计算法与软件	材料高通量制备技术平台； 材料基因工程融合协同创新中心建设
领域重大工程	材料基因工程与材料智能化平台	

二、能源材料发展路线

能源材料包括高效能量转化材料、高比能安全储能材料、纳米能源与系统、核能材料和氢能材料。发展高效能量转化材料可帮助构建安全高效、成本低廉、环境友好的储能电池体系，开发新型电池所需的高性能、资源丰富的先进材料，推动新型电池体系和先进材料的商业化应用，拓展电池技术的多样性，达到全球新能源技术创新的领先水平，实现电化学储能产业的可持续发展。

核能材料是利用核技术产生能量所需要的先进材料，主要包括核燃料、冷却剂材料、慢化剂材料、反应堆结构材料、反应堆控制材料和屏蔽材料等，须构建核能材料自主国产、国际领先的材料体系，全面实现基本完备的材料保障体系，满足第四代核能技术革新要求。在氢能材料方面，针对氢能源全产业链的不同关键环节，建立“材料+部件+装备+

系统”绿氢的全链条生产、检测和评估体系，全面实现数字化、资源高效利用、充满韧性的氢能材料保障体系。能源材料具体的发展路线如表 14-6 所示。

表 14-6　能源材料发展路线

内容	2020—2030 年	2031—2040 年
需求	重大工程、国防装备核心技术关键产业的能源转化和大规模储能需求；低碳节能有序能源结构的能源战略需求	新能源制氢产氢的巨大经济、社会和环境效益需求；个性化电子产品小型化、多功能、自供电、用户友好的分布式、高集成需求
目标	建成关键能源转换材料自主创新体系，制定高效能源转换新材料标准、计量、管理体系，攻克国产高效能量转化领域材料的高精尖端产品，融入全球新材料供应体系；建立摩擦发电机的发电原理与工作模式理论模型，研究能量转换机制，实现高性能的材料-结构-应用一体化设计；研发核电机组关键部件材料，保障安全稳妥的沿海核电建设；攻克低温液态储氢技术、氢的容量长寿命固态储运技术	实现多种能源方式的高效转化，太阳能光电/光热转换技术和太阳能电池技术达到世界领先水平，太阳能电池利用效率达到 30%；开发材料批次稳定性更高的工业化生产技术以及建立完备的产业链，实现部分新型电池的大规模商业化应用；实现长期稳定工作的“功能+供能”自驱动智能微系统；建立“材料+部件+装备+系统”绿氢的全链条生产、检测和评估体系
重点任务	明确能源转化过程中电子、离子等载流子迁移机制，探究新型能源转化方式，关注微观和宏观复杂动态界面的表征和理解，研发电池组件的新材料（阳极、电解质和膜）；突破快速充电技术等先进动力电池技术；明确核岛用钢的损伤机制并进行安全性能研究；设计氢储运装备、开发高性能低成本抗氢材料	研发可持续发展的新型电池体系及关键电极材料；开展海洋能摩擦发电材料、海洋防腐蚀材料的基础研究和产业化关键技术研发，推进波浪能发电在海上分布式能源、自驱动海况监测、海上大规模发电等领域的应用；推进更高能量密度、效率、可靠性和可持续性的能量存储技术的发展
关键技术	太阳能吸收与储热材料；低成本、高能量密度正极材料的开发和制备工艺技术，多种能量复合式发电及高效电源管理与微系统存储；核用材料制备技术及工艺	再生能源发电的碱性电解水技术，大规模电解水制氢技术及储运技术；低成本、长寿命燃料电池技术；核岛用钢安全评价和寿命预测
基础研究方向	大面积柔性有机太阳能电池先进材料与技术；新型耐事故高导热异质复合包壳材料制备技术；多电子高比能电池体系及先进材料；波浪能摩擦发电材料和海洋防腐蚀材料；低成本、长寿命、高容量、高活性储氢材料	高性能二次电池固态化；面向大规模储能的资源丰富型电池高性能正极材料体系开发；钠离子电池、镁离子电池等新型电池体系的高性能电解质；无枝晶金属负极的表界面改性技术
领域重大工程	高安全性无枝晶金属负极材料的大规模制备工艺技术	固态储氢材料及系统的均一性稳定制备技术
领域重大工程科技	电池大型储能系统和装备；氢气固态储存和纯化一体化大型装置	新能源汽车新一代动力电池；可再生能源大型固态储氢站

三、信息材料发展路线

信息材料包括量子材料、存算一体材料和神经交互材料。量子材料重点开发原子阱、离子阱、超导体、半导体和光子等不同技术构筑的实用型量子计算机，全力保障量子通信实用化技术的新材料支撑体系建设。

存算一体技术的目的是同时实现数据存储和直接计算，在融合计算与存储单元的同时进行操作，实现了节能的高算力。存算一体材料具有结构多功能化、功能智能化的特点，环境感知、处理响应等综合性能优于传统材料，可满足人工智能及与其交叉融合的产业发展的需要，实现存算一体相关材料在电路设计、芯片集成等方面广泛应用。

神经交互材料可将大脑内电化光遗传学信号与外界交互、进行脑信号处理以及施加闭环神经刺激，从而建立人脑与计算机的互联互通，目前主要用于脑机接口技术，须全面形成触觉传感、脑机接口支撑材料、神经形态器件等自主材料体系，实现非接触式协作机器人制造和控制，推动智慧机器人非接触交互体验、作业效能及服务常态化。信息材料领域还关涉散热、电子封装、半导体晶圆、传感、光电子探测、自旋电子器件等。信息材料具体的发展路线如表 14-7 所示。

表 14-7　信息材料发展路线

内容	2020—2030 年	2031—2040 年
需求	半导体技术和高端芯片国家战略需求；后摩尔硅时代新奇量子特性的信息技术与器件需求	信息技术和海量数据存储与快速分析处理需求；神经形态类脑芯片的低功耗、低延迟、高性能技术需求
目标	攻克低维超导、拓扑量子物理、强关联电子体系等量子信息技术的支撑新材料，以及二维超薄半导体材料制备、集成、表征及应用技术；攻克逻辑存储器件、计算范式、跨维度集成技术以及系统-电路-工艺协同设计、完善高端芯片、功能融合芯片及核心装备技术，实现高性能功率和射频器件的自主可控宽禁带半导体新材料体系	基本实现实用型量子计算机、量子通信实用化技术；掌握大尺寸、高纯超宽禁带半导体单晶制备及外延技术；攻克高端光刻胶材料，应用于高精细光刻技术；感存算一体化硬件平台、激光反射薄膜等达到国际先进水平；形成触觉传感、脑机接口支撑材料、神经形态器件等自主材料体系；实现非接触式协作机器人制造、控制与协调一体化关键技术
重点任务	突破传统芯片算力与能效瓶颈，研发碳纳米管、二维材料及其异质结构、过渡金属硫属化合物、氧化物半导体等新材料，环栅晶体管、垂直互补场效应晶体管、叉片晶体管等新器件结构，晶圆级集成、芯粒技术、单片三维集成等新集成方式，存算一体、量子计算等新计算范式	研发强关联体系、冷原子及软凝聚态体系等物性调控机制；研发类脑学习和认知技术及具身智能、传感器与突触器件等仿生交互式神经形态器件及系统，实现机器与人、机器与环境之间的自适应交互和通信，构建紧凑且节能的神经形态物联网，通过感知、计算、学习和处理能力解决现实事件中存在的各种复杂问题

续表

内容	2020—2030年	2031—2040年
关键技术	宽禁带第三代半导体材料及硅芯片异质集成制造与封装技术；中红外及远红外超晶格材料；超高清高效率胶体量子阱及印刷量子点显示材料和器件集成技术	二维超薄半导体关键应用技术；存算融合类脑计算技术及存算一体化碳基高端芯片材料；具身神经形态智能的交互式器件
基础研究方向	反常铁电 HfO_2 薄膜材料与存储器件基础研究；垂直纳米环栅动态随机存储器位线形成和ALD金属材料生长制备技术；宽禁带半导体材料与器件；大功率太赫兹电真空材料与器件；新型显示材料及其制备技术	高质量二维材料制备及应用技术；用于可编程人工智能计算机的信息超材料；红外半导体材料制备技术；高功率激光和非线性光学晶体、器件及应用技术；量子点红外材料及器件
领域重大工程	高端芯片材料	半导体碳纳米管高端芯片材料

四、生物医用材料发展路线

生物医用材料包括生物信息材料、载体与缓释材料、组织再生材料和类器官材料。生物信息材料将助力未来实现远程医疗服务，开发出新一代生物电子芯片与微系统技术，形成生物医学传感与影像数据的高灵敏、跨尺度信息检测和处理能力。

载体与缓释材料应用于疾病治疗药物及生物活性分子运输系统。为实现药物的精确送达，提高药物的效率，减少药物副作用，突破精准治疗的给药方式，满足难治愈疾病的治疗、个性化精准医疗保健的国家重点战略需求，须全面建成生物活性物质靶向输运和控释载体等新材料产业发展体系，实现按需个性化纳米药物、生物传感器、护理点传感设备以及卫生保健监测一体化医疗保障体系。

组织再生材料发展旨在探究材料诱导组织器官形成的分子机制，建立较完整的无生命材料诱导有生命的组织再生科学理论体系，设计调控软物质功能体系，制备生物降解锌基聚合物支架，推进以人工心脏瓣膜、心脏支持和心血管系统修复材料及原位诱导组织再生为主的临床应用，实现规模化量产非骨组织诱导性生物材料，突破高活性、高仿生、智能响应性智能生物材料及制备技术。

类器件材料面向人体组织器官复杂异质性结构与功能，利用计算机三维仿生快速成型技术，开发钛及钛合金植入体、含细胞和/或生物活性物质的个性化活体器械或器官，并发展高度仿生组织/器官微环境兼具复杂生物学功能和刺激智能响应功能的我国自主知识产权的新型打印材料，建成完备的多重、多元、多尺度结构精细化与智能可控成形加工关键技术及装备优化系统，并创建国际领先的高分子生物医用原材料及制品供应保障体系。生物医用材料具体的发展路线如表 14-8 所示。

表 14-8　生物医用材料发展路线

内容	2020—2030 年	2031—2040 年
需求	保障医疗安全、人民健康优先发展的战略需求；精准治疗给药，难治愈疾病的治疗需求；智能化诊疗开发及器械用材的技术需求	提升社会公共健康和医疗服务水平的社会需求；个性化精准医疗保健的国家战略需求；细胞工程用材料和高端纺织生物医用材料需求
目标	攻克生物探针、柔性纤维电子材料与器件，形成以健康监测、疾病筛查、液体活检、生化痕量检验等系列应用技术体系；基本实现临床定时缓释给药系统；突破硬组织修复用关键原材料规模化可控制备，实现天然来源的仿生软物质水凝胶制备技术	具备生物智能材料研发、制造、应用一体化产业体系，全面提升第三代生物医用材料寿命和装置性能，以满足快速增长的临床需求；实现生命体的精准设计、改造与模拟；精准制造个性化类器官，实现多能干细胞向功能细胞分化的时空调控
重点任务	实现生物电子系统微型化和信息多样化；量产医学监测与诊断用传感材料与器件以及磁性纳米载体；推进功能性植入/介入材料；构建软物质功能体系；攻克类器官培养基成分技术	健全纳米生物技术、纳米结构体系和纳米药物载体输运系统；自组装构建人工肌肉软材料；实现组织工程、类器官构建、器官芯片等交叉融合及临床应用
关键技术	高灵敏、多功能、原位和实时诊疗试剂及化学传感成像材料与器件；生物兼容性给药材料与心血管纳米机器的靶向递送技术；软物质设计调控技术	远程驱动分子化智能化集成和显影诊断影像技术；生物微环境触发响应性材料与微纳尺度拓扑图案化的表界面技术；生物降解锌基聚合物支架制备技术
基础研究方向	医学监测与诊断用传感材料与器件；药物靶向控释载体和系统；生物医用材料表界面及其改性技术；材料诱导组织再生技术与产品细胞工程用材料与技术	可降解锌金属薄膜制备光电器件及生物传感器；导电高分子复合材料基生物探针及其电子传输材料制备与集成技术；生物医用材料的仿生与智能化技术

五、衣食住行材料发展路线

衣食住行材料包括服装家纺所需的纤维材料、现代食品科技的合成食品、低碳建筑材料和汽车轻量化材料。纤维材料向着多结构、多功能、超性能、差异化方向快速发展。现代食品科技中的合成食品技术高效地生产着大量营养丰富的食品，有助于缓解不断增长的人口对食品资源需求的压力。低碳建筑材料涉及建筑结构材料、围护功能材料、室内外装饰材料、建筑节能材料和调节室内舒适度（温度、湿度、空气净化等）材料等。汽车轻量化材料以最轻的金属结构工程材料镁合金为主，镁合金的大规模应用对汽车和大飞机的轻量化和节能减排具有重要意义。衣食住行材料具体的发展路线如表 14-9 所示。

表 14-9　衣食住行材料发展路线

内容	2020—2030 年	2031—2040 年
需求	服装家纺所需纤维的高端化、智能化、绿色化转型；新能源汽车、大飞机等领域对轻量结构材料的需求	未来食物供给总量和结构的刚性需求；供给多样性、高效可持续合成食品生产需求；“双碳”目标和人民对居住舒适度的双重需求
目标	构建高值化、绿色化现代纤维产业体系；具有高效、定向、精准制造能力的食品细胞工厂，实现食品主料的实验室生产；建筑碳排放降低 10%以上；单车用镁量突破 200 kg，形成镁合金制备加工技术和专用装备体系	构建高端化、智能化、绿色化现代产业体系，全面建成化学纤维强国；替代蛋白实现产业化，核心配料与菌种自主化产品市场占有率超过 50%；降低建筑碳排放 20%以上；实现镁及镁合金的智能化精准设计，规模化应用于汽车和大飞机主承力构件
重点任务	拓展高效柔性、差别化、功能化纤维品种；研发关键辅料助剂；探索食品多元感知、食品结构重组、微生物细胞工厂；突破结构工程用大宗基础材料生产的低碳低环境负荷关键技术，推动镁合金材料在汽车和新能源汽车上的规模化应用	生物基原料及其纤维成形；可降解纤维循环利用技术；微生物高通量筛选、酶智能设计合成优化；研发轻质节能围护材料、室内相变调温材料、隔热一体化热反射涂料；超前布局吸收转化或储存太阳能建筑材料；形成汽车和大飞机用镁合金的轻量化技术体系
关键技术	功能纤维原位聚合、多组分高比例共聚与在线添加技术；高效柔性纺丝熔体直纺技术；生物基单体和原料高效制备技术；蛋白质表达关键作用因子鉴定和机制解析；水泥混凝土等大宗建筑材料的低碳设计与制备技术；低能耗硅热还原金属镁制备技术；大型镁合金构件的轻量化评价技术	纤维素纤维绿色制造技术；化学法再生化学纤维的规模化、低成本生产技术；食品级安全底盘微生物创制；培养肉种子细胞挖掘及高效低成本调控方法；食品配料细胞工厂构建与高效生物制造；零碳运维的太阳能吸收转化或储存利用的建筑材料设计；镁及镁合金的全寿命周期能耗和碳足迹评价技术
基础研究方向	新型成纤高分子合成；高效低成本的替代蛋白制造技术；建筑全生命周期低碳的材料选用与设计理论方法；高强韧、高成形性镁合金设计与调控；镁合金抗腐蚀机理	纤维成形结构与性能的构效关系；食品微生物细胞工厂构建与高效生物制造；低碳建筑材料全生命周期生态设计；吸收转化或储存太阳能的新型建筑材料；低成本绿色金属镁制备新原理

续表

内容	2020—2030 年	2031—2040 年
领域重大工程	盐湖电解金属镁的绿色高效制备及大规模应用；食品主料合成创制与食品核心配料生物制造	纤维材料的全生命周期绿色应用
领域重大工程科技项目	功能纤维材料高效稳定全流程；高效制备镁合金超大型构件	食品合成生物学与生物制造

六、环境工程材料发展路线

环境工程材料可分为环境功能材料、生态环境材料、低碳材料及技术。环境功能材料主要是指具有独特的物理、化学、生物性能，并有优良的环境净化效果的新型材料。须满足环境工程领域对污染物降解净化、高活性催化转化、材料长寿命稳定性服役、膜分离和生物质应用等方面的技术需求，全面解决材料领域“卡脖子”问题，实现先进材料的自主可控并达到世界领先水平。

生态环境材料的重要性在于通过使用可再生资源、降低能源成本、减少污染和碳排放等方式，促进可持续发展和环境保护。这些材料不仅有助于保护有限资源和生态平衡，还能改善室内空气质量、推动循环经济模式，激发技术创新，并为子孙后代创造更可持续的未来。通过选择生态环境材料，我们能够建立更环保、更可持续的社会和经济体系。

低碳材料及技术发展旨在积极稳妥推进并实现“双碳”目标，工程科技等工艺流程应向低碳和零碳方向迈进并达到国际领先水平；氢能得到充分利用和开发；材料服役过程全生命周期成本降低到发达国家较高水平。环境工程材料具体的发展路线如表 14-10 所示。

表 14-10　环境工程材料发展路线

内容	2020—2030 年	2031—2040 年
需求	绿色建筑和节能制造可持续发展的生态环境需求	绿色制造、新能源与环境工程的低碳和高效发展需求

续表

内容	2020—2030 年	2031—2040 年
目标	突破生物可降解材料的技术；建设多元互补的综合能源供给体系，实现石油、煤炭、天然气、电力和新能源等多种能源系统之间互补协调；材料服役过程全生命周期成本可控	实现材料的高效再利用和生物质资源的可持续利用，碳减排和碳负排技术达到国际领先水平；二氧化碳转化利用封存技术达到国际先进水平
重点任务	研发可降解高分子材料；开展人工纳米材料环境行为、毒理与健康效应评价	高效利用生物质高分子材料；研发基于二氧化碳直接光合作用的碳中和能源技术
关键技术	金属有机骨架的宏量生产技术；生物可降解聚酯规模化连续聚合与纺丝技术；高纯度铝、镁、钛轻金属低成本、绿色提取技术	高效环境污染净化材料可控制备技术；复合材料高效化学回收循环技术；低环境负荷材料的全生命周期循环利用技术
基础研究方向	高性能环境功能材料开发与应用基本理论研究；环境功能材料的构效关系；材料生命周期性能-资源-环境等多维评价技术研究	环境功能材料毒理学和生态毒性的评价体系；环境功能材料-污染物界面反应理论；生物降解材料全生命周期评价
领域重大工程	环境功能材料全周期评价重大工程；能源先进材料工程；高性能环境功能材料开发、应用与环境影响	新型有序多孔环境功能材料宏量生产及性能评价；海洋能源重大工程

七、安全工程材料发展路线

安全工程材料包括航空航天用电子元器件材料、空间环境特种金属材料、军工新材料、极端条件防护用高分子及复合材料和航空航天高性能复合材料。航空航天用电子元器件材料的发展旨在实现航空航天用半导体材料及功能介电材料达到世界领先水平，满足移动通信、卫星通信和军用雷达的使用需求。针对未来空间探索与人类长时间深空旅行的需求，开发适合制造超高速、超长航程、大型宇宙飞行器及其重载火箭、应用于极端条件下的空间环境特种金属材料、高性能高分子复合材料；围绕日常防护、专业化防护、军用防护，对防护纺织制品的需求进行相关材料开发，满足极端条件下长期服役的防护用高分子及复合材料，实现军民两用防护材料国产化。军工新材料是由前沿新材料发展到应用阶段的各类材料，围绕国防军工领域对新型耐高温结构部件低成本化、精准化、一体化制备与修复技术需求，全面解决材料领域“卡脖子”问题，实现先进国防用特种关键战略材料开发与制备工艺升级；碳/碳复合材料、高性能特种纤维、含能材料自主可控。安全工程材料具体的发展路线如表 14-11 所示。

表 14-11 安全工程材料发展路线

内容	2020—2030 年	2031—2040 年
需求	航天发动机和高速飞行器等空间环境服役器件的材料性能要求	面向空间探索与人类长时间深空旅行的未来需求
目标	航空航天先进材料基本实现自主可控；难熔高熵及高温合金满足高速飞行器和航空涡轮叶片使用；提升高硬度与高韧性碳化硼陶瓷抗弹材料性能；碳/碳复合材料、高性能特种纤维、含能材料达到国际先进水平；建立高性能复合材料树脂基体产业体系，实现辐射防护材料国产化	国防航空航天特种关键战略材料开发与制备工艺升级，实现完全自主可控；探索出飞行器用 1500℃高温合金和高超武器用 2000℃难熔合金，初生晶粒尺寸小于传统铸造 1/10 的均质合金等技术；碳/碳复合材料、高性能特种纤维、含能材料实现自给
重点任务	实现航空航天用电子元器件材料和先进材料陶瓷基复合材料国产化批量制备；推动先进国防用特种关键战略材料用高性能高分子复合材料开发	空间环境特种金属材料的合成制备实现规模化应用；实现长期极端服役防护用纺织材料的批量制备应用
关键技术	空间应用电子材料及其器件制备技术；增材制造粉体与难熔超高温金属构件制备技术；高性能 B_4C 基复合陶瓷和碳/碳复合基材料研发；防护用纺织材料与制品制造技术；超大尺寸、超轻量化碳化硅及其复合材料光学部件一体化快速制造技术	空间环境特种金属材料合成技术；先进热塑性树脂基复合材料及其外延技术；航空航天发动机用陶瓷基复合材料研制及批量制造技术；多空域高速飞行器适用的高性能陶瓷功能系统设计与制备技术
基础研究方向	半导体材料及功能介电材料极端环境服役失效机制；增材制造粉体与难熔超高温金属构件制备；高性能 B_4C 基复合陶瓷和碳/碳复合基材料	真空悬浮等空间环境合金制备过程控制及机制研究；含能材料智能化制造基础研究
领域重大工程	新一代系列国防材料开发重大工程	

第十五章　先进材料领域重大工程建议

重大工程指直接服务于国民经济建设，立足于解决制约经济社会发展的重大问题，直接形成现实生产力或服务能力，且需要有工程科技的重大突破来支撑的工程项目。重大工程应满足我国经济社会发展的重大需求，工程实施能够解决重大瓶颈问题、发挥重大带动作用，对国家建设和发展具有全局性或关键性影响，并需要从国家层面给予支持和推动。本领域的重大工程如下。

第一节　能源先进材料

一、需求与必要性

为实现“双碳”目标，发展绿色能源、推动能源结构的转型已成为能源革命的必经之路。然而，我国能源先进材料的国产化程度较低、供需失衡和价格波动大等问题，严重阻碍新能源技术的快速发展。面向新能源交通、大规模储能、移动通信、核能技术等领域的重大需求，亟待发展多电子高比能、高安全性的新型储能先进材料，研发自主国产、国际领先的先进核材料体系，实现动力储能器件和新型核电技术等能源领域先进材料的系统创新。突破核心技术壁垒，在国产自主研发、产能提升、稳定产业链等方面进行技术攻关，推动绿色能源先进材料创新升级，对储能和核能技术的革新起重要的支撑作用。

二、工程目标

开展储能和核能先进材料的前沿技术创新和工程应用研发，发展能源先进材料工程的高端制造工艺和智能制造装备。研究能源先进材料的生命周期设计、性能-资源-环境等多维评价技术。基于多电子反应机制，发展匹配金属阳极的高比能转化/合金电极，构筑高比能电池关键电极材料。发展全固态电池先进材料，基于固态电解质减少非活性成分，简化电池制造工艺，提升电池能量密度和安全性。推进模块化商业微型反应堆的先进材料与技术发展，提供兆瓦量级容量或分布式绿色清洁电源和热源，有望为深海和太空探索提供长续航自主运行的能源体系。

三、工程任务

紧密结合国家“双碳”目标，重点开展储能和核能材料工程化的关键技术研究，着力突破高比能储能电极材料的批量制备技术，高安全性固态电解质的研发应用，解决金属负极与正极、电解质的匹配问题，实现高安全性高比能固态电池的工程化应用。研发新一代核能先进材料及其产业化制备技术、高性能微型反应堆等先进核能材料的核心制备技术和生产装备。通过全产业链同步创新，推进先进能源材料推广应用，保障战略性新兴产业、国防军工、工程制造等重大战略需求先进材料的有效供给，最终实现我国能源革命的战略性转变。

1. 2030 年

开发多电子高比能储能关键电极材料与器件，重点研发富锂锰基、镍锰酸锂、高电压钴酸锂等正极材料，以及高容量低成本的硫正极材料。解决锂金属负极的枝晶问题和硅负极的循环问题，匹配高能量密度的正负极材料，研发高安全性固态电解质，提升聚合物固态电解质的室温离子电导率和迁移数，改善无机固态电解质的稳定性和界面接触等关键问题。实现微型核反应堆项目的示范验证，研发核电机组关键部件材料，保障沿海核电站的安全建设。

2. 2040 年

开发高比能高安全性二次电池固态化技术，实现高稳定性固态电解质的研发生产，保障电池的安全性。匹配金属锂负极和高比能转化/合金电极，构筑能量密度大于 600 W · h/kg 的高比能固态电池器件。打造自主国产、国际领先的核能先进材料体系，获得完备的材料保障，包括高压极端材料、包壳材料、芯材料、锕系核燃料、核燃料及吸收材料等全产业链。

四、实施效果

储能和核能等能源先进材料达到国际先进水平，实现完全国产自给，实现高比能储能材料及其制造装备的关键核心技术和知识产权的自主可控；自主制定国际标准，拥有制定国际高端能源先进材料标准的话语权；培养出能源先进材料创新人才及创新团队，实现以能源先进材料带动新能源的发展模式。在能源先进材料领域保持世界先进水平，整合提升我国在新能源行业的国际竞争力，全面实现能源革新，建成世界能源材料强国。

第二节　海洋先进材料

一、需求与必要性

我国海洋资源丰富，岛屿众多，具备规模化开发利用海洋重大工程的条件，打造海洋强国的环境优势。海洋中蕴藏着潮汐能、波浪能、海水温差能和海水盐差能等丰富的可再生清洁能源。发展海洋能具有优化能源结构、拓展蓝色经济空间的战略需求，是开发利用海洋和海岛、维护海洋权益、建设生态文明的重大战略需求。目前，我国海洋装备技术与发达国家仍具有明显差距，亟须发展适用于远洋、深海领域的海洋环境监测能力，实现全球海洋环境安全保障网络体系，保证海洋空间资源、海底矿产、海洋能源和海洋生物资源的勘查与开发，建设海洋重大工程，提升国家海洋工程技术能力。

二、工程目标

我国面临海洋工程技术成熟度不高、创新能力不强、产业链尚未形成、政策环境有待完善等问题。亟待提高海洋能装备技术成熟度和拓展工程化应用，实现海洋能装备从“能发电”向“稳定发电”的转变。加强海洋环境安全保障网络体系，保证船舶、探测等海洋工程的长期稳定运维，海底矿产、海洋能源和海洋生物资源的勘查与开发。形成多层次、宽领域、高水平的海洋能技术和产业合作态势，拓展海洋能应用领域，扩大工程示范规模，使海洋能开发利用水平步入国际先进行列。

三、工程任务

围绕可持续发展的海洋强国建设，提升我国的国际海洋地位及话语权、海底矿产和海洋生物资源的勘查与开发能力并将该能力覆盖到深海及远洋。具备自主海洋装备研发能力、增强海洋能源资源开发能力、建立海洋安全和战略利益的技术保障体系，实现我国向海洋强国的工程跨越。

1. 2030 年

海洋装备技术自主化，基本建成具有全球海洋环境智能监测能力以及经略海洋的全球海洋环境安全保障网络体系。大幅提升我国海洋开发装备的研制水平，成为行业技术引领者和标准制定者；掌握海洋开发装备的核心技术，为海洋勘查和开发等提供现代化高端装备。具备海洋快速覆盖，以及关键海区连续观测的立体监测及预警预报能力，建成保障国家安全和战略利益的技术体系，为我国走进海洋和建设海洋强国奠定基础。

2. 2040 年

海洋新能源的产业规模持续壮大，形成海洋能源产业经济体系，成为我国能源和经济供给的增长点，具备基本的“蓝色经济”产业规模。

建立海底矿产资源和天然气勘探开发技术应用示范，实现深海远洋及极地海洋生物资源的商业开发和利用，海水资源和海洋能综合利用技术达到世界先进水平，实现海洋资源的科学可持续发展。

四、实施效果

实现海洋装备技术基本自主化且达到国际先进水平，基本建成具有全球海洋环境监测能力和海洋经略能力的全球海洋环境安全保障网络体系，获得覆盖深海及远洋的海洋空间资源，以及海底矿产、海洋能源和海洋生物资源的勘查与开发能力。海水和海洋能资源综合利用基本形成产业化规模，海洋经济和产业规模大幅提升。培养出海洋工程领域创新人才及团队，实现以海洋能源材料带动海洋工程的发展模式，推动海洋强国的建设进程。

第三节　空 天 材 料

一、需求与必要性

随着中国空间站的全面建成，国家太空实验室已正式进入10—15年的运行阶段。中国航天史上规模最大、长期有人照料的空间实验平台，将利用太空中的环境优势展开科研。其中，问天实验舱、梦天实验舱、天和核心舱部署的多个实验柜，将开展上千项科学实验、孵化科技成果，将其转化为实实在在的应用。这为特种金属材料合成制备创造了新的历史机遇和发展平台。

围绕我国航空、航天等重要领域对高强韧、高服役温度部件结构材料的需求，基础零部件对耐高温、抗腐蚀和高韧性钢材的需求，以及有色金属、轻金属的高效提纯加工制备需求，充分利用空间环境所特有的“长时微重力、悬浮无容器、真空超洁净、熔体深过冷”条件，突破空间特种金属材料技术。

二、工程目标

利用中国空间站的“长时微重力”关键资源，开展材料制备变革性技术探索，实现材料的“特殊结构”与“特种性能”共生的目标。利用空间环境深过冷热力学亚稳态的优势，实现超快速晶体生长、均质/非均质合金的高效合成、表面形态设计和内部组织主动控制，有效实现空间科学、材料科学、制造科学、生命科学等学科的新兴交叉融合，聚焦空间环境与地面制造的共性的世界重大科学问题和对高端新材料的国家战略需求。

三、工程任务

1. 2030 年

以真空悬浮等空间环境合金制备过程控制及机制研究为主要目标，开展空间环境材料的物理化学性质和特种金属材料合成制备技术研究，并推动材料物理与化学、空间流体物理和空间生命科学等相关学科的融合发展。

2. 2040 年

突破特种金属材料的空间合成制备技术，并使其达到应用水平。全面探索并应用于飞行器的 1500℃高温合金、高超武器用 2000℃难熔合金、初生晶粒尺寸小于传统铸造 1/10 的均质合金的材料制备技术。有效实现空间科学、凝聚态物理、材料科学、制造科学、生命科学等学科的新兴交叉融合。

四、实施效果

特种金属材料在大飞机、先进战机、深海航行器、空天武器等领域形成高可靠技术与规模化应用。解决空间材料与制造领域的重大科学与技术问题，并支持空间流体物理和空间生命科学发展，推动我国空间材料科学技术事业占领国际主导地位。

第四节　生物质高分子材料

一、需求与必要性

随着化石燃料枯竭和环境问题以及由复合材料失效所带来的资源浪费问题日益严重，使用源自植物、动物和微生物的可再生或生物可降解的生物质材料，将其部分或全部替代石油衍生产品，对高分子材料可持续绿色发展尤为重要。依据国家战略转型和国民经济发展新思路，迫切需求高性能生物质高分子及其复合材料的可持续发展及应用。目前在高性能可回收生物质高分子材料领域，与发达国家相比，我国生物质提取技术和材料制备技术尚存差距。因此，应开展国内生物质单体的合成技术和生物质高分子材料的制备技术研究，突破生物质单体高成本、品种单一以及生物高分子材料的高性能化和复合材料的回收技术所面临的瓶颈问题，从而推动生物质高分子复合材料产业结构优化与升级，形成具有国际竞争力的生物质单体合成技术和高性能化/功能化生物质高分子复合材料研发和产业化能力。

二、工程目标

我国生物质提取技术和生物质复合材料的制备技术与国外相比存在较大的差距，这不仅制约了我国生物质高分子复合材料的发展，也无法满足我国国防军工和航空航天领域对高端高性能生物质复合材料的重大需求。因此，应重点研究生物质单体的合成和高性能化/多功能化生物质高分子复合材料的制备技术；突破低成本生物基高分子材料的制备和产业化的瓶颈。制备满足实际应用需求的生物质高分子材料及其复合材料。

三、工程任务

1. 2030 年

针对生物质单体高成本、品种单一等问题，以优化生物质单体的提取技术和规模化生产为主要目标，开发低成本生物质单体，制备万吨级以上产能规模的生物质单体和聚合物。开发 10 种以上新型生物质单体以及 10 种以上高性能生物基高分子材料，形成生物基塑料的 500 万 t 级生产规模。

2. 2040 年

针对生物质高分子复合材料制备技术存在的不足，建立生物质高分子材料数据库。开展从单体、聚合物到后端应用全链条研究。精细调控组织结构，探究力学性能、耐久性能、耐温性能、阻隔性能和降解回收性能等。开发 30 种以上新型生物质单体，以及 30 种以上高性能生物基高分子材料。全国形成 2000 万 t 级生物基塑料的生产规模。

四、实施效果

通过自主创新，建立符合我国生物质来源国情的生物质单体合成，以及高性能多功能生物质高分子材料制备技术，形成系列产品，全面满足国家可持续发展的需求，提升国际竞争力。建立健全生物质高分子材料数据库，开展从单体、聚合物到后端应用全链条研究。精细调控产品结构，提升产品降解回收材料性能。形成上百种生物质单体合成技术和规模化生产路线，开发共计不低于 60 种新型生物质单体和高性能生物树脂基及其复合材料。

第五节　材料大数据与人工智能

一、需求与必要性

大数据与人工智能领域的革命性进步，使得数据驱动成为科学研究的重要引擎。不同于天文、分子生物学等自然科学领域中人工智能驱动的科学研究（AI for science）典型应用场景，传统研发架构下的材料数据存在大量人为因素带来的主观性、团聚性、异构性，不利于AI的直接分析与建模。为此需要建立高通量、标准化的材料数据生产与汇聚基础设施，批量获取具有客观性、分散性、同构性的材料数据集群，深度结合机器学习、大模型、区块链、隐私计算等数据科学方法论，以AI驱动新材料与新工艺的发明发现，支撑高端元器件、高端零部件乃至高端装备制造业的升级换代与高质量发展。

二、工程目标

建立集理论计算、高通量实验、机器学习与大模型应用于一体的行业级材料人工智能研发平台集群，主要包括以下几方面。

（1）材料数据工厂平台：基于高通量制备、高效表征先进技术，应用无人实验室技术，机器学习建模、多目标自动寻优等手段，在功能材料、结构材料、新概念材料等领域建立若干材料数据工厂平台，实现材料基础数据、应用数据的高效产出，据此建立批量化的数据场景模型并具备持续运营服务能力。

（2）材料公网云计算平台：以国产第一性原理、分子动力学、相图热力学/动力学、有限元分析、流体分析等软件为核心，建立若干服务于金属、无机非金属、高分子复合材料等研发与应用的多尺度公网云计算平台，在材料设计、工艺模拟、服役表征等领域形成批量化计算场景模型，并具备持续运营服务能力。

（3）材料大模型服务平台：基于材料知识库、产品库、标准库、研发资源数据库等，训练形成Transformer架构下体系化、专业化、闭环化、可自学习进化的材料科学大模型，结合并调度前述计算平台、数据工厂平台及众多场景化小模型，向全行业提供材料全生命周期的知识服务、数据服务、计算服务、试验服务和咨询服务，并具备持续运营服务能力。

（4）材料数字化研发生态服务体系：结合以上平台的建设，同步建立基于用户需求的数据任务、计算任务征集体系与解决方案众筹体系；建立材料计算、工程仿真、高通量试验、材料大数据、材料大模型等领域的人才认证与培训体系，形成平台建设-科学研究-人才培养-用户服务一体化实施及运行能力。

三、工程任务

1. 2030 年

在功能材料、结构材料、新概念材料等领域建立 3—5 个典型的材料数据工厂平台，并具备模块化、标准化、可扩展等特征，形成不少于 300 个基础研究与工程领域的数据场景模型；建立 3—5 个多尺度公网云计算平台，形成不少于 1000 个材料设计、工艺模拟、服役表征等领域的计算场景模型。建立 1—2 个材料科学大模型平台，形成基于图文和语义交互的材料发现、装备选材、实验设计、材料计算、图谱解析、文献综述、解析化建模等不少于 10 项专业化应用；每个平台发布不少于 100 个材料计算与数据建模任务，征集不少于 300 个众筹解决方案，培养不少于 500 位数字化研发认证人才。

2. 2040 年

利用分布式计算、云端实验室、区块链数据共享与隐私建模、生成式人工智能等数字化、智能化手段，集成不少于 30 个材料数据工厂、计算平台、数据平台，组建 2—3 个国际领先的、去中心化的国家级材料大数据与人工智能研发中心。建立不少于 10 项国际标准，支撑形成不少于 100 项原创性、颠覆性材料、工艺技术。

四、实施效果

通过形成理论计算、大数据与人工智能一体化材料创新生态，带来材料研发范式的重大变革，具备国际领先的创新服务与应用能力，支撑新材料、高端元器件、高端零部件与高端制造业的快速迭代与超越。

第六节　生物医用材料

一、需求与必要性

我国人口正在快速老龄化，人们对自身健康关注度日益提高，生物医用材料是医疗器械和药物制剂发展的重要物质基石，在国民经济中占有重要地位。但是，我国所用的生物医用原材料，如各种医用金属和合金、高分子、无机非金属材料基本上都依赖进口，已经成为严重制约我国医疗器械和药物制剂发展的“卡脖子”问题。虽然近年来我国在生物医用材料领域基础研究方面取得了长足进步，但是原创性和系统性的研究成果较少，未能实现从基础研究优势向新型高端生物医用材料及制品的延伸。目前，我国生物医用材料产品中有80%为中、低端耗材，无法满足我国生物医药产业的发展与国民健康的重大需求（范德增，2020）。迫切需要加快生物医用材料的国产替代和自主创新，推动产业结构优化与升级，以促进我国生物医用材料行业的高质量发展。

二、工程目标

鉴于我国生物医用材料依赖进口，缺少原创以及自主知识产权，这严重制约了新型高端生物医用材料的发展，也无法满足我国生物医药产业的发展与国民健康的重大需求。应突破依赖进口的生物医用原材料的规模化生产和加工成形关键技术，研发一批高仿生、智能响应性先进生物医用材料并进入临床应用，支撑我国生物医药产业快速发展，满足国民健康重大需求，提升国际竞争力。

三、工程任务

面向骨科、神经外科、皮肤、血管等组织再生修复领域，生物活性物质控释等临床需求，着力突破医用聚乳酸类材料、聚氨酯、超高分子量聚乙烯、环状聚烯烃、聚四氟乙烯、尼龙和尼龙弹性体、氮化硅陶瓷、氧化锆/氧化铝陶瓷、镁基/铁基/锌基可降解金属、药用合成磷脂、药用聚氨基酸、高仿生和生物智能材料等生物医用材料的制备工程化及产业化关键技术。实现高端应用生物医用材料的自主供给，保障医疗器械和药物制剂产业和国民健康的重大需求。开展前沿基础研究，提出新理论，研发新材料，获得一批生物医用新材料与应用的原创性成果，引领未来生物医用材料领域发展。

1. 2030 年

面向骨科用医疗器械的临床需求，突破超高分子量聚乙烯、氮化硅陶瓷、氧化锆/氧化铝陶瓷等材料的工程化及产业化关键技术。针对神经外科、皮肤、血管组织再生修复用等应用领域中存在的关键科学与技术问题，突破聚乳酸类材料、聚氨酯、环状聚烯烃、聚四氟乙烯、尼龙和尼龙弹性体、镁基/铁基/锌基可降解金属等材料的批量制备技术。

2. 2040 年

面向难治愈疾病（肿瘤、糖尿病、老年性痴呆、先天性基因缺陷等）和传染病防治等临床需求，突破合成磷脂、聚氨基酸等生物活性物质控释载体的产业化制备技术。针对组织再生修复和肿瘤等重大疾病的分子诊断对生物医用材料的重大需求，突破仿生和智能化生物医用材料的关键制备技术，仿造生物在环境中的应变特性，攻克在体内复杂环境和微小变化下具有快速响应功能的生物智能材料的构建技术，探索出材料新体系和新结构。

四、实施效果

到 2040 年，我国在生物医用材料领域的核心竞争力和自主创新能力明显增强，达到世界先进水平，实现完全自给，若干生物医用材料进入全球市场。实现仿生和智能化生物医用材料的关键核心技术及知识产权的自主可控。培养出生物医用材料创新人才及创新团队，建立全球领先的技术创新体系和产业体系；我国生物医用材料领域的创新能力大幅提升，部分优势方向形成全球创新引领能力。

第七节　高温合金材料

一、需求与必要性

极端环境合金材料是一类在空天海核等极端环境下安全使用的新兴材料，要求材料在热、力、声、光、电磁等物理场与氧化、腐蚀等化学场耦合下具有高承温、抗辐照、高比强、抗腐蚀等性能优势。典型代表是航空发动机热端部件材料、空间/超声速飞行器承温承力结构材料、海洋勘探用高强耐蚀结构材料、核电站核岛抗辐照承压耐热材料等，这类材料是航空航天、地面燃气轮机、舰船、核电等能源、兵器、油气与海洋资源开采、石化等领域不可或缺的关键结构材料，具有极高的战略地位。相关材料技术是近期国际贸易摩擦和技术封锁的重要对象。

经过半个多世纪的发展，我国极端环境合金材料研发体系基本建成，保障了我国航空发动机、战略导弹、海洋勘探设备、核电站核岛等高端装备的顺利研制，为国防建设和国民经济发展做出了特殊贡献。但是，国内极端环境合金材料的技术与发达国家相比发展仍然存在明显差距，合金研发主要为跟踪仿制，缺少高端品种和前沿技术；产业规模较小、牌号杂乱，产量相对批量生产需求有明显缺口；合金精细化控制水平较低，批量生产的质量稳定性和经济性仍需提高。亟待通过极端环境合金材料重大工程的实施，加快极端环境合金材料领域的科研创新、技术攻关和应用验证，突破技术壁垒，促进极端环境合金产业高质量发展，实现国产替代进口及主干材料自主研发，极大推动我国经济发展和国防建设。

二、工程目标

针对国内极端环境合金存在的部分先进材料和特种型材严重依赖进口、质量稳定性差、先进材料技术成熟度低、成本高等问题，发展空天海核用极端环境合金材料与产品，突破高端极端环境合金体系化研发、高品质高效制备、应用验证与维护保障等关键技术，极端环境合金材料原始创新能力全面增强，关键核心技术自主可控，主干与高端极端环境合金产品稳定供应，实现国产替代进口，形成极端环境合金自主保障能力，支撑我国由航空、能源及机械等制造大国迈向制造强国。

三、工程任务

发展航空用高代次单晶和粉末高温合金、750℃以上难变形高温合金、轻质金属间化合物等新型合金，航天用先进耐烧损合金、高强度板材合金、高比强主承力框架材料，船舶与海工用高强耐蚀特种钢，与核电用抗辐照合金、高温承压合金等极端环境合金材料，突破主干极端环境合金[①]工程化应用与"一材多用"、高性能低成本极端环境合金材料研发、极端环境合金规模化生产与应用考核验证等关键技术。

1. 2030 年

发展航空发动机用复杂冷却单晶叶片材料、航天用超高强度板材合金技术、主干极端环境合金"一材多用"、船舶与海工用高强耐蚀特种钢等材料技术，突破关键生产及检测设备国产化技术。空天海核用增材制造合金、高熵合金及金属间化合物合金等新型材料实现系列化生产，主干极端环境合金产量比例提升至60%以上，航空航天用极端环境合金满足型号研制批产需求，形成关键极端环境合金自主保障能力和高端品种、前沿技术的自主创新能力。

① 极端环境合金分为主干极端环境合金和先进极端环境合金两大类。主干极端环境合金以镍基、钴基、铁基体系为主，通过固溶强化、沉淀硬化等机制提升高温性能。

2. 2040 年

发展航空发动机用第四代粉末盘和复杂冷却单晶叶片工程化技术、H 级燃气轮机用超大尺寸盘件及叶片技术、航天用超高强度板材合金工程化技术、船舶与海工用高强耐蚀特种钢大规模生产技术、核电用低成本抗辐照合金、高温承压合金材料更新换代技术、极端环境合金先进组部件应用验证体系与维修保障技术，建立我国极端环境合金材料体系，国产化率达到 90%以上，完成先进极端环境合金的自主设计开发以及标准体系和数据库建设。

四、实施效果

至 2040 年，建立极端环境合金材料与制造技术体系，形成自立自强创新能力与自主保障能力，极端环境合金国产化率达到 90%以上，国产极端环境合金性能和质量整体达到世界强国水平，满足航空、航天、核工业、能源动力、交通运输、石油化工、冶金等领域对极端环境合金材料的需求，为国产远程宽体客机航空发动机、400 MW 级以上重型地面燃气轮机、海洋油气资源开发装备、新一代先进安全型核电站核岛设施等战略性重大核心装备的持续发展提供材料支撑；培育极端环境合金材料与产业创新人才和创新团队，逐步建成完备的极端环境合金“国家队”；整合优势资源，重构产业链，完成国产替代进口，大幅降低国外依赖度，促进极端环境合金产业差异化竞争与“巧、精、尖”高品质发展，保障我国国家安全，支撑经济社会发展。

第八节　稀土新材料

一、需求与必要性

我国是稀土资源大国，稀土储量和产量均为世界第一。经过几十年的不懈努力，我国目前是全球最大的稀土材料生产国，占全球产量的

60%以上（中国工程院化工、冶金与材料工程学部和中国材料研究学会，2024a），尽管在基础理论、关键制备技术研发与应用方面取得了一系列重大成果，提升了我国在稀土材料领域的国际竞争力，但是我国先进材料的基础研究起步较晚，原创性、系统性和前瞻性的研究成果较少，缺乏自主知识产权与核心制造技术，未能形成从冶炼提纯优势向高技术材料与尖端器件延伸的完整产业链。我国生产的稀土永磁、催化、发光、陶瓷、合金等高端材料与发达国家相比，产品质量尚有差距，核心制造技术为发达国家所垄断，导致稀土新材料的应用市场陷入低端混战、高端受制于人的局面，无法满足我国高新技术产业的发展与国防军工的重大需求。亟待通过加快稀土功能材料领域的技术创新，推动稀土产业结构优化与升级，以促进我国稀土行业的高质量发展。

二、工程目标

鉴于我国在稀土新材料方面缺少原创技术以及自主知识产权，这不仅制约了我国高端性稀土材料的发展，也无法满足我国高新技术产业与国防军工的重大需求。须着力发展稀土磁性、稀土发光、稀土催化、稀土晶体功能、稀土合金、高纯稀土等先进材料的制备技术及相关设备，形成具有自主知识产权的高性能稀土材料战略性产业，满足国民经济和国家战略需求，大幅提升稀土材料领域创新能力，逐步实现我国由稀土生产大国迈向稀土强国的目标，提升国际竞争力。

三、工程任务

紧密结合国家战略，结合未来智能机器人、智慧城市、固体激光器、环境治理等应用场景，重点开展工程化及产业化关键技术研究，着力突破超高纯稀土批量制备技术、新型紫光激发的全光谱 LED 照明、超高色域液晶显示（liquid crystal display，LCD）背光源和近红外 LED 的荧光粉合成工艺、环境治理用稀土催化材料关键制备技术、先进稀土功能晶体及其产业化制备技术等；通过全产业链同步创新，推进先进成果的推广实施，保障战略性新兴产业、国防军工、智能制造等重大战略需求的先进材料的有效供给，最终实现高端应用稀土功能材料的自主供给；开展前沿基础理论和实验研究，通过科学问题的深入探究，提出新理论，发现新材料，获得一批稀土新材料与应用的原创性成果；实现我国从稀土大国向稀土强国的战略性转变，引领未来稀土科技与产业的发展。

1. 2030年

面向芯片、激光器、发光及显示等电子信息器件应用需求，开发镱、钇、镥、铒、钪等稀土的分离提纯新方法、新工艺，突破低成本超低放射性稀土（纯度＞99.999%）批量制备技术；针对高端照明、信息显示、信息探测等应用领域中存在的关键科学与技术问题，突破新型紫光激发的全光谱LED照明、超高色域LCD背光源和近红外LED的荧光粉关键制备技术；面向国家对环境治理和轻稀土高值化利用的重大需求，开发环境治理用稀土催化材料关键制备技术，并实现大规模推广应用，缓解并解决我国稀土消费失衡问题。

2. 2040年

面向国防军工、尖端科学装置、医疗、探测、安全检查等领域对稀土晶体材料的重大需求，突破先进稀土功能晶体及其产业化制备技术；针对未来智能社会对更高磁性能永磁材料的期待和新技术装备对永磁材料功能多样性的要求，重点开发出高综合性能烧结钕铁硼永磁材料的制备技术，揭示重稀土元素的晶界扩散机理，攻克高丰度稀土（La、Ce等）在永磁材料中的平衡利用技术，并针对第四代稀土永磁材料高磁能积和高矫顽力的关键性能指标，探索出材料新体系和新结构。

四、实施效果

至2040年，稀土永磁材料、催化材料、发光材料等制备技术达到国际先进水平，实现完全自给，国防应用的光功能晶体、超纯稀土等自给率大于95%，实现稀土磁性材料及其制造装备的关键核心技术和知识产权的自主可控；中国自主制定的标准在国际标准中的占比达到30%以上，拥有高端材料标准制定中的话语权；培养出稀土功能材料创新人才及创新团队，实现以稀土功能材料带动新应用的新发展模式，建立全球领先的技术创新体系和产业体系，为原创技术提供可靠的平台；稀土新材料领域的整体创新水平达到世界先进水平，在稀土功能材料领域取得重大突破，创新能力大幅提升，整体竞争力明显加强，部分优势方向形成全球创新引领能力，全面建成世界稀土功能材料强国。

第九节　集成电路材料

一、需求与必要性

晶体管是现代信息技术的基石。当代主流的数字用晶体管来自硅基互补金属氧化物半导体（complementary metal oxide semiconductor，CMOS）技术，射频用晶体管则主要是基于Ⅲ-Ⅴ化合物半导体技术。相对于传统晶体管，碳基电子器件具有明显的速度和功耗方面的优势，在数字和射频电路领域均具有潜在应用价值，随着近期在其材料和器件加工技术方面的突破性进展，碳基电子器件技术有可能部分取代传统半导体器件技术，在一些特殊领域产生应用价值。碳基集成电路技术的发展有望产生全新的芯片技术和新的产业链。针对我国在半导体芯片方面缺乏自主知识产权、技术落后、比较依赖进口等问题，发展具有完全自主知识产权的新型碳基芯片技术，有利于加强我国信息安全基础。碳基集成电路技术有望在采用比硅基落后3代的工艺的基础上制备出性能完全相当的芯片，降低先进节点集成电路对最新工艺设备的依赖。碳基集成电路技术的发展有利于扭转我国在集成电路技术上被“卡脖子”的局面。我国在碳基材料和器件制备领域掌握了核心技术，相对于美国等西方国家，具有较大优势来面向未来产业，以推进产业和器件转型升级。

二、工程目标

利用半导体碳纳米管材料独特的性能优势，构建性能更高、功耗更低的信息处理芯片，更为灵敏、形态更为丰富的传感器，更高密度、更长保持时间的存储器，以及工作频段更高、速度更快的通信芯片，并实现这些功能芯片的片上三维集成，构建出性能高出目前通用芯片上百倍的新型信息处理系统。碳基集成电路技术已经开始从实验室原始研究走向工程化、产业化阶段，需要从国家战略层面引导和组织，全面布局，重点攻关，推动其实用化发展。结合传统集成电路的加工、设计平台和技术，以及组织管理经验，率先取得突破，产生全新的芯片技术和新的产业链。

三、工程任务

1. 2030年

在12 in[①]基底上，制备半导体碳纳米管阵列晶圆，完成碳基28 nm中试工艺（相当于硅基7 nm技术），制造千万栅级（上亿晶体管）超大规模碳基集成电路，开发碳基三维单片集成电路技术，碳基芯片开始具有市场竞争力，逐步应用于传感、射频和抗辐照逻辑芯片领域。

2. 2040年

实现碳基7 nm工艺（性能超越硅基2/1 nm技术），形成完整的碳基电子产业生态，碳基芯片应用于主流高性能逻辑芯片领域，碳基电子技术完成对传统半导体技术的全面超越。

四、实施效果

至2040年，基于我国自主研发的成套技术和自主可控供应链，打造形成涵盖原始创新、工程开发、成果转化、产业生态的完整、可持续

① 1 in=2.54 cm。

发展的碳基集成电路创新和产业生态链，推动碳芯片进入 14—7 nm 技术节点，建设 12 in 产品验证线，年产量达到 2 万片，集成规模达到百亿门级，在高性能计算、人工智能等主流高性能芯片领域实现应用。碳基技术广泛应用于柔性可穿戴电子芯片、抗辐照电路、先进传感器等领域，并进入主流 CMOS 集成电路市场，每年产生数千亿的产值。

第十节　功能化环境工程材料

一、需求与必要性

美丽中国是建成社会主义现代化强国的目标之一，坚持人与自然和谐发展是中国特色社会主义的基本方略，绿色是永续发展的必要条件和人民对美好生活追求的重要体现。要推进美丽中国建设必须深入推进环境污染防治，坚持精准治污、科学治污、依法治污，健全现代环境治理体系，打好蓝天、碧水、净土持续保卫战，实现减污降碳协同能力显著提升，助力实现碳达峰目标，进一步提高水、土壤、固废等污染防治领域协同治理水平，协同推进大气污染防治重点区域碳达峰与空气质量改善。作为国家战略性新兴产业，新材料产业炙手可热。高性能环境功能材料也随之成为先进材料产业领域最受关注的对象之一。环境新材料为解决环境污染防治技术难题提供了新的途径。尤其是，当前环境中新污染物不断检出，将其高效去除成为目前环境修复和生态可持续发展面临的技术难题。以污水处理为例，活性污泥生物处理技术、活性炭吸附技术、混凝沉淀工艺等传统污水处理工艺更侧重于氮磷、重金属等常规污染物去除，而在去除痕量级新污染物方面效果不佳，很难满足日益严格的污水排放要求或水回用要求。为高效去除新污染物，必须将传统处理技术与深度处理技术相结合。目前，高级氧化技术和膜过滤技术被认为是最主要的深度处理技术，而这两项技术的实现均离不开高性能环境功能材料的使用。

高性能环境功能材料既可在传统环境修复、污染物去除工艺中发挥重要作用，也能促成新技术、新工艺和新装备的研发与应用，并在减污降碳协同增效进程中发挥突出作用。

二、工程目标

立足生态环境污染问题和资源-环境协调性，实现高性能环境材料定向开发和精准调控，推进其环境净化应用，解析材料-污染界面作用机制。实现高性能环境功能材料产业高度国产化和自主可控，并具备世界先进水平和国际市场竞争力。

三、工程任务

我国高性能环境功能材料的研发应向前瞻性、战略性、全局性和系统性的方向发展，整合集成高性能环境功能材料研究的现有成果，结合我国国民经济发展和生态环境需求，立足环境问题的解决，推进理论研究和应用推广，关注材料的环境影响与健康效应。

1. 2030年

针对特异性环境污染物，进行高效环境污染净化材料的定向设计和可控制备，通过材料组成和结构的调控，实现污染物的高效、选择性去除。针对水、土、气等环境介质，实现原位功能材料的规模化制备和配套技术；构建高效环境污染净化材料的构效关系，揭示环境材料-污染物之间界面作用，研制环境污染净化材料的低成本、宏量生产工艺，实现高度国产化和自主可控的去污资源化利用，推动减污降碳协同增效过程。

开发系列具有吸附、环境响应及生物相容性的高性能膜分离材料，适用于水中低浓度挥发性有机物分离的分子筛膜材料，以及高性能气体净化膜材料。系统建立分子筛膜材料结构设计方法，突破膜材料成形、制备工艺和分离机制等关键技术。揭示材料结构、成膜过程机理与分离性能的调控规律，增加分离膜材料调控维度。借助高性能膜分离材料，深入推进环境污染防治，实现精准治污、科学治污，助力党的二十大报告中擘画的：到2035年，“美丽中国目标基本实现”（习近平，2022）。

2. 2040年

评估环境材料对环境和生态的影响机制，以及使用后的次生环境风险，阐明环境材料的安全性；探清环境材料的生物毒性效应及对人体健康的影响；建立环境纳米材料毒理学和生态毒性的评价体系和标准。开发生物可降解环境功能材料的合成及提取技术，提高生物可降解环境功能材料的生产效率及产品质量；开展以农业废料为发酵原料生产环境材料，以及在复杂环境中服役性能和结构性能演变规律的研究，从而实现有效调控“材料-微生物-环境”耦合机制。

四、实施效果

重点在于高效环境污染净化材料、水处理膜/气体净化膜材料、低温催化材料和生物可降解环境功能材料合成等方面，以实现规模化生产和应用技术研究。依托重大项目打造若干具有全球影响力的环境功能材料产业集群，形成高性能环境功能材料产业新体系。实现可满足气-水-土壤污染控制和可持续发展所需分离及净化材料的产业化，且国产材料达到国际先进水平，以逐步替代进口。实现低成本可控降解材料在环境修复、农业生产等领域的大规模应用，服役后不造成二次污染。重点推进环境功能材料-污染物界面作用机制的基础研究支持，提倡进行材料环境行为和环境毒性的研究，以此建立材料生态毒性和安全性的评价标准体系，服务国家对人工材料的管控。

第十六章　先进材料领域重大工程科技项目建议

重大工程科技项目主要指由多个具有前瞻性、先导性和探索性的关键核心技术组成，支撑未来重大工程突破和新兴产业发展的重大科技攻关项目。重大工程科技项目应满足我国经济社会发展对工程科技的重大需求，对国家建设和发展具有全局性或关键性影响，对提升我国关键领域技术水平和自主创新能力、促进我国科技长远发展具有重要意义，并需要从国家层面给予支持。材料领域重大工程科技项目如下。

第一节　智能芯片自供电

一、应用目标

利用压电材料采集环境中的振动能，将其转化为电能，经进一步调制与储存，实现为低功耗电子器件供电的目的，特别是为物联网中微型传感器实现自供电，从而免除更换电池的操作，驱动微纳电子器件独立、持久、免维护运行，为智能物联网的实际应用提供能源支持，扩展以低功耗、广覆盖为代表的蜂窝无线通信技术应用场景，扩大智慧城市、智能家居和智慧工业等垂直行业应用规模，促进物联网产业呈现健康有序发展的态势。物联网在工业制造、仓储物流、智慧农业、智慧医疗等领域的不断深化应用，将推动设备联网数据采集，提升生产效率；物联网在能源表计、消防烟感、公共设施管理、环保监测等领域的应用，将提高公共服务能力和应对突发事件的能力；物联网在智能家居、可穿戴设备、儿童及老人照看等领域的应用，将不断惠及民生，提升民众生活幸福感。

二、工程技术目标

本工程拟建立非线性压电阵列结构机械模型与等效电路模型，通过仿真模拟获得器件非线性特性对系统输出功率的影响；针对不同输入源的低功耗最大功率点追踪技术，使其在保证动态追踪性能的基础上，缩短追踪时间，实现大范围高效动态输出功率，同时减少稳态振荡对输出结果的影响，适应快速变化的多源输入环境；设计基于电感电容的混合同步开关能量采集电路，在大幅减小器件尺寸的同时，实现与传统电感同步电路一样的高电压翻转效率。

三、主要任务、技术途径与可行性分析

为实现太阳能和压电能量共同采集，大幅增加智能物联网中电池寿命，本工程拟从以下三方面开展研究：一是低阈值下自启动压电能量采集器阵列架构，二是超低功耗多源能量共同采集互惠技术，三是高功率动态范围、高能效片上接口电路设计。其中，任务一针对器件线性电路模型提出一种基于电信号测量的模型参数提取方法，提高模型参数提取精度并降低参数提取实验所需仪器复杂度；在纯线性机械模型基础上，对压电能量采集器的非线性阵列架构进行电路建模，探索器件的非线性特性对宽带能量收集的影响；另外，根据不同电压输入，设计对应的自启动模块，实现超低输入电压情况下的压电阵列架构自启动技术，为完成后续任务奠定理论基础。任务二结合第一性原理计算，选择制造光电二极管的材料，利用标准 CMOS 工艺，集成光电二极管以采集太阳能；提出适用于多源能量收集系统的控制策略，采用迟滞比较器及自适应异步时钟，根据不同输入源或负载电压设置不同的滞回区间，降低系统内部功耗；根据压电能量采集和太阳能采集，分别优化低功耗最大功率点追踪技术，使其在保证动态追踪性能的基础上，缩短追踪时间，实现大

范围高效动态输出功率。任务三结合电感同步开关和电容同步开关，设计基于电感电容的混合同步开关能量采集电路，以减小器件尺寸且提高电压翻转效率，实现输入端交流电到直流电的转换；输出端采用不同电路，分别设计其时钟、比较器以及频率和脉宽调制配置，获得四种典型输出；分析不同负载条件下器件参数对系统整流电压和输出响应的影响，实现对前两个任务的协同优化。

第二节　锂离子电池回收

面向新能源汽车、储能系统、电子产品等多个重点领域的应用需求，重点研发高效、环保的回收工艺及分析方法，以实现锂离子电池的高效回收。致力于开发锂电关键材料的高效、环保回收技术，旨在通过技术创新实现材料的高效回收与再利用，并评估其再生应用的性能与环境影响。减少对原生资源的依赖，降低生产成本，促进循环经济的发展，实现经济价值与环保效益的双重提升，对推动新能源产业的可持续发展及实现“双碳”目标具有重要意义。

一、应用目标

鉴于我国新能源汽车产业的蓬勃发展，动力电池的需求量急剧增长，但退役动力电池的回收利用体系尚显薄弱，且部分关键技术尚与国际先进水平存在差距。同时，锂离子电池的回收处理过程不仅面临严峻的环保挑战，还承载着资源循环利用的迫切需求。应研发高效环保的锂离子电池回收技术，实现锂离子电池全系列型号的高效回收与再利用。通过突破锂离子电池回收领域的技术瓶颈，支撑新能源汽车及储能产业的可持续发展需求。构建具有中国特色的锂离子电池回收产品系列，并开发新型回收技术及设备，以期在国际锂离子电池回收技术领域发挥引领作用。

二、工程技术目标

研发新一代高效且环保的锂离子电池回收技术，研制核心回收设备与先进工艺，推动我国锂离子电池回收产业实现从大到强的跨越式发展，力争在部分技术领域达到或超越世界先进水平。通过创新回收技术与工艺，显著提升锂离子电池关键材料的回收率与再生品质，减少对原生资源的过度依赖，实现减污降碳的协同增效，为构建绿色、低碳、循环的经济发展模式奠定坚实基础。

三、主要任务、技术途径与可行性分析

主要任务：研发高效且环保的锂离子电池回收设备，实现规模化、稳定化处理，降低回收成本，并推动其在各大工程领域的广泛应用；深入研究并开发基于物理、化学及生物技术的综合回收工艺，提升回收效率与资源利用率，实现关键材料的高效分离与提纯；建立健全回收材料的性能评价体系，为材料应用提供科学依据；建立产业技术创新体系，推动新能源汽车、储能系统、电子产品等领域的可持续发展。

技术途径与可行性分析：深入研究锂离子电池的结构、材料及回收机理，突破锂离子电池回收过程中的关键技术难题，如电池筛选拆解、有价金属提取、电解液处理等；利用先进的分离技术，如超声波辅助分离、溶剂萃取等，提升回收效率和资源利用率。结合先进的物理法、化学法和生物法等多种回收技术，形成具有自主知识产权的锂离子电池回收技术体系。结合大数据分析与机器学习，建立材料性能预测模型，指导工艺优化。最终获得高效绿色的锂离子电池回收技术和设备。

第三节　新型有序多孔环境功能材料宏量生产及性能评价

有序多孔材料由于具有特殊的周期性结构、高比表面积、高吸附性、

可组装性、高孔隙率等特性，已经在催化、生物、电化学、气体吸附、色谱分离、传感器等领域显示出广泛的应用前景。根据孔径大小可以将有序多孔材料分为微孔材料（<2 nm）、介孔材料（2—50 nm）和大孔材料（>50 nm）。它们的共同特征是具有规则而均匀的孔道结构，其中包括孔道与窗口的尺寸和形状、孔道的维数、孔道的走向、孔壁的组成与性质等。在遵循"材料设计与开发—材料性能表征—材料环境应用—材料环境影响"全链条思路的前提下，开发具有环境净化、修复功能、环境协调性的友好型新型有序多孔环境功能材料。基于材料的物化性能，推进其在环境污染净化和修复领域的应用，解析材料与污染物界面作用机制，探究材料的环境行为与毒理学特性，为高效、安全地开发和使用新型有序多孔环境功能材料提供科学依据。

一、应用目标

新型有序多孔环境功能材料，用于化学、材料和环境等领域的减污降碳协同增效过程，从而积极稳妥推进"双碳"目标的实现，促进经济社会发展的全面绿色转型。以金属有机骨架为代表的新型有序多孔材料，由于具有超大的比表面积、规整可调的孔道、密集的活性位点等特点，在气体吸附分离、能源气体储存、二氧化碳捕捉及转化、催化（含光催化）、传感、生物医药、水捕捉、环境修复领域均表现出优异的性能。但是，金属有机骨架等新型有序多孔材料合成工艺复杂、单次产量低，导致成本高昂，极大地限制了其实用性。为此，极有必要攻克系列金属有机骨架等新型有序多孔材料的宏量生产技术和工艺，并且做好相应的知识产权保护，在这一类先进材料领域形成生产优势。

二、工程技术目标

研发多序列金属有机骨架等新型有序多孔材料的公斤级以上规模的生产工艺及生产装备。将金属有机骨架等有序多孔材料低成本、宏量生产后，批量化制作空气净化器滤芯、荧光传感器、成形催化剂、成形吸附填料，使其在减污降碳领域发挥应有的作用。建立完整的金属有机骨架等有序多孔材料的性能评价体系。

三、主要任务、技术途径与可行性分析

主要任务：研发利用工业级原料实现生产公斤级以上规模的多序列金属有机骨架等新型有序多孔材料的生产工艺，并研制相应的生产装备；建立完整的金属有机骨架等有序多孔材料的性能评价体系。

技术途径：根据机器学习，选定多序列新型有序多孔材料宏量生产的工艺路线；研发对应的合成装置和工艺，优化宏量合成的工艺参数。

可行性分析：目前国内研究机构已经采用电化学法、微波法、机械化学法等技术实现了个别金属有机骨架等新型有序多孔材料的宏量生产，表明宏量生产具有可行性。需要政产学研金协同联动，专门研发多序列金属有机骨架等新型有序多孔材料的宏量生产工艺和设备，形成成套设备和工艺，在此领域形成生产优势，避免后续“卡脖子”问题的出现。

第四节　重大装备关键结构材料

一、应用目标

先进结构材料具有一系列优异的综合性能，在航空航天、先进核能等高端装备中具有不可替代的地位和作用，是决定国家未来核心竞争力的战略性材料。当前，我国先进结构材料已具有良好的研究基础，处于从跟踪仿制进入自主创新的关键阶段，在部分领域已居于国际先进水平，开展先进结构材料的重大工程科技攻关，对促进国民经济可持续发展和国防现代化建设具有重要意义。

二、工程技术目标

突破新一代超轻型半刚性光学部件材料的工程化制造关键技术，实现4—8 m级超轻型天基光学部件的研制与工程应用；突破新型透明装甲材料的工程化制造关键技术，实现高防护系数轻质透明装甲部件的研制与工程应用；突破新型耐高温、耐腐蚀、抗中子辐照材料的工程化制造关键技术，实现核能系统用大尺寸复杂结构部件的研制与工程应用；突破光刻机与半导体生产装备关键陶瓷部件与高端耗材批量制造技术，实现我国半导体芯片装备关键部件与耗材的自主供给；全面满足国家重大工程需求。

三、主要任务、技术途径与可行性分析

面向空间遥感成像光学系统、X射线自由电子激光装置、先进核反应堆、高速飞行器、半导体产业等装备发展的重大需求，开展空间轻量化光学反射材料、抗中子辐照材料、透明装甲材料、光刻机与半导体生产装备关键陶瓷部件与高端耗材等先进材料的制备工艺与工程应用研究，重点突破组分与结构设计、复杂结构成形、致密化烧结、精密加工、集成装配、服役性能评价与工程应用等关键技术，实现先进材料和核心装备的自主研制，促进我国先进结构材料整体进入国际先进行列。

第五节　空间站特种合金制备

一、应用目标

在空间材料科学技术领域，其发展态势更为迅猛，启动空间站特种合金合成制备重大工程正当其时，为我国先进材料实现超前布局，从而促进我国空间材料科学技术事业占领国际主导地位，帮助人类和平利用太空资源、拓展新的生活生存空间。

二、工程技术目标

基于空间环境合金材料的结构、性能和制备特点以及太空环境的特殊性（包括宇宙射线和高能辐射粒子、低温、微重力、高真空等），明确真空悬浮等制备过程控制及机制，分析特种金属材料在空间环境下应用的具体优势，通过空间微重力环境，突破和拓展特种金属材料的空间合成制备技术，探索出飞行器用高温合金、高超武器用难熔合金、初生晶粒尺寸的均质合金等材料技术。

三、主要任务、技术途径与可行性分析

中国空间站是我国覆盖空间科学相关学科领域最全、在轨支撑能力最强、兼备有人参与和上下行运输等，具有众多独特优势的国家太空实验室，在轨部署了国际一流的科学研究与技术试验设施，具备大规模开展空间科学研究的能力。空间微重力物理、空间新技术与应用等方面研究，可实现深过冷动力学的亚稳态过程，实现超快速晶体生长及合成过程。将材料、制造与空间环境相结合，发展系统化重大科技基础设施，将对空间材料与制造领域的重大科学问题的解决和国家重大工程的技术创新作出贡献，并对空间流体物理和空间生命科学等相关学科建设起到积极的支撑作用。

第六节　高性能高分子复合材料制备

面向航空航天、汽车、轨道交通、新能源等多个重点领域应用需求，重点研发多功能、结构功能一体化的高性能高分子复合材料制备工艺及分析方法，实现高性能高分子复合材料的批量稳定制备，跻身高性能高分子材料强国。

一、应用目标

目前，我国高性能高分子复合材料的发展虽已取得实质性进展，但我国相关产品研发和产业发展方向多是对标国外已有产品，以跟踪仿制为主，产品的进口依赖程度较高，产业化进程缓慢，部分领域严重滞后于世界材料强国的发展速度。高性能纤维增强体、树脂基体以及复合材料制备的产业化进程相对缓慢，部分领域与世界材料强国相比尚有一定差距。研发高性能、多功能、结构功能一体化的高性能先进复合材料，实现高性能复合材料全系列型号产品的国产化，质量价格具备国际竞争力。突破高性能和多功能复合材料研发和应用面临的瓶颈问题，满足军工及国民经济发展需求。形成中国特色的复合材料产品系列，开发新型复合材料及碳纤维和复合填料的制备新技术。在高性能树脂基体合成、复合材料制备和应用技术方面引领国际发展。

二、工程技术目标

围绕以航天强国、航空强国、海洋强国为主要途径的强国策略，研发新一代高性能、多功能、结构功能一体化的高性能先进复合材料，并应用于战略导弹、新型装甲及船舶、大型飞机、新一代战机以及卫星领域。研制关键复合材料和结构制件，助力于国家重大战略实施和重点领域安全能力建设。实施材料制造技术改造升级工程，开发新一代绿色环保可持续的高性能高分子复合材料，加快我国先进高分子复合材料产业由大变强，部分材料领域实现与世界先进水平并行或领先。

三、主要任务、技术途径与可行性分析

主要任务：开发高端性能碳纤维产品，实现千吨级规模化稳定生产，且成本价格相当，并成熟应用于各大工程领域；开发新型高性能纤维复合材料树脂基体；建立高性能树脂基复合材料产业技术创新体系，打造生物制造、商业航天、低空经济等新增长引擎；开发满足特殊需求的多

功能复合材料及其制备新技术。

技术途径与可行性分析：本项目技术途径通过对树脂基体的结构及合成技术，以及高分子复合材料多功能化机理进行研究，为项目实施提供理论依据和方法支撑；突破复合材料结构控制和功能化制备方法，提升多功能复合高分子材料的性能；最终获得高性能高分子复合材料，保障研究计划的顺利实施。

第七节　高性能功能化生物质高分子合成

为解决塑料制品的废弃和回收所造成的资源浪费和环境污染问题，开辟高分子材料转向可持续发展道路。面向电子信息、生命健康、高端装备、新能源等战略性新兴产业领域应用需求，重点开发生物基高分子单体、高性能生物基聚合物和可降解生物质聚合物制备的新方法、新工艺，实现生物质单体和生物基高分子材料的批量稳定制备，满足国家重大战略需求。

一、应用目标

高性能、可降解生物质高分子材料的发展是关乎民生、国防的重点材料，欧盟、美国、日本等国家和地区早已将其列为高技术产业的重点战略目标。目前，与国外相比，国内生物质单体产品单一、产能低，高性能生物质聚合物几乎被国外垄断，亟待从生物质单体、高性能生物质聚合物、可降解生物质聚合物方面开展基础研究，开发满足国家战略需求的高性能功能化生物质高分子，促进我国高性能生物质高分子设计制备进入国际领先行列。

二、工程技术目标

基于生成式大模型等人工智能范式，建立生物质高分子材料全数据库，探究从单体、聚合物到后端应用的全链条过程。精细调控产品组分结构，提升材料的耐热性能、力学性能、阻隔性能和降解回收性能等。形成上百种生物质单体合成技术和规模化生产路线，开发高性能生物质单体、生物高分子树脂及其复合材料。

三、主要任务、技术途径与可行性分析

主要任务：围绕制约生物质高分子材料产业化、规模化、批量稳定化的瓶颈问题，重点攻关生物质单体的制备技术，实现万吨及以上产能规模的多种生物质单体的制备能力。突破高性能生物质高分子材料的制备技术，满足生物质高分子材料在国家轨道交通、汽车、航空航天、包装、可穿戴制品等领域应用的迫切需求。深入开展生物质高分子材料功能化技术研究，满足生物高分子材料在电子信息、新能源、环保等领域应用的迫切需求。

技术途径与可行性分析：本项目拟从生物质单体的提取技术、生物质材料的合成工艺技术、生物基高分子材料的结构设计、高性能化材料的结构化设计和制备方法、生物质高分子的可控降解等方面进行技术攻关，突破常规生物基单体与聚合物的可控绿色合成、聚合物高效解聚、回收单体的分离纯化等关键技术。

针对生物基高分子材料品种少、成本高、性能不稳定的问题，集中开发低成本生物基单体，建立先进的研发与产业化创新平台，根据生物质单体制备的技术特点，合理布局区域和产业链发展模式，实现生物质单体制备技术的多元化、品种系列化、产能规模化；应用材料基因组技术的方法，逆向设计出更多样化、性能优异的生物基大分子结构，开发高性能生物基聚合物材料；全面提高生物质高分子的结构设计和生产能力，实现可降解生物质高性能高分子材料在国民经济各行各业的广泛应用，为新一代能源、交通、建筑、包装和纺织等领域提供世界领先的生物质高性能多功能材料，扎实推进战略性新兴产业高质量可持续发展，

加快形成新质生产力。

第八节 先进生物医用材料

高端生物原材料的稳定批量制备，满足国家重大战略需求，加快培育先进生物医用材料新兴产业和未来产业，积极打造生物制造的新增长引擎，开辟生命科学的新赛道，深入开展健康中国行动和爱国卫生运动，筑牢人民群众健康防线。

一、应用目标

生物医用材料是保障人民群众基本医疗需求的重要物资，在我国社会快速老龄化的背景下，它是决定国家未来核心竞争力的战略性材料。当前，我国生物医用材料正处于从跟踪仿制进入自主创新的关键阶段，开展先进生物医用材料重大关键技术的工程化研发，对保障人民生命健康、支撑健康产业发展、提振未来经济具有重要意义。

二、工程技术目标

突破一系列生物医用新材料制备关键技术瓶颈，提升我国生物医用材料科学与技术的原始和集成创新能力；实现先进生物医用材料的高质量、规模化稳定生产，基本实现国产化，使其市场占有率达到90%以上；重要生物医用材料及相关诊断试剂、医疗器械和药物制剂具有相当的国际市场竞争力，跻身世界先进水平。

三、主要任务、技术途径与可行性分析

主要任务：面向疾病诊断、治疗、康复和预防、人体组织（或器官）替换或修复等生物医学应用需求，亟待开发的新材料有生物信息材料、药物靶向控释载体、体内导航的医疗设备及纳米机器人、心脑血管 AI 系

统器械、生物3D/4D打印材料、智能仿生材料、再生修复及表界面材料，亟待突破的技术有计算机仿生快速成型技术、生物医用材料的仿生与智能化技术、生物医用材料表界面及其改性技术、材料诱导组织再生技术、生物医用纺织材料及器件的工程化技术。应用领域涉及重大疾病的早期实时监测、动态示踪及可视化监测、药物的精确传输和释放、高性能植入医疗器械和诊疗一体化、精准个性化临床应用。

技术途径与可行性分析：本项目拟以处于国际前列的生物医用材料前沿研究为基础，以精准化、个性化和智能化为方向，以引领性前沿技术为重点，全链条部署，突破医学监测与诊断用传感材料与器件、体内导航的医疗设备及纳米机器人、心脑血管AI系统器械、计算机仿生快速成型、生物3D/4D打印材料、生物智能材料、可吸收植入器械、药物靶向控释载体和系统、生物医用材料表界面及其改性、材料诱导组织再生技术与产品、细胞工程用材料、生物医用纺织材料及器件等的工程化技术，开展应用解决方案、应用评价示范研究，促进我国生物医用材料整体进入国际先进行列。

国内相关单位（如威高集团有限公司、四川大学、华南理工大学、华东理工大学、武汉大学、东南大学、中国科学院长春应用化学研究所、中国科学院金属研究所、中国科学院上海硅酸盐研究所）等在生物医用材料制备和应用方面具有多年研究基础，已积累了丰富的经验，为本项目的实施和完成打下了良好的技术基础。国家、研究机构及下游医疗器械和制药企业及医院对先进生物医用材料具有强烈的需求，有利于推动先进生物医用材料的产业化，保障研究计划的顺利实施。

第九节　国家战略需求极端环境合金

极端环境合金材料是一类在空天海核等极端环境下安全使用的新兴材料，现代极端环境合金材料和构件向着耐高温、耐蚀、高纯净、大型化、整体化、轻量化、高可靠性及低成本等方向发展。我国极端环境合金产业正处在上升期，品种创新和技术进步的需求迫切。应实施国家战略需求高端极端环境合金重大工程科技项目，突破我国极端环境合金的材料设计、构件制备及服役安全性评价等方面的“卡脖子”科技问题，并在高端极端环境合金及先进制备工艺技术方面建立创新优势，实现我国极端环境合金材料与核心部件制备技术的自主可控，支撑高端极端环境合金材料体系自立自强与自主保障。

一、应用目标

围绕高端极端环境合金及组部件研发中的关键科学技术问题，开展极端环境合金成分设计和性能优化、先进制备技术、组部件应用验证与维修保障等方面的研究工作，发展高端极端环境合金材料体系，形成先进的、自主创新的极端环境合金制备与加工技术体系，构建安全可靠性评价的理论和方法，有力支撑高推重比航空发动机、重型火箭发动机、先进光学遥感卫星、高性能舰船、深海域海洋工程、第四代核电站核岛的自主研制，为航空、航天、核工业、能源动力、交通运输、石油化工、冶金等领域的自立自强发展提供材料储备与科学技术基础。

二、工程技术目标

重点突破极端环境合金高端品种和新品种及其工程化技术，开发对应的先进制备技术，实现极端环境合金核心材料技术的创新发展和自主保障；重点突破主干极端环境合金高纯净、精细化、整体化制备技术与组织性能精确调控技术，建立主干极端环境合金针对不同服役需求的差异化成分组织设计、工艺优化与性能数据库，形成主干极端环境合金“一材多用”体系；重点突破极端环境合金低成本、高纯净、高精度制造关键技术，开发返回料熔炼、高合格率制备、近净成形、低损伤加工等先进制造工艺，实现极端环境合金复杂零部件的低成本高效规模化制造；

重点建立极端环境合金应用评价体系，研发针对极端环境合金特点的计算、制备、表征与服役评价等数字智能化技术，加速传统合金优化与新品种研发及工程化应用，融合并建设极端环境合金研发—生产—应用全流程平台。

三、主要任务、技术途径与可行性分析

（1）先进极端环境合金与防护涂层的协同研发。开展在极端环境多场耦合作用下，先进极端环境合金与防护涂层之间界面组织结构演变机理、组织退化与性能损伤机理等基础研究工作，发展先进极端环境合金及高相容性防护涂层。

（2）主干极端环境合金的全面性能优化与"一材多用"。研究主干极端环境合金服役特性与蠕变、疲劳等损伤机理，揭示极端环境多场耦合作用下对合金组织结构稳定性及其对合金性能的影响机制，通过成分组织与制备工艺优化，提高主干极端环境合金稳定性、可靠性和安全性，针对不同服役条件开展主干极端环境合金性能优化与"一材多用"设计。

（3）极端环境合金先进装备技术的基础研究。开展极端环境合金冶金/制备/机械加工缺陷形成与尺寸规律的研究，探明典型缺陷形成机理，建立缺陷与服役性能间物理关联，提出极端环境合金缺陷容限及控制方法。

（4）新型极端环境合金材料系列化研发与应用验证。研究增材制造合金、金属间化合物合金、共晶合金、高熵合金、原位内生（纳米）复合合金等新型极端环境合金材料微观结构演化机理、组织-性能关系微观机理及使役损伤机制与防护机理，发展系列化的新型极端环境合金，典型合金完成重大武器装备或民用空天海核设备部件工程化应用的可行性验证与数据积累。

（5）高端极端环境合金及其构件集成设计方法。开展极端环境合金

多尺度设计方法及组部件智能制造的研究，开展标准材料—元件—模拟件—组部件多级“积木式”验证，明晰极端环境合金材料在制造损伤、几何结构约束和极端环境多场耦合条件下的服役行为，建立极端环境合金成分、工艺与相关性能、组织演变、服役损伤行为的量化关系，促进高端极端环境合金的工程化应用。

（6）极端环境合金的批量生产与维保关键技术。开展熔炼过程中元素精确控制及检测、微/痕量元素控制、返回料管理和再利用等关键技术，制备过程中产业链全流程质量管理、原辅材质量控制与自主保障、残余应力检测、机械加工高效低损伤工艺、优质高稳定防护涂层工艺等关键技术，维保阶段极端环境合金定寿延寿、维修维护等关键技术研究；完善极端环境合金生产与评价标准体系，为解决极端环境合金质量、性价比、批次稳定性和维保问题提供关键的科学技术支撑。

第十节　易加工低成本钛合金

一、应用目标

钛合金材料是航空、航天等国防领域和国民经济建设的重要材料，它是决定国家未来核心竞争力的战略性先进材料。当前，我国钛合金材料的发展处于以自主创新为主、跟踪仿制为辅的阶段，低成本钛合金及钛合金材料低成本化制备技术处于国际先进水平。开展易加工低成本钛合金材料重大关键技术的工程化研发，必将极大推动钛合金材料在兵器装备、海洋工程、民用、航空、航天、舰船等领域的大量应用及其这些行业的快速发展，对提振未来经济建设具有重要的意义。

二、工程技术目标

突破一系列易加工低成本钛合金材料制备关键技术瓶颈，提升我国钛合金材料科学与技术的原始和集成创新能力；建设规模化的产业示范基地和检验检测中心，为先进钛合金材料产业的持续发展提供支撑；实现先进钛合金材料的高质量、规模化稳定生产，使其市场占有率达到80%以上；重要钛合金材料具有足够的国际市场竞争力，跻身世界领先水平。

三、主要任务、技术途径与可行性分析

以处于国际先进行列的低成本钛合金及钛合金材料低成本化制备技术前沿研究为基础，以降低钛合金材料加工成本40%和绿色化为方向，以引领性前沿技术为重点，全链条部署，突破易加工低成本钛合金材料的低成本原材料、合金成分的低成本设计方法、高通量计算、数据库建立、低成本熔炼技术、低成本短流程加工技术、低成本易加工方法、快速成型、3D/4D打印材料与技术、材料表界面及其改性技术、材料循环利用技术、易加工低成本钛合金材料及产品/零部件的工程化技术，开展应用解决方案、应用评价示范研究，促进我国钛合金材料整体进入国际先进行列。

第十一节　国家战略需求特种高纯稀土

面向芯片、传感器、发光及显示、激光器等电子信息器件应用需求，重点开发镥、钕、钪、铒、镱等稀土元素的分离提纯新方法和新工艺，突破放射性核素、碱金属等关键杂质的精准去除技术，实现超高纯稀土（纯度＞99.999%）的批量稳定制备，满足国家重大战略需求。

一、应用目标

超高纯稀土化合物是指纯度达到5—6 N的稀土化合物，因为特定杂质对高功率激光光纤、激光晶体和光学镀膜材料的性能具有重要影响，在现代高科技和尖端光学领域具有特殊作用，美国、日本等国家已

将其列为高技术产业和军事技术发展的重点战略产品。目前，与国外相比，国内制备的超高纯稀土化合物存在纯度低、痕量杂质难去除和分析难度大等问题，亟待开展超高纯稀土化合物纯化机理、提纯分析测试检测方法等基础研究，开发满足国家战略需求的特种高纯稀土制备核心技术，促进我国高纯稀土制备进入国际先进行列。

二、工程技术目标

开发超高纯稀土的准确分析方法，突破超高纯稀土氧化物、氟化物和配合物的制备技术，从而为高功率激光光纤、激光晶体、光学镀膜等超高纯稀土化合物的制备提供理论基础和关键技术，提升我国稀土新材料原始创新能力和高端应用水平。

三、主要任务、技术途径与可行性分析

主要任务：面向芯片、激光器、发光及显示等电子信息器件的应用需求，开发镱、钇、镥、铒、钪等稀土元素的分离提纯新方法、新工艺，耦合外场强化手段，构建新的纯化理论与技术体系，开发放射性核素、碱金属等关键杂质的精准去除技术；发展超高纯稀土中痕量杂质元素分析检测技术，揭示关键杂质对稀土新材料性能的影响规律，突破低成本超高纯稀土（纯度＞99.999%）批量制备技术，为高功率激光光纤、激光晶体、光学镀膜等提供超高纯稀土化合物可靠原料。

技术途径与可行性分析：本项目拟从电子组态、价态变化、络合机理等分子层面研究杂质在纯化过程中的迁移转化机理，探明主元稀土与杂质间分离的基本规律，为稀土氧化物及氟化物的高纯化提供理论依据；探索痕量稀土元素的质谱干扰、高纯稀土分析的校准溯源和质量控制，制定超高纯稀土准确分析方法；优选新型树脂材料实现稀土杂质高效分离，采用离子印迹技术合成靶向聚合物用于痕量过渡金属杂质的去除，通过晶型可控沉淀等技术实现碱土金属离子深度脱除，得到关键敏

感杂质少、纯度>5 N 的稀土氧化物；优选并纯化对稀土具有高亲和性的有机配体，并以超高纯稀土氧化物为原料，通过严格控制反应条件及环境洁净度，获得满足 6 N 纯度和高温稳定要求的稀土化合物。

国内相关单位如有研稀土新材料股份有限公司、中国科学院长春应用化学研究所和中国科学院赣江创新研究院等在高纯稀土制备方面具有多年研究基础，已积累了丰富的经验，为本项目的实施和完成打下了良好的技术基础。此外，目前国家、研究机构及稀土下游企业对稀土的高纯化具有强烈的需求，有利于推动高纯稀土技术的产业化，解决我国超高纯稀土产品依赖进口的问题，填补国内在此方面的技术空白。

第十二节　碳基集成电路

针对我国在半导体芯片方面缺乏自主知识产权、技术落后、比较依赖进口等问题，碳基集成电路技术的发展有利于扭转我国在集成电路技术方面被“卡脖子”的局面。利用碳纳米管等新型纳米半导体材料的性能优势，构建性能更高、功耗更低的信息处理芯片，更高灵敏度、更丰富形态的传感器，更高密度、更长保持时间的存储器，以及更高工作频段、更高速的通信芯片。片上三维集成的光电模拟芯片，算力达到目前高性能商用芯片的三千倍以上。发展具有完全自主知识产权的新型碳基芯片技术，结合传统集成电路的加工、设计平台和技术，以及组织管理经验，率先取得突破，产生全新的芯片技术和新的产业链，有利于加强我国信息安全的基础。

一、应用目标

相对于传统晶体管，碳基电子器件具有明显的速度和功耗方面的优势，在传感器、数字和射频电路领域均具有潜在的应用价值，碳基集成电路技术有望采用比硅基落后3代的工艺来制备出性能完全相当的芯片，降低先进节点集成电路对最新微纳加工设备的依赖。面向数字集成电路、传感器、射频电路的电子信息技术应用需求，重点开发晶圆级高纯半导体碳纳米管阵列材料、先进技术节点碳基CMOS集成电路制造和设计、碳基传感器，进行引导和组织，全面布局，重点攻关，推动其实用化发展，产生全链条的碳基芯片技术链和产业链，满足国家重大战略需求。

二、工程技术目标

突破高性能碳基集成电路材料、设计、器件和工艺集成等关键核心技术，研制成功碳基大规模集成电路原型芯片，在典型芯片领域实现示范应用；突破90 GHz以上碳基微波芯片关键技术，实现碳基射频模块与数字基带模块的单片集成技术，研制成功更高工作频率的通信和雷达芯片；发展基于碳电子技术且集传感、信息处理、存储和传输等多功能于一体的片上三维集成技术。

三、主要任务、技术途径与可行性分析

主要任务：开发12 in基底上的半导体碳纳米管阵列晶圆，研制90/28/7 nm节点的碳基CMOS工艺（相当于硅基28/7/2 nm技术），制造千万栅级（上亿晶体管）超大规模碳基集成电路，探索碳基三维单片集成电路技术，建立具有市场竞争力的碳基芯片体系，并应用于传感、射频和抗辐照逻辑芯片等领域。

技术途径与可行性分析：碳基集成电路技术尚处于技术研发阶段（技术成熟度接近4级）。要真正发挥碳基集成电路的潜力，还需要对碳纳米管材料、碳基CMOS器件加工和设计、碳基专用装备技术进行更进一步的探索和优化，充分发挥碳基晶体管的优势，实现高集成度、高能效的碳基CMOS集成电路。而中国在碳基材料和器件制备领域掌握了

核心技术，相对美国具有较大优势，如果结合传统集成电路的加工、设计平台和技术，以及组织管理经验，经过 10—15 年的时间发展，将完全有可能率先取得突破，占领未来信息电子技术的制高点。从目前技术发展阶段判断，碳基集成电路技术可能在 3 年左右时间应用于传感器芯片领域，5 年左右时间应用于射频芯片领域，经过 10 年以上的工程化迭代，当材料和加工技术成熟后，方有可能应用于高端数字芯片领域。根据碳基集成电路的特点和发展阶段，提前布局，发展既能够充分发挥碳基材料优势，又对技术成熟度要求不高的芯片技术，有利于促进碳基集成电路技术的实用化发展。

国内相关单位（如北京大学、中国科学院微电子研究所/物理研究所、湘潭大学和北京大学重庆碳基集成电路研究院等）掌握了碳基材料和器件制备的核心技术，具备世界领先的创新能力，并已基本打通材料、器件和芯片制造的主要环节，具备面向未来产业推进和器件升级的能力。

第十七章　先进材料领域工程科技需求牵引的基础研究方向建议

面向 2040 年，聚焦现代化经济体系建设要求、产业链和产业生态体系安全发展要求，结合物质、能量、信息、健康、美丽、平安材料支撑体系提出的关键工程科技任务、重大工程需求，预计 2040 年需要前瞻部署、重点推进的应用基础研究方向主要为以下 17 个。

一、面向垂直纳米环栅动态随机存储器位线形成和 ALD 金属材料生长机理研究

研究垂直纳米环栅动态随机存储器位线形成工艺和集成方案，探索并研究 ALD 金属材料的生长机理和材料性质表征，重点研究前驱体材料的选择及化学反应过程、表面成核机制，探索生长工艺及条件，理解杂质、缺陷形成过程以及对物理和电学特性的影响因素，进行薄膜的缺陷表征及探索物理起源等。研究 ALD 金属材料工艺调控和关键参数对垂直纳米环栅器件位线侧壁薄膜覆盖性、物理性质和电学特性的影响，形成高纯度低阻值的垂直纳米环栅位线工艺集成方案；研究 ALD 金属位线对垂直纳米环栅动态随机存储器性能的影响机制，研发出高性能、高开关比的垂直纳米环栅晶体管器件。

二、超纯稀有稀土金属提纯及应用基础

构筑关键敏感杂质对光电材料性能的影响模型，开发痕量敏感杂质深度去除的新流程，批量稳定制备超纯稀有稀土及其化合物。

三、反常铁电材料及其存储器件基础研究

探究反常铁电材料的反常微介观结构与物理效应，构建反常铁电物理本质的基础理论与表征体系；确立反常铁电微结构与场效应协同的器件设计理论；研制新型反常铁电存储器件。

四、基于涡旋拓扑结构的极性材料新物态与新物性研究

研究具有空间反演对称性破缺的极性氧化物陶瓷、无机聚合物以及两者的复合物等材料中涡旋畴结构的拓扑组装特性，探究化学成分、材料维度、外延应力、静电边界、制备方法等多种调控手段对涡旋拓扑物态形成的诱导作用，总结电、热、光等多种外物理场对涡旋拓扑物态的调控规律，开发基于电极化涡旋畴结构操控的新型功能特性和器件应用。

五、基于人工智能范式的变革性材料设计

探索基于AI范式的材料科学研究的新原理与新方法，研究材料结构及性能数据的准确、完备数字化表述方法；基于人工智能构建材料中物理、化学特征的可解释性模型，并结合大数据和机器学习方法，挖掘材料性能与微观结构间的内在关联，挖掘材料多尺度关联关系和物理关联关系，凝练典型材料性能的普适性规律；开展颠覆性前沿新材料研究，发展材料逆向设计理论和方法，设计变革性高性能材料并进行实验验证迭代。

六、材料人工智能技术基础

构建数据驱动材料知识发现的新范式、材料可解释性构效关系数学表达式，研发材料多尺度关联关系和物理关联关系挖掘算法和技术，攻克材料自主计算设计原理和自主实验核心技术和软件，实现新材料的生成式AI逆向设计。

七、人工智能引导新一代生物材料设计与评价

构建人体组织结构参数解析的仿真模型、人体复杂器官功能仿真模型，开展分子/细胞/组织多层次微环境的人工智能仿真模拟，构建人工智能引导的新一代生物材料制造体系，解析人工智能辅助的生物材料-人体宿主适配机制，建立植入修复体临床安全有效性AI验证评价模型。

八、新型多模态多效应软组织修复材料

针对神经、内膜、软骨、肌肉等不同的软组织损伤，设计基于损伤部位特殊微环境的功能响应性多孔多模态支架材料；调控局部微环境，促进组织细胞长入以及干细胞分化，实现软组织的修复；设计/合成新型生物基可降解生物材料分子并改性功能响应性；探究新一代生物材料的微纳结构、降解性能、与软组织的力学适应性及协同不同功能的响应性；开发适用于不同损伤部位的材料形态并建立植入及评价方法。

九、难熔金属基超高温承载合金的设计与制备

在航空航天、国防军工等极端高温服役环境中，开展1500℃下兼具高温强度、蠕变抗力与室温韧性的核用难熔合金的设计、制备与表征，2000℃下高温强度、蠕变抗力、抗氧化性并兼具室温韧性的航天用难熔合金的设计、制备与表征。

十、极端使役环境轻质柔性杂化功能材料

探索极端环境使役轻质柔性杂化功能材料设计的新原理与新方法，开展跨时空多功能杂化研究，开发变革性结构-功能一体化纤维及纤维膜材料，并进行理论与实验验证迭代；构建柔性智能系统并揭示其失效机制；研究其在轻量热控、耐候储能、分离纯化、脑机接口、修复再生等领域的应用。

十一、“绿氢”产业发展关键技术基础

重点攻克基于可再生能源发电的碱性电解水技术，低成本大规模电解水（海水）制氢技术，低成本、长寿命、高安全氢储运和氢燃料电池技术，氢分离与纯化技术，相继开发氢能装备关键元器件。

十二、氢能产业发展所需储氢关键技术的材料基础理论

调控氢与材料相互作用力；基于材料表面与氢作用的钝化机理，构建稳定高活性表面结构；开发具有低成本、长寿命、高容量、高活性的储氢材料；利用膜材料，实现高效稳定氢分离与纯化技术；在循环高压氢环境下，探究材料力学性能演变及其机理，以研制临氢环境装备的先进材料。

十三、新型电池材料绿色设计与资源再生技术

研究电池材料再生环保浸出剂的优化策略，探索再生电池材料的高附加值转换制备技术，实现电极材料的高效可持续回收利用；开发电化学提锂技术，调控材料结构与提锂选择性间的构效关系；基于高价值电极材料的本征特性，结合原位结构表征与失效分析，发展高效筛分与回收的普适性规律，建立电池材料全生命周期绿色评估及设计机制。

十四、多电子高比能金属二次电池及先进材料

设计制备三维骨架支撑的低应变金属复合电极，调控离子溶剂化微观结构和金属阳极生长过程，探究电极/电解质的兼容性及其界面原位演化机制，阐明金属二次电池的多电子反应机制与动力学特性，明确不同电化学储能机制下能量密度的关键因素，构筑高比能、长寿命、高安全新型电池。发展多电子高比能新型电池体系的设计方法，构建多电子反应机制的评价方法及设计原则。

十五、电池原位无损检测与智能管理技术

研究无损同步辐射 X 射线成像、无损计算机断层扫描（computed tomography，CT）及无损超声扫描诊断分析等技术在电池中的创新应用，结合电化学反应机制和电池失效分析，建立电池原位无损检测与评价体系。开发植入式电池复合传感技术，结合力-热-电等多尺度传感耦合机制，研究电极结构演变与多维传感信号间的构效关系，建立电池的原位智能化管理与在线监测的交互模式，实现电池体系的智能感知与管理、电池健康的预警与防护。

十六、大晶格失配下的无缺陷原子级界面接触及应用

开发不同维度（零维、一维、二维）下金属、陶瓷、半导体界面（纳米到微米）的零缺陷接触的单晶异质界面的化学拓扑转化合成新方法、新原理，在宏观制备、制造基础上实现其光电信息、新能源方面的高效应用。

十七、4D 打印超结构设计与制造原理

探究 4D 打印材料成分设计原理，具有宏微观、跨尺度和多材料的超材料设计理论，材料-结构-功能一体化 4D 打印制造超材料原理；协同设计与调控智能超材料承载与隐身、隔热与隔振等多种材料性能。

第十八章　先进材料产业领域发展推进措施与政策建议

一、加快建设新材料发展的国家统筹力量，弥补我国科技创新结构中的短板

不同阶段科技创新发展现状和需要解决的问题，决定了国家科技创新组织体系的构建。面对当前我国现代产业体系加快发展和技术竞争格局，我国的战略研究力量亟须进行从个别据点到体系化的提升，必须崛起一批既能攻坚克难又能创造卓越知识的国家实验室、大学、科研院所、企业等国家级战略科技力量，在重点领域/产业具备既能攻克关键技术，又能实现技术持续积累的能力，形成“向上捅破天，向下扎到根”的局面，解决我国科技创新的脆弱性和依附性。在中央科技委员会的领导下，集中国家优势科技力量，协同解决重大关键核心材料“卡脖子”问题，如高温合金、芯片材料、新一代储能材料等。

二、扩大科技开放合作，共建全球科技创新共同体

中国的科技创新和发展越来越离不开世界，世界的科技进步也越来越需要中国的支撑。一方面，聚焦气候变化、能源资源、公共卫生等全球性问题，设立面向全球的科学研究基金，支持各国科研人员联合开展研究，为人类发展作出中国贡献；另一方面，随着新兴技术的应用，科技伦理、技术标准等问题不断凸显，我国将加大科技开放合作，与其他国家形成更多关于国际科技治理的共识，造福全人类，有计划地建设一批面向全球的先进材料产业领域的学术高地和科学中心。

三、加强科技规划、优化学科布局、建设自主创新高地

进一步加强先进材料支撑保障体系的国家布局，如大数据库、检测仪器、设计软件、高端加工设备、高端加工辅料等；进一步加强先进材料原材料体系的国家布局，如高纯化学气体、高纯固体原料、高纯液态原料等。加强科技项目规划、优化学科方向布局，明确学科发展目标，加强科研平台建设，制定科学公正的评审和评价体系，提升学科支撑能力。抓住新一轮科技革命和产业变革机遇，实施一批具有前瞻性、战略性的国家重大科技项目。聚焦先进材料发展目标，集中力量突破共性关键技术，形成批量研制生产能力，实现应用示范；并以此为基础，以点带面，促进我国先进材料从小到大、由弱到强的跨越式发展，提升自主创新与保障能力，服务支撑国家战略性新兴产业的创新发展。

四、加强产学研一体化发展、加强成果转化能力、促进创新主体向企业的转变

通过多学科交叉融合和科研模式创新，开展有组织的协同攻关，在不同分支方向设置重大专项研究计划，建立“原理突破—技术创新—集成应用—决策支持”创新链。形成若干国家级研发基地以及省级创新团队，推进产、政、学、研有机融合协作，推进创新战略联盟建设。

以重大任务为导向，重视技术链条各环节均衡发展，加强产学研紧密结合，从而在推动整体系统发展的同时，促进我国基础材料、基础工艺技术、基础装备的发展，从而使我国在先进材料产业领域真正引领国际科技创新发展。以高新技术企业为主体，支持企业牵头组建国家技术创新中心等高水平的创新联合体，加强先进材料产业领域体系化基础研究的能力建设，出台联合攻关的合作激励机制，集中力量实现一批关键技术突破。

五、建设新材料“评价-表征-标准平台”、打造具有世界先进水平的材料龙头企业

积极参与国际组织建设，提高我国在全球材料的国际影响力和话语权。构建和完善特色鲜明、全方位的材料领域国际交流与合作机制，通过教育及科技合作，促进项目开展、平台共建、人才交流等，在提升共建“一带一路”先进材料领域的科技创新能力、推进全球可持续发展目标进程以及促进中国材料技术和产业更好地服务国际社会等方面提供成功经验与科学范式。

以国家重点实验室为依托，加强产学研强强联合，整合现有材料领域资源，根据不同应用领域需求，构建出集设计、合成、测试、分析、评价于一体的专业化创新研究平台，形成集基础创新、应用研发、产业化生产于一体的创新研究团队，加强材料领域的原始创新，提高产品技术的含金量和附加值，实现材料领域的跨越式发展。

依托国内主要新材料高技术企业和新材料工程中心，利用其资金、设备、技术与销售优势，科研单位与相关企业协同创新，构建新材料示范平台，形成规模化生产与销售，迅速把资源和技术优势转变为经济优势，逐步抢占国内外高端产品市场，着力发展相关企业，使其成为具有世界先进水平的材料制造龙头企业。

六、加强“新材料人才培育、提升、能力转化平台”建设、形成新材料人才梯队

目前我国科技人力资源和人才队伍非常宏大，但顶尖的人才团队相对缺乏。我国要加快教育改革，支持发展高水平研究型大学，加强基础研究人才培养，培养具有国际竞争力的青年科技人才后备军。要深化人才发展体制机制改革，营造良好的创新生态，形成人才辈出、活力迸发的局面。

改革与创新人才培养模式，培养高素质的材料专业人才。面向材料

学科发展前沿和国家/区域重大战略需求，以问题为导向，创新培养模式，制定科学的培养方案，体现特色和个性化，以培养先进材料产业领域高层次复合型拔尖人才。

充分利用国家高层次人才选拔工程和计划平台，依托各部门的高层次人才计划，进一步扩大人才队伍规模，优化人才队伍结构，提升人才队伍素质；逐步增加外籍研究人员的比例，组建高端引进人才研究团队；吸引一流国际人才来华工作，鼓励和支持我国科学家参与国际大科学计划和大科学工程合作。加强高端人才培养，加强国际宣传力度，吸引更多的优秀国际生源。

完善人才评价体系，在理论研究方面评价重大科学发现和新理论的国际认可度，在应用研究方面评价知识产权转化价值和市场占有率。对优秀平台、优秀团队和优秀人才进行稳定、长期的经费支持。增加对高水平工程师、高水平管理人员、高水平技术工人等类型人才的评价维度，与高水平学术人才体系进行对标，并纳入科技人才培育体系。

存量人才的价值挖掘，在我国人口寿命不断延长的同时，人口出生率逐渐下降，有效延长现有人才的实际工作年限可以缓解今后几十年出现的劳动力短缺问题，建议重新划分青年、中年、老年的区间，建议放宽各类政策、人才规划或人才计划中的年龄限制，甚至完全放开年龄界限，深度挖掘成熟人才的价值，提前应对人才短缺的问题。

七、加强国家前沿新材料和交叉领域的发展力量

由于高技术研发的周期长、投资大、高风险，企业无力承担或不愿意承担该类项目，因此政府成为高新技术的主要资助者。当前处于信息技术革命的后半段，5G、人工智能、区块链、云计算等新兴技术集群式突破，生物、新材料等领域也面临着新突破。我国在这些前沿方向具有较好的积累和优势，因此要紧紧抓住新一轮科技革命和产业变革机遇，瞄准人工智能、量子信息、集成电路、生命健康、脑科学、生物育种、

空天科技、深地深海等战略必争领域和前沿方向，进行前瞻性布局，实施一批具有前瞻性、战略性的国家重大科技项目，实现关键核心技术突破，加速科技成果转化和大规模商用，加快培育成新兴产业，形成新竞争优势。

参 考 文 献

北京智博睿项目管理有限公司. 2020. “十四五”行业呈现上升趋势—石化和化工行业项目可行性研究报告.（2020-10-27）[2024-08-10]. https://baijiahao.baidu.com/s?id =1681653708180667421.

柴立元，王海鹰，闵小波，等. 2024. 面向2040年冶金工程科技前沿与创新发展研究. 中国工程科学，26（5）：24-36.

柴立元，王云燕，孙竹梅，等. 2022. 绿色冶金创新发展战略研究. 中国工程科学，24（2）：10-21.

范德增. 2020.“十三五”期间我国生物医用材料发展状况回顾. 新材料产业，（6）：20-24.

傅正义，等. 2025. 生物过程启示的材料制备新技术. 北京：科学出版社.

国家发展和改革委员会创新和高技术发展司，工业和信息化部原材料工业司，中国材料研究学会. 2020. 中国新材料产业发展报告2019. 北京：化学工业出版社.

国家能源局. 2025.《2025年能源工作指导意见》政策解读.（2025-02-27）[2025-03-01]. https://www.nea.gov.cn/20250227/105a07a9be2c4727b7fe12c11c7b84cf/c.html.

国家能源局石油天然气司，国务院发展研究中心资源与环境政策研究所，自然资源部油气资源战略研究中心. 2021. 中国天然气发展报告（2021）. 北京：石油工业出版社：19.

国家统计局. 2024. 2023年全国规模以上工业企业利润下降2.3%.（2024-01-27）[2024-08-17]. https://www.stats.gov.cn/xxgk/sjfb/zxfb2020/202401/t20240127_1946916.html.

国家信息中心. 2024. 【专家观点】全球未来产业发展的技术预见、实践探索与经验总结.（2024-04-15）[2024-08-11]. https://www.ndrc.gov.cn/wsdwhfz/202404/t20240415_1365670.html

季培红，吴立煌，顾忠伟. 2022. 生物医用心脑血管系统材料//中国工程院化工、冶金与材料工程学部，中国材料研究学会. 中国新材料研究前沿报告（2021）. 北京：化学工业出版社：429-459.

蒋习. 2023. 历史首次，中国可再生能源装机超过了煤电.（2023-02-13）[2024-08-14]. https://baijiahao.baidu.com/s?id=1757709423958261625.

经济观察报. 2021. 2020年中国钢铁行业碳排占全国碳排总量15%：钢铁减污降碳面临多方挑战.（2021-07-18）[2024-08-13]. https://baijiahao.baidu.com/s?id=1705588213738318831.

匡立春，邹才能，黄维和，等. 2022. 碳达峰碳中和愿景下中国能源需求预测与转型发展趋势. 石油科技论坛，41（1）：9-17.

李芃达. 2022. 六部门发布《工业能效提升行动计划》——推进重点行业绿色低碳发展.（2022-07-04）[2025-03-11]. https://www.gov.cn/zhengce/2022-07/04/content_5699082.htm.

李强. 2024. 政府工作报告——2024年3月5日在第十四届全国人民代表大会第二次会议上.（2024-03-12）[2024-08-13]. https://www.gov.cn/yaowen/liebiao/202403/content_6939153.htm.

李元元. 2023. 中国先进材料领域发展现状及未来发展战略. 科技导报，41（19）：149-154.

栗翘楚，韩鑫. 2024. 2023年我国石化行业实现营收15.95万亿元.（2024-02-01）[2024-08-10]. http://finance.people.com.cn/n1/2024/0201/c1004-40171318.html.

卢卡斯·菲利佩·马丁斯·达席尔瓦，安德烈亚斯·奥斯纳，罗伯特·大卫·亚当斯. 2023. 胶黏剂新技术与应用手册 第2版. 东莞市成铭热熔胶博物馆译. 北京：电子工业出版社.

山西化学工业. 2023. 石化联合会：2022年中国石油和化工行业经济运行情况发布.（2023-02-17）[2024-08-13]. https://mp.weixin.qq.com/s?__biz=MzI2MDQ2MTgxMA==&mid=2247514461&idx=1&sn=1c87bc7eeb5e0a28a4d75d9a16324f61&chksm.

生态环境部. 2020. 生态环境部组织召开落实习近平总书记气候变化有关重大宣示座谈会.（2020-12-15）[2024-08-17]. https://www.mee.gov.cn/xxgk2018/xxgk/xxgk15/202012/t20201215_813230.html.

童锡来. 2021. 2022 年中国电子化学品行业市场现状及发展前景分析 下游需求催生市场规模快速增长【组图】.（2021-10-26）[2025-03-11]. https://www.qianzhan.com/analyst/detail/220/211026-b6e3a206.html.

王轶辰. 2024. 新型能源体系建设提速.（2024-01-12）[2025-03-11]. https://www.nea.gov.cn/2024-01/12/c_1310759961.htm.

王中林，李伟. 2023. 从“0—1”，敢为人先——纳米能源所建所十年科研成就综述. 中国科学：技术科学，53（6）：797-802.

魏梦佳. 2023. 我国科学家研制出首个全模拟光电智能计算芯片.（2023-11-03）[2024-09-06]. http://www.xinhuanet.com/2023-11/03/c_1129955498.htm.

习近平. 2022. 高举中国特色社会主义伟大旗帜 为全面建设社会主义现代化国家而团结奋斗——在中国共产党第二十次全国代表大会上的报告.（2022-10-16）[2024-08-10]. https://www.gov.cn/xinwen/2022-10/25/content_5721685.htm.

杨柯，梁烨，严伟，等. 2020.（9～12）% Cr 马氏体耐热钢中微量 B 元素的择优分布行为及其对微观组织与力学性能的影响. 金属学报，56（1）：53-65.

杨娴，邵燕敏，汪寿阳. 2008. 我国有色金属资源综合利用的主要问题与对策. 中国科学院院刊，（3）：201-207.

张军. 2022. 冶金工业规划研究院党委书记、总工程师李新创：钢铁行业基础研究亟待加强.（2022-04-27）[2025-03-11]. https://www.cs.com.cn/ssgs/gsxw/202204/t20220427_6264377.html.

张廷克，李闽榕，白云生，等. 2023. 核能发展蓝皮书：中国核能发展报告（2023），北京：社会科学文献出版社.

赵鸿滨，周旗钢，李志辉，等. 2024. 面向新兴产业和未来产业的新材料发展战略研究. 中国工程科学，26（1）：23-34.

中国材料研究学会新材料发展战略研究院. 2022a. 中国材料科学领域发展态势分析. 北京：中国科学技术协会.

中国材料研究学会新材料发展战略研究院. 2022b. 材料领域基础评估报告. 北京：中国科学技术协会.

中国材料研究学会新材料发展战略研究院. 2022c. 我国新材料领域先导性技术调查

研究. 北京：中国科学技术协会.

中国材料研究学会新材料发展战略研究院. 2022d. 我国新材料领域技术先导性的发展战略布局和政策建议. 北京：中国科学技术协会.

中国材料研究学会新材料发展战略研究院. 2022e. 材料领域科技创新发展前瞻分析和技术预见分析研究. 北京：中国科学技术协会.

中国材料研究学会新材料发展战略研究院. 2023. 先进材料产业工程科技未来20年发展战略研究. 北京：中国工程院.

中国工程院化工、冶金与材料工程学部，中国材料研究学会. 2022. 中国新材料产业发展报告2021. 北京：化学工业出版社.

中国工程院化工、冶金与材料工程学部，中国材料研究学会. 2023a. 中国新材料产业发展报告2022. 北京：化学工业出版社.

中国工程院化工、冶金与材料工程学部，中国材料研究学会. 2023b. 中国新材料研究前沿报告2022. 北京：化学工业出版社.

中国工程院化工、冶金与材料工程学部，中国材料研究学会. 2024a. 中国新材料产业发展报告2023. 北京：化学工业出版社.

中国工程院化工、冶金与材料工程学部，中国材料研究学会. 2024b. 中国新材料研究前沿报告2023. 北京：化学工业出版社.

中国工程院化工、冶金与材料工程学部，中国材料研究学会. 2024c. 中国新材料技术应用报告2023. 北京：化学工业出版社.

中国工程院化工、冶金与材料工程学部，中国材料研究学会. 2024d. 中国新材料科学普及报告2023. 北京：化学工业出版社.

中国石油和化学工业联合会. 2020. 2019年中国石油和化学工业经济运行报告.（2020-05-28）[2024-08-10]. http://lwzb.stats.gov.cn/pub/lwzb/fbjd/202005/W020200528770641911204.pdf.

中国石油和化学工业联合会化工新材料专委会. 2023. 中国化工新材料产业发展报（2022）. 北京：化学工业出版社.

中国石油新闻中心. 2022. 如何加快推进从“燃料型”向“化工产品和有机材料型”转化？（2022-04-21）[2025-03-11]. http://news.cnpc.com.cn/system/2022/04/21/

030066048.shtml.

中华人民共和国工业和信息化部. 2018. 2017 年石化化工行业经济运行情况.（2018-02-24）[2024-08-16]. https://wap.miit.gov.cn/gxsj/tjfx/yclgy/shhg/art/2020/art_47438e9f701c43cba4c22093520cc8e1.html.

周济，于相龙. 2024. 2023 年超材料热点回眸. 科技导报，42（1）：63-71.

朱明刚，孙旭，刘荣辉，等. 2020. 稀土功能材料 2035 发展战略研究. 中国工程科学，22（5）：37-43.

朱月仙，张娴，李燕，等. 2024. 全球光芯片领域发展态势分析. 世界科技研究与发展，46（6）：705-719.

左更. 2021. “双碳”或致我国金属矿业格局重塑.（2021-12-23）[2024-08-17]. https://www.sohu.com/a/511039336_121118710.

Mullard A. 2025. 2024 FDA approvals. Nature Reviews Drug Discovery，24：75-82.

关键词索引

Z

其他